Jürgen Eichardt

Drehen für Modellbauer

Band 2: Besondere Aufgaben und Technologien

Drehen für Modellbauer

Band 2:
Besondere Aufgaben und Technologien

Jürgen Eichardt

4. Auflage

Verlag für Technik und Handwerk neue Medien GmbH
Baden-Baden

vth-Fachbuch
Best.-Nr.: 310 2114

Redaktion: Oliver Bothmann
Lektorat: Dr. Frank Kind

Bibliografische Information der Deutschen Nationalbibliothek
Die Deutsche Nationalbibliothek verzeichnet diese Publikation in der Deutschen Nationalbibliografie; detaillierte bibliografische Daten sind im Internet über http://dnb.d-nb.de abrufbar.

ISBN 978-3-88180-714-2

Postfach 22 74, 76492 Baden-Baden

Printed in Germany
Druck: Griebsch & Rochol Druck GmbH, Hamm

Inhalt

Vorwort

In meinem Fachbuch „Fräsen mit der Drehmaschine“, in dem es um ein Sonderverfahren zur Herstellung hochgenauer Frästeile ging, musste ich themenbedingt zahlreiche Hinweise für richtiges Drehen geben. Schon kurz nach der Veröffentlichung erreichten mich Anfragen von interessierten Lesern nach einer zusammenfassenden Arbeit zu den Themen „Hobbydrehen und Hobbyfräsen“. Zuerst dachte ich daran, eine Fortsetzungsreihe für eine der Zeitschriften des vth in Baden-Baden zu erarbeiten. Da das Thema jedoch sehr umfangreich ist, hätte es sich bei der Erscheinungsweise der Zeitschriften und bei dem nur beschränkt zur Verfügung stehenden Platz über Jahre hingezogen. Nichts Ideales! In Absprache mit dem Verlag habe ich mich dann für eine zweiteilige Ausgabe „Drehen für Modellbauer“ entschieden.

Im ersten Teil dieser Publikation haben Sie erfahren, worauf man beim Erwerb einer Tischdrehmaschine für den Hobbygebrauch achten soll. Sie haben wichtige Dinge zur Maschinenpflege gehört, eventuell Ihre Drehmaschine durch Eigeninitiative verbessert. Auch zur sinnvollen Einrichtung des Hobbyraums habe ich viele Anregungen gegeben. Wir haben über Werkzeug und Material geplaudert, schließlich die Maschine für das Drehen vorbereitet. Danach ging es ohne unnützes Beiwerk hinein ins volle Hobby-Dreherleben. Wir haben die wichtigsten Dreharten wie Lang- und Plandrehen, Drehen zwischen den Spitzen, das richtige Ein- und Abstechen und die diversen Varianten des Drehens von Kegeln erlernt. All das habe ich – das ist mir stets ein Grundanliegen – praxisnah und sorgfältig illustriert dargestellt. In dieser Form soll es in Band 2 weitergehen. Denn die Möglichkeiten einer Drehmaschine sind mit dem bisher Gesagten längst nicht ausgeschöpft. Das Kapitel „Dreharten“ soll mit den schon etwas ungewöhnlichen Fertigkeiten Exzenterdrehen, Rändeln und Kordeln sowie Federwickeln komplettiert werden. Daran schließen sich der hochinteressante Teil über Gewinde und das weite Thema „Formdrehen“ an. Formdrehen wird gerade im Modellbau oft benötigt. Unter dem Oberbegriff „Sondertechnologien“ habe ich abschließend alles das zusammengefasst, was man anderswo kaum zuordnen kann. Alle diese Dinge habe ich in meiner eigenen Modellbaupraxis schon oft angewendet. Sie sind das „Salz in der Suppe“ bei der Lösung von bestimmten Problemen. In den meisten Fällen habe ich konkrete Beispiele vorgestellt, weil ich der Meinung bin, dass es so am anschaulichsten ist. Aufgabe des Lesers ist es, diese Anwendungen für andere, „eigene“ Fälle abgewandelt oder sogar untereinander kombiniert zu nutzen.

Ich danke den Mitarbeitern des Verlages für die sachkundige Zusammenarbeit und für die hochwertige Gestaltung dieser beiden Bücher. Das Thema Fräsen soll einem Folgeband vorbehalten bleiben. Ich werde ihn ähnlich gestalten, doch nun erst einmal abwarten, wie die Dreherbände bei Ihnen, dem Leser, „ankommen“. Ich wünsche allen Modellbauern und technischen Bastlern bei unserem schönen Hobby des vorbildgetreuen Modellbaus großen Ideenreichtum, viel Freude und noch mehr Erfolg.

Karlsruhe, Jürgen Eichardt

9.10 Exzenterdrehen

Exzenter- oder Außermittedrehen ist alles das Drehen, bei dem ein Werkstück zwei oder mehr Achsen hat, die in der Regel parallel liegen. Bereits das in ein unrund laufendes Backenfutter gespannte Werkstück gehört zum Thema Exzenterdrehen! In der Regel tritt beim Außermittespannen eines Werkstücks eine Unwucht auf, die umso größer ist, je schwerer das Werkstück und je größer das Außermittemaß (das ist die mess- und einrichtbare Entfernung der beiden Achsen, Maß „d" in **Abb. 1**) ist. Das einfache Einklemmen eines entsprechenden Materialstücks zwischen eine Futterbacke und das Werkstück darf man beim Dreibackenfutter nicht übertreiben. Die beiden anderen Backen müssen immer noch weit unterhalb der Werkstückmitte andrücken (Pfeile „a" und Maß „b" in Abb. 1). Ist das mitgespannte Materialstück zu dick, kann das Werkstück während des Drehens aus dem Futter geschleudert werden („e" in **Abb. 2**). Unfallgefahr!

Abb. 1

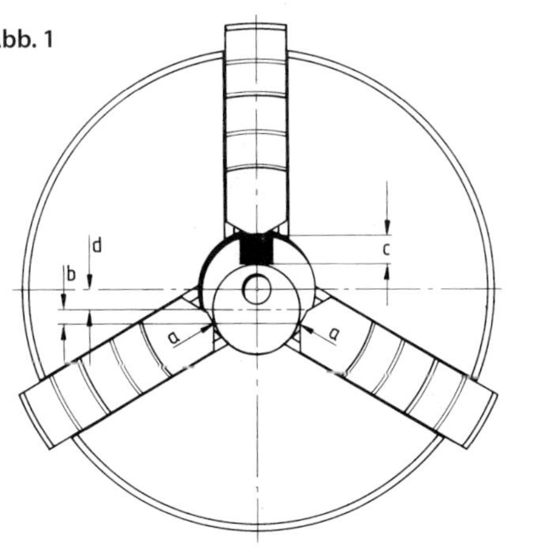

Abb. 2

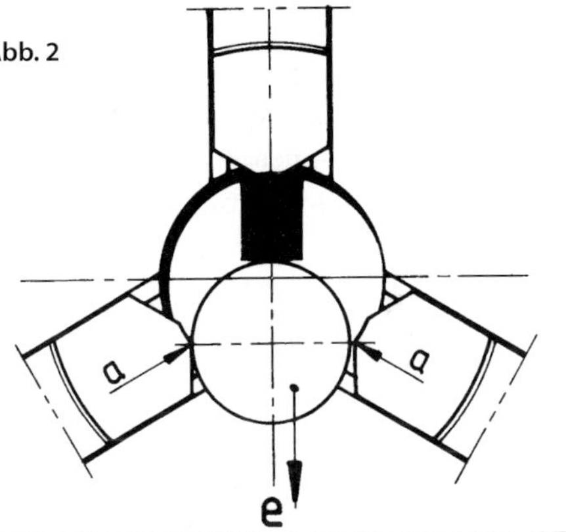

Im Übrigen ist die Dicke des zwischengelegten Materialstücks (Maß „c") auf keinen Fall mit dem tatsächlichen Außermittemaß (d) identisch, wie es auf der Skizze leicht zu erkennen ist. Zur Ermittlung der Dicke (c) für ein gefordertes Außermittemaß hilft nur Rechnen oder die Anfertigung einer maßstäblichen Vergrößerungszeichnung, in die besonders auch alle drei Futterbacken einbezogen werden müssen! Diese Vergrößerungszeichnung macht man im Maßstab 10:1 (das wird am genauesten), 5:1 oder auch 2:1.

Weitere Möglichkeiten zum Außermittespannen sind das Vierbackenfutter mit einzeln verstellbaren Backen (siehe Abschnitt 8.1.1 in

Band 1) und natürlich die Plan- und Aufspannscheibe (ebenda, Abschnitt 8.1.11). Für das Einrichten des Exzentermaßes verwendet man am besten eine Zeigermessuhr. Hat eine solche Uhr einen maximalen Hub von 10 mm, kann sie für das Einrichten eines größten Exzentermaßes von 5 mm benutzt werden. Bei der Arbeit mit einer Zeigermessuhr muss die Achse des Taststifts stets genau auf die Drehmitte gerichtet sein. Will man ein Außermittemaß von 3,4 mm einrichten, muss die Messuhr bei einer vollen Umdrehung des Werkstücks einen maximalen Hub von 6,8 mm anzeigen, also das Doppelte. Hat man zahlreiche gleichartige Werkstücke außer Mitte zu spannen, kann man sich eine geschlitzte Exzenter-Klemmbuchse mit dem Außermittemaß (d) anfertigen (**Abb. 3**), mit der ins normale Backenfutter gespannt wird. Auch solch eine Klemmbuchse soll einen Axial-Anlagebund haben.

Abb. 3

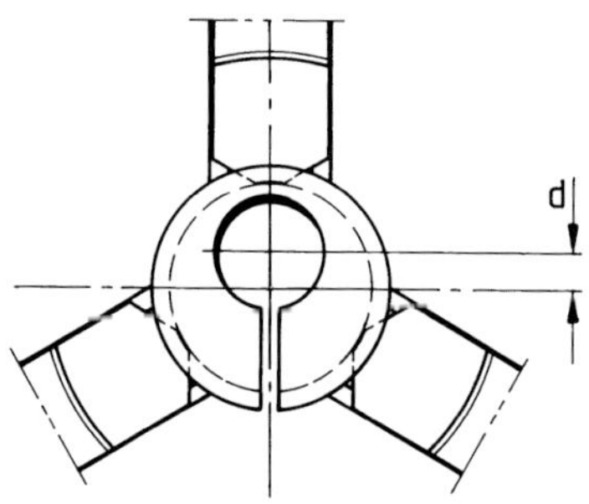

Abb. 4

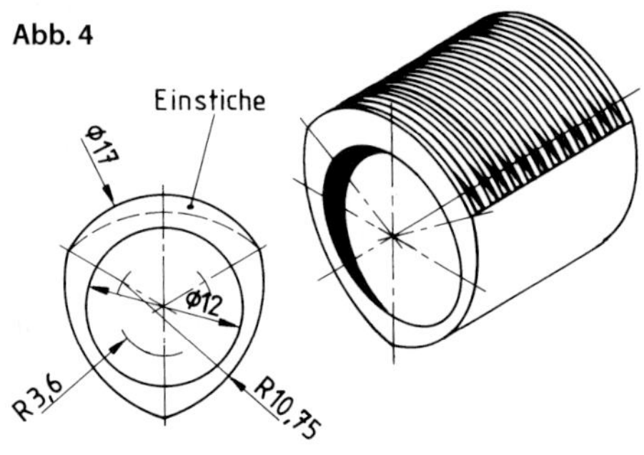

Exzenterdrehen ist oft (zumindest zu Beginn) Drehen im unterbrochenen Schnitt. Deshalb und wegen der immer auftretenden Unwucht sind die Drehzahlen, Spantiefen und Vorschübe gegebenenfalls stark zu reduzieren. Bevor man die Maschine einschaltet, muss man sich davon überzeugen, dass der Drehstahl weit genug außerhalb des unrund laufenden Werkstücks und der Spannmittel steht.

Vor Jahren musste ich an der Oberseite eines Modellscheinwerfer-Gehäuses Kühlrippen einstechen und die beiden unteren Gehäuseflächen geflacht andrehen (**Abb. 4**). Die „Sonderflächen“ waren jeweils unter einem Winkel von 120° anzudrehen. Das war eine schöne Außermittearbeit, bei der man das Außermittemaß (R 3,6) ebenfalls erst durch eine entsprechende Zeichnung erkennt. Das mit Ø 12 gebohrte Scheinwerfergehäuse wurde auf

Abb. 5

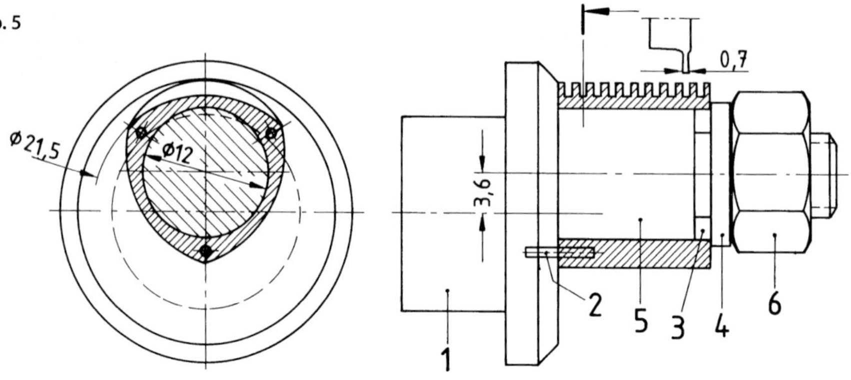

einen exzentrisch an eine Scheibe mit Spannzapfen (1) angedrehten Dorn (5) gesteckt und auf diesem von Arbeitsgang zu Arbeitsgang um 120° verdreht (Abb. 5). Dazu hatte das Gehäuse drei 1-mm-Bohrungen, mit denen es auf einen festen Stift (2) gesteckt wurde. Der Dorn war kürzer als das Gehäuse, so dass ein Spannspalt (3) entstand. Die Nuten an der Oberseite habe ich mit einem 0,7-mm-Stechstahl auf Ø 21,5 (2 × 10,75) eingestochen.

Soll eine Exzenterwelle zwischen den Spitzen gedreht werden, so müssen bereits die Anrisse an den Stirnseiten der Rohwelle richtig angebracht werden. Wenn die Zentrierbohrungen verdreht eingebohrt werden, liegen beide Werkstückachsen nicht exakt parallel. Eine gute Anrissart zeigt **Abb. 5a**. Dazu verwendet man am besten eine Anreißplatte (alternativ: eine beschichtete Spanplatte), ein Anreißprisma, in welches das Werkstück gelegt wird, und einen Höhenreißer (alternativ: Hilfsvorrichtungen). Eine lange Welle legt man in zwei Prismen. Das Werkstück darf während des Anreißens der Mitten im Prisma nicht verdreht werden. Das Drehen von Kurbelwellen und Ähnlichem wurde schon an anderer Stelle ausführlich und gut beschrieben, ich möchte hier darauf verzichten (siehe „Maschinen im Modellbau“, 2/99, S. 32/33). Einen interessanten „Exzenter-Drehapparat“ hat Franz Demattio in „Der Schiffspropeller“, Heft Januar/Februar 1994, vorgestellt. Den Bauplan dazu erhält man beim vth unter der Bestellnummer 320.1637. Ein kleines Backenfutter wird auf einem kurzen Support mit Spindel radial kontrolliert verschoben. Den Drehapparat kann man in die Bohrbacken eines größeren Backenfutters oder auf eine Planscheibe spannen – eine gute Idee für Leute, die oft Exzenterteile drehen müssen.

Abb. 5a

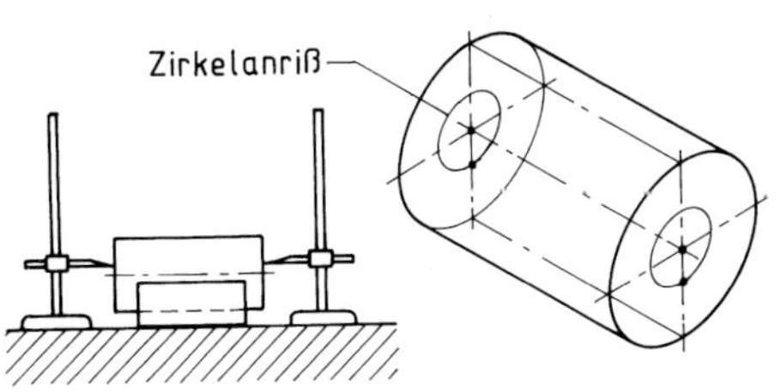

9.11 Rändeln und Kordeln (Kordieren)

Rändel- und Kordierungsflächen bringt man an Einstellschrauben, Überwurfmuttern, Einstellringen (Skalenringen!) und anderen Bedienelementen an, damit diese griffsicher werden. Es gibt die drei Formen: Rändel (A), Kreuzrändel (B) und Kordel (C) (**Abb. 6**). Bei den Rändel- und Kordelprägungen werden kleine gehärtete Rädchen in einer Halterung mit dem Quersupport mit großer Kraft gegen das Werkstück gedrückt (**Abb. 7**). Das weiche Material wird dabei aufgeworfen, der vorgedrehte Durchmesser vergrößert sich geringfügig. Für das Kordeln werden zwei Rädchen benötigt. Jedes hat unter einem Winkel von 30° in eine andere Richtung eingefräste Riefen. Damit beide Rädchen gleich kräftig gegen das Werkstück gedrückt werden, hat eine Kordelhalterung ein gabelartiges, schwenkbares Ausgleichsstück. Die Rändel- und Kordelhalterungen sollten stets etwas unter Spitzenhöhe stehen. Eine angefräste Stufe an ihnen verhindert, dass sie im Stahlhalter ver-

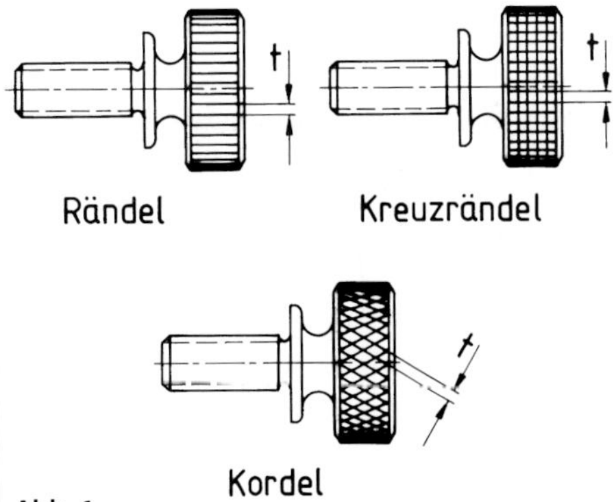

Abb. 6

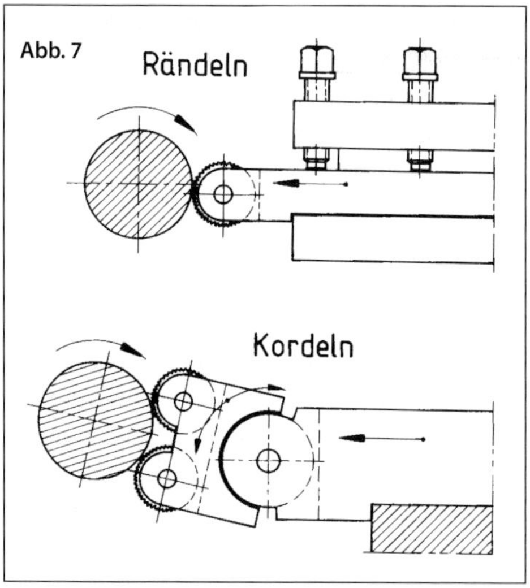

Abb. 7

schoben werden. Kreuzrändel finden wir oft bei Einstellringen an optischen Geräten. Sie werden jedoch meist eingedreht und -gefräst, weil es so sauberer wird. Rändel- und Kordelrädchen gibt es in verschiedenen Teilungen („t“ in Abb. 6). Das ist der Abstand der kleinen Zahnriefen. Für ein gutes Aussehen ist die richtige Auswahl entsprechend dem Werkstückdurchmeser und der Breite des Rings ausschlaggebend.

Durch die große Kraftanwendung können sich vor allem „fliegend“ gespannte Werkstücke im Futter unrund verdrücken. Deshalb macht man diese Arbeit frühzeitig, um erst danach andere Durchmesser zu drehen, die genau rund laufen müssen. Oder man dreht erst vor, dann wird gerändelt und schließlich fertig gedreht. Beim Ansetzen des Rändels drückt man zuerst nur etwa das halbe Rad gegen das Werkstück (**Abb. 8**), das durch eine mitlaufende Spitze gestützt wird. Wenn die Räder etwas eingeschnitten haben und ihre Teilung sauber auf den Umfang des Werkstücks übertragen ist, kann man den Bettschlitten seitlich, sogar mit maschinellem Vorschub, verfahren. Der Vorschub soll dabei nicht zu groß sein. Durch die große Druckkraft entsteht viel Reibungswärme, es muss mit gutem Öl geschmiert werden.

Lang spanende Werkstoffe lassen sich besser rändeln und kordieren als Messing und Grauguss. Nach dem Andrücken des Rändels sehen die Kanten immer sehr hässlich aus. Man soll sie abschließend unter Winkeln von 30° oder 45° brechen (vgl. dazu Teil „3“ in Abb. 65a Band 1).

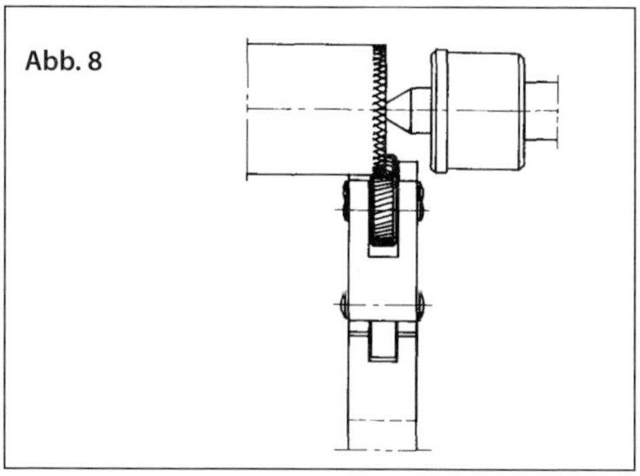
Abb. 8

Auswahl der Teilung beim Rändeln und Kordeln

Ø in mm	Rändelbreite in mm					Kreuzrändelbreite in mm				Kordelbreite in mm			
	2	6	16	32	>32	6	16	32	>32	6	16	32	>32
bis 8	0,5	0,5	0,5	0,5	0,5	0,6	0,6	0,6	0,6	0,6	0,6	0,6	0,6
9...16	0,5	0,6	0,6	0,6	0,6	0,6	0,6	0,6	0,6	0,8	0,8	0,8	0,8
17...32	0,5	0,6	0,8	0,8	0,8	0,6	0,8	0,8	0,8	0,8	1,0	1,0	1,0
33...63	0,6	0,6	0,8	1,0	1,0	0,6	0,8	1,0	1,0	0,8	1,0	1,2	1,2
64...100	0,8	0,8	0,8	1,0	1,2	0,8	0,8	1,0	1,2	0,8	1,0	1,2	1,6
> 100	0,8	1,0	1,0	1,0	1,2	0,8	1,0	1,2	1,6	1,0	1,2	1,6	2,0

Im Handel erhältliche Kordelapparate haben für unsere kleinen Maschinen immer einen viel zu hohen Schaft. Manfred Heintschel hat in „Maschinen im Modellbau", Heft 1/2001, eine gute Anleitung zum Selbstbau gegeben. Es gibt stranggezogenes Rundmaterial, auf dessen Umfang bereits Längsriefen eingeformt sind. Dort kann das Rändeln entfallen.

9.12 „Falsches Rändeln"

Als „falsches Rändeln" bezeichne ich einen Notbehelf für den Fall, dass man nicht rändeln kann. Nicht jeder will sich das Werkzeug nur wegen einer einzigen Rändelschraube anschaffen. In der Restekiste oder beim Schrotthändler findet man oft gerändelte Teile, von denen man den äußersten, sehr dünnwandig ausgedrehten Ring verwendet, um ihn auf das jeweilige Teil aufzulöten oder aufzukleben (**Abb. 9**). Wenn man das sauber macht, ist es am Ende nicht zu erkennen.

Abb. 9

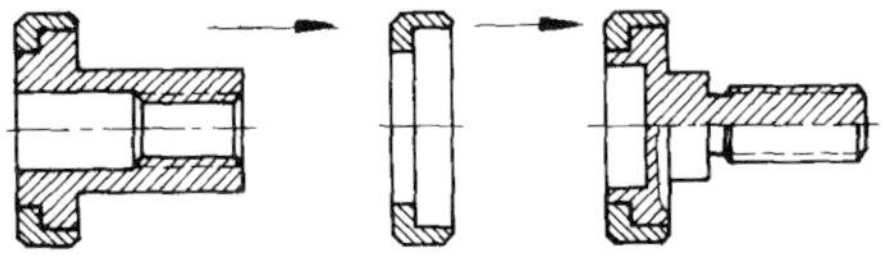

9.13 Federwickeln

Auf der Drehmaschine kann man Druck-, Zug- und Drehfedern selbst wickeln. Für Federn, die tatsächlich als Federn wirken sollen, benötigt man Federstahldraht. Für Federn, die als Modellteile nur so aussehen sollen (**Foto 1**), kann man jeden anderen Draht verwenden. Federn werden um einen Dorn gewickelt, der in das Backenfutter gespannt ist. Weil die Federn nach dem Wickeln um den Dorn stets um einen bestimmten Betrag zurückfedern (im Durchmesser wieder größer werden), muss man durch Vorversuche den richtigen Dorndurchmesser ermitteln. Das kann man auf den Zehntelmillimeter genau tun.

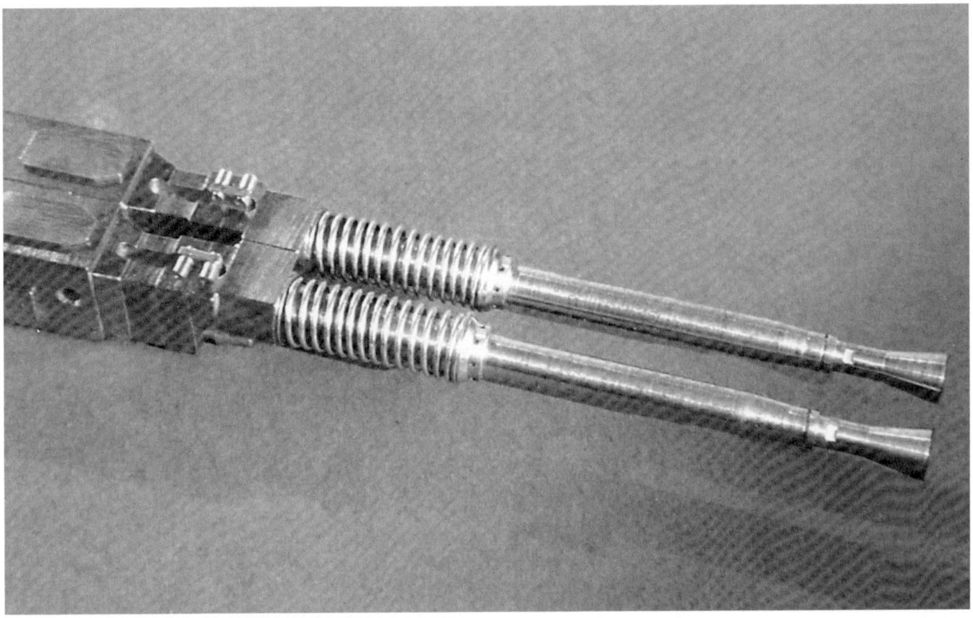

Foto 1: Federn an 40-mm-Rohren.((130 mm breit))

Eine Feder mit einem Innendurchmesser von genau 10 mm soll aus 1-mm-Federstahldraht gewickelt werden. Beginnen würde ich damit, ein 9-mm-Rundmaterialstück ins Backenfutter zu spannen. Nahe den Futterbacken wird radial eine 1,2-mm-Bohrung eingebohrt. In diese wird der Anfang des Federdrahts gesteckt. Er wird zwischen zwei Holzstücken geführt, die im Stahlhalter festgeklemmt sind. Der Stahlhalter bleibt vorerst in großem Abstand zum Dorn (**Abb. 10**).

Abb. 10

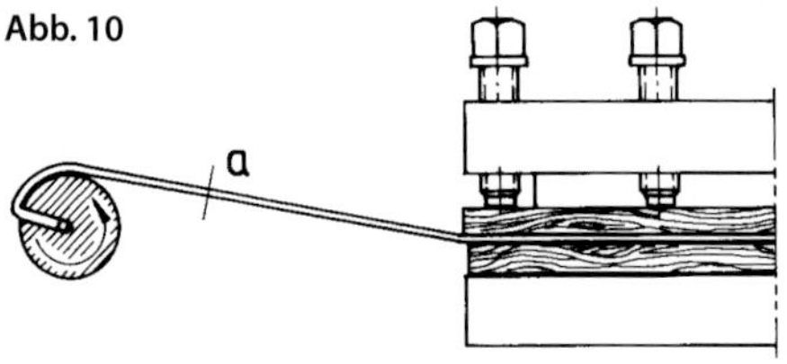

Jetzt setzt man die Spindel mit kleinster Drehzahl in Bewegung. Durch Links- oder Rechtslauf kann man bestimmen, ob man eine links- oder rechtsgewendelte Feder bekommt. Man achtet vorerst nur darauf, dass die einzelnen Federgänge nebeneinander auf dem Dorn liegen. Die Anpresskraft der beiden Holzstücke und damit die „Zugkraft" ist für das Zustandekommen und den Durchmesser der entstehenden Feder völlig unbedeutend! Es kommt nur auf den Durchmesser des Wickeldorns an. Man schneidet die Probefeder nun bei (a) in Abb. 10 mit einem Seitenschneider ab. Vorsicht, das Ende schlägt blitzschnell herum! Nachdem man das andere Ende auch an der Bohrung abgeschnitten hat, kann man die Feder dem Dorn entnehmen und den Innendurchmesser messen. Ist er zum Beispiel noch 0,4 mm zu groß, wird der Dorn um weitere 0,4 mm kleiner gedreht. Beim nächsten Wickelversuch dürfte der richtige Durchmesser entstanden sein. Ist er noch 0,1 mm zu groß, wird vor dem dritten Wickelversuch dieses Zehntel auch noch abgedreht. Als Faustregel („π" mal Daumen") kann man für den Wickeldorndurchmesser „0,8 mal Federinnendurchmesser" rechnen.

Beim nun folgenden eigentlichen Federwickeln wird der Vorschub durch Leitspindelantrieb in Richtung Reitstock in Betrieb gesetzt. Dabei fährt man den Stahlhalter mit den Holzstücken näher an den Dorn heran. Wir hatten oben das Beispiel 1-mm-Draht benutzt. Will ich eine Zugfeder wickeln, bei der bekanntlich die Windungen dicht an dicht liegen, müsste ich mit den Wechselrädern eine „Gewindesteigung" von 1 mm einstellen. Soll eine Druckfeder mit 2-mm-Steigung entstehen, dann müsste ich diese Steigung mit den Wechselrädern einrichten. Der Bettschlitten fährt immer nach rechts. Ob Links- oder Rechtswendel, das kann, wie gesagt, durch den Drehsinn der Arbeitsspindel bestimmt werden. Während des Wickelns kann man durch Verstellen des Obersupports die Auflaufrichtung etwas korrigieren.

Federn, die nur so aussehen sollen, kann man aus ausgeglühtem Messing- oder Kupferdraht wickeln. Dabei kann man die Zuführung auch von Hand aus größerer Entfernung ausführen. Doch auch beim Einsatz von geglühten Draht muss man damit rechnen, dass sich die Windungen nach Wegfall des Zugs um einen geringen Betrag öffnen. Eine Möglichkeit wäre, dass man Druckfedern in den Gewindegängen von Gewindespindeln wickelt. Dann kann eine Führung durch die Leitspindel entfallen. Die Holzklemmung steht in größerer Entfernung, der Bettschlitten kann von Hand in etwa verfahren werden. Nach dem Abschneiden des Drahts wird sich die Wicklung um die Gewindegänge auch etwas lösen, so dass man die Feder vom Gewinde schrauben kann.

Beim Wickeln längerer Federn kann man den Wickeldorn mit Spitzenunterstützung halten. Eine solche „Endlosfeder" kann man danach in Einzelstücke trennen, vorzugsweise mit einer Trennscheibe. Die Druckferden wickelt man so, dass man möglichst die beiden ersten

Abb. 11

Abb. 11a

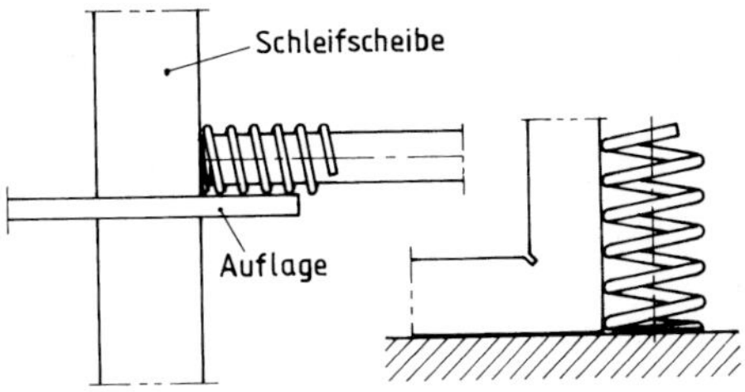

und die beiden letzten Windungen dicht an dicht wickelt (**Abb. 11** links). Es sieht besser aus und die Feder drückt richtig axial und kann nicht verkanten. Wenn das nicht möglich ist, sollen die Federanfänge plan geschliffen werden (Abb. 11 rechts). Eine gute Methode, die Federanfänge rechtwinklig plan zu schleifen, ist die, die Feder auf einen passenden Bolzen zu stecken. So kann das Ganze sicher auf die Auflage an der Schleifmaschine gestützt werden (**Abb. 11a**). Vor dem Einschalten der Drehmaschine sorgt man für einen störungsfreien Zulauf des Drahts.

10. Gewindeherstellung

10.1 Gewindearten

Es gibt verschiedene Gewindearten. Sie werden unterschieden nach der Form und der Steigung der Gewindegänge. Die verschiedenen Formen sind: Spitz-, Flach-, Trapez-, Sägen- und Rundgewinde. In **Abb. 12** sehen wir ihre vereinfachten Darstellungen und die üblichen Bezeichnungen. Spitzgewinde sind in der Regel Befestigungs-, die anderen Bewegungsgewinde. Die asymmetrischen Sägengewinde werden dort eingesetzt, wo Belastungen überwiegend in einer Achsrichtung auftreten (zum Beispiel bei Anzugsgewinden von Spannzangen). Bei ihnen ist nur eine Flanke (die unbelastete) schräg gestellt. Die belastete Flanke steht oft nur um wenige Grad schräg. Verschlüsse von Verpackungen haben vielfach Rundgewinde (Deckelverschlüsse). Diese sind aus den Spritzgussmaschinen besser ausformbar. Spitz-, Trapez- und auch Rundgewinde sind durch die schrägen Gewindeflanken selbstzentrierend.

Bei Spitzgewinden wird heute nach 60°- (metrische) und 55°-Spitzenwinkel (Zollgewinde) unterschieden. Es gibt Gewinde mit normalen Gewindesteigungen. Das sind die so genannten Grobgewinde. Sie werden nicht besonders bezeichnet (zum Beispiel M10 – es hat eine Steigung von 1,5 mm). Gewinde mit kleineren Steigungen, die so genannten Feingewinde, müssen besonders bezeichnet werden (zum Beispiel M10×0,5). Feingewinde mit gleichem Nenndurchmesser können mehrere verschiedene Feingewindesteigungen haben (Beispiele: M10×0,5 – M10×0,75 – M10×0,8 – M10×1 oder M10×1,25).

Von all diesen Gewinden gibt es natürlich Innen- und Außengewinde, normales rechts- und linksgängiges Gewinde, mehrgängige und sogar konische Gewinde. Dazu kommen zahlreiche Sondergewinde. Zum Glück sind jedoch die Zeiten vorbei, als fast jede Firma aus purem Profitinteresse ihr eigenes Gewinde „kreiert“

Abb. 12

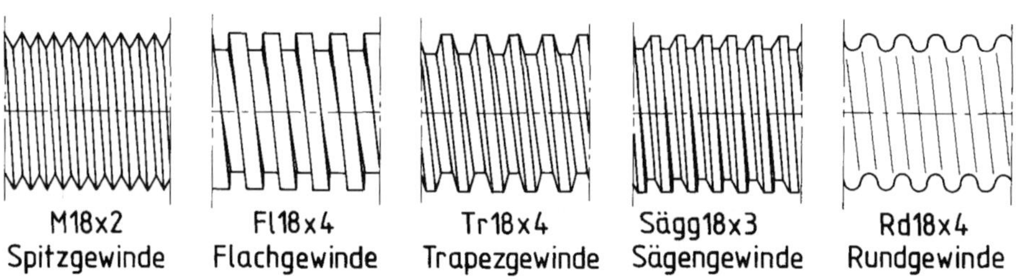

hat. Mehrgängige Gewinde finden wir oft an Verschlüssen von Schreibgeräten und Ähnlichem. Sie sehen zwar auf den ersten Blick nach Feingewinden aus, haben aber, auf den Umfang gleichmäßig verteilt, mehrere Ganganfänge, so dass die Gesamtsteigung doch recht groß ist. Das Gewinde der Verschlusskappe soll recht schnell „fassen“ und mit wenigen Umdrehungen aufgeschraubt sein.

Die häufigsten Gewinde sind Spitzgewinde. Zum Schneiden von Spitzgewinden mit relativ kleinen Gewindesteigungen gibt es Gewindeschneidwerkzeuge: Gewindeschneideisen und zahlreiche Formen von Gewindebohrern. Die übrigen Gewindeformen werden mit dem Stahl gedreht bzw. auf verschiedene Art auch gefräst (Gewindewirbeln mit innerer oder äußerer Berührung). Das spanlose Gewindeformen und -walzen wollen wir nur am Rande erwähnen. Die Gänge von Feingewinden haben einen relativ kleinen Steigungswinkel. Deshalb „ziehen“ sie besser, d. h. die Axialkraft, die mit ihnen erzeugt werden kann, ist größer als bei Normal-(Grob-)Gewinden. Den Steigungswinkel (St) aller Gewinde kann man berechnen oder auch zeichnerisch ermitteln (**Abb. 13**). Dabei wird die jeweilige Gewindesteigung (P) zum Umfang des Flankendurchmessers (Fl) ins Verhältnis gesetzt. Die Nenn- (N) und Kerndurchmesser (K) des Gewindes sind für die richtige Bestimmung des Steigungswinkels von untergeordneter Bedeutung. Je geringer dieser ist, desto mehr Axialkraft entwickelt das Gewinde. Die Zug- und Biegefestigkeit einer Schraube berechnet sich nur nach ihrem Kerndurchmesser. So hat eine M4-Schraube nicht mehr die Festigkeit eines 4-mm-Bolzens, sondern nur noch die eines 3,2-mm-Drahts (der Kerndurchmesser von M4 ist etwa Ø 3,2!).

Abb. 13

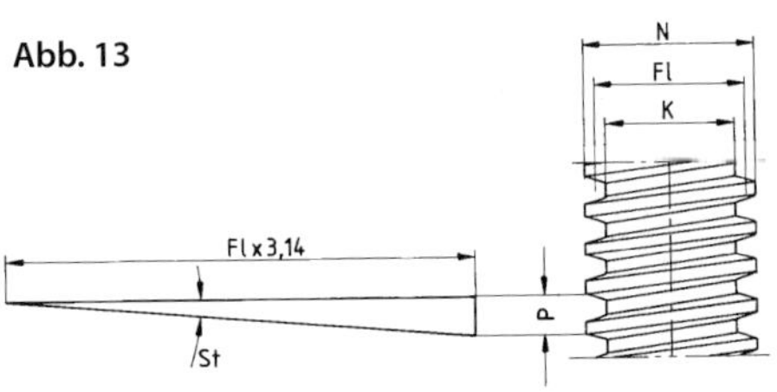

10.2 Gewindeschneiden mit Hand-Schneidwerkzeugen

Kleinere Grobgewinde bis etwa M10 und größere Feingewinde mit einer Gewindesteigung bis etwa 1,25 mm können ohne Vorschneiden mit Schneidwerkzeugen fertig geschnitten werden. Ausnahmen sind hochfeste und zähe Werkstoffe (auch Silberstahl). Hier sollten auch kleinere Steigungen mit dem Stahl zumindest vorgedreht und die letzten Zehntelmillimeter mit Schneidwerkzeugen fertig geschnitten werden. Größeres Hand-Schneidwerkzeug sollte man nur für die Reparatur von Gewinden oder für das Fertigschneiden bereits mit dem Stahl vorgedrehter Gewinde verwenden.

10.2.1 Schneideisen

Schneideisen schneiden Außengewinde (Bolzengewinde) in einem Arbeitsgang fertig. Früher waren Schneideisen geschlitzt. Dadurch war es möglich, den Schneideisenring im Schneideisenhalter geringfügig zusammenzudrücken (und damit einen geringeren Flankendurchmesser zu erzeugen) oder auch aufzuweiten, um einen etwas größeren Gewindedurchmesser zu erhalten (**Abb. 14**). Beim Zusammendrücken

Abb. 14

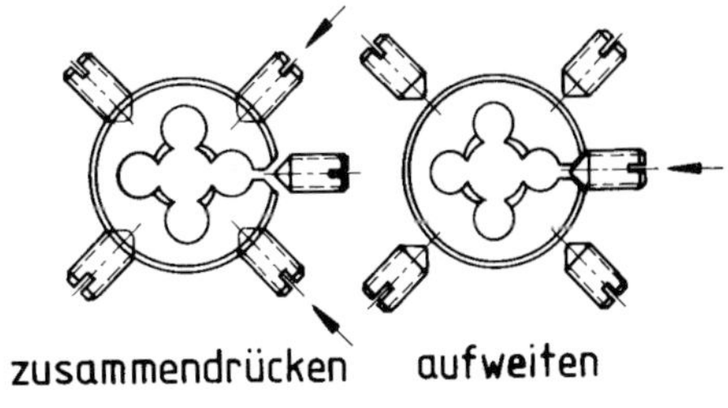

werden die vier gegenüberliegenden Madenschrauben des Schneideisenhalters zuerst angezogen; beim Aufweiten sind sie zunächst lose und die einzelne Madenschraube wird zuerst angezogen.

Voraussetzung für das Gewindeschneiden mit einem Schneideisen ist ein gut vorbereitetes Werkstück:

- ein gut rund laufender und maßgerecht vorgearbeiteter Außendurchmesser (der Gewinderohling wird um etwa ein Zehntel der Gewindesteigung kleiner als der Gewinde-Nenndurchmesser vorgedreht).
  Beispiel: M10 hat eine Steigung von 1,5 mm. 1,5 : 10 = 0,15. 10 – 0,15 = 9,85.
  Der Bolzen sollte hier auf Ø 9,85 vorgedreht werden. Bei zu kleinem Durchmesser wird das Gewinde nicht voll ausgeschnitten, seine Haltekraft nicht erreicht. Bei zu großem Durchmesser werden die Schneiden des Schneideisens überlastet, der Bolzen kann brechen. Je kleiner ein Gewinde ist, umso genauer muss der Nenndurchmesser vorgedreht werden. Für ein M1-Gewinde sollte der Bolzen fast auf den Hundertstelmillimeter genau gedreht werden!
- Gutes Anfasen des Gewindeanfangs mit 30 bis 45° (**Abb. 15**). Durch diese so genannte Gewindefase finden die Anschnittfasen am Schneideisen einen besseren Anschnitt. Die Gewindefase läuft gut rund und reicht sicher bis zum Kerndurchmesser (K).

Abb. 15

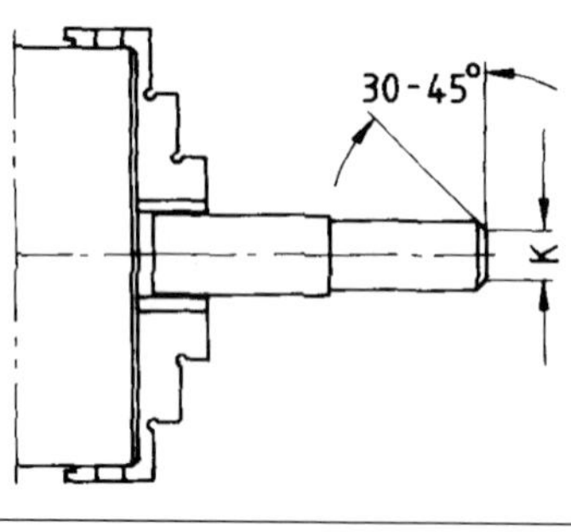

Abb. 15a

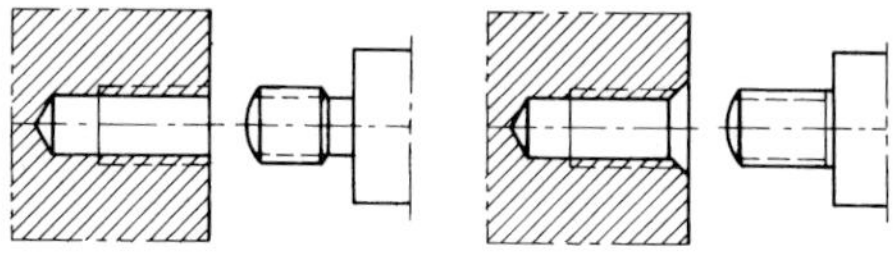

Die Gewindefase wird am besten mit einem schräg eingestellten Drehstahl oder mit einem Gewindedrehstahl angestochen.

- Genauer Rundlauf des Bolzens insgesamt.
- Soll ein Gewindezapfen dicht und fest an eine Fläche herangeschraubt werden, so muss das Gewindeende einen Freistich haben (vgl. dazu Teil 1 in Abb. 201) oder das Innengewinde eine ausreichend große Senkung (**Abb. 15a**) erhalten.

Das Schneideisen wird in den Schneideisenhalter gesetzt und mit den Madenschrauben festgezogen. Dabei muss man darauf achten, dass sich keine Späne im Halter befinden, und besonders darauf, dass das Schneideisen sicher am Boden des Halters anliegt. Spüre ich, dass die vier unter 90° verteilten Madenschrauben beim Festziehen das Eisen vom Boden abheben und dabei schräg verkanten, dann lasse ich sie meist ganz locker und ziehe nur die eine Madenschraube leicht an, die in die Längsnut des Eisens sticht. Vorrang hat die sichere Anlage des Eisens am Halterboden! Besonders kleine Schneideisen benutze ich ganz ohne Halter. Man kann sie mit den Fingern gegen eine plane Anlage im Bohrfutter oder auch gegen die Planfläche an der Pinole halten.

Der Halter mit dem Schneideisen wird auf die Gewindefase am Gewindeanfang angesetzt (**Abb. 16**), die Reitstockpinole (2) drückt leicht gegen den Halter. Die Gewindeanschnittfasen zentrieren dabei das Schneideisen an der Gewindefase des Werkstücks. Ein Griff des Halters (1) liegt auf dem Schlitten des Obersupports oder auf einem Stück Vierkantmaterial (3) im Stahlhalter auf. Auf den Bolzen ist reichlich

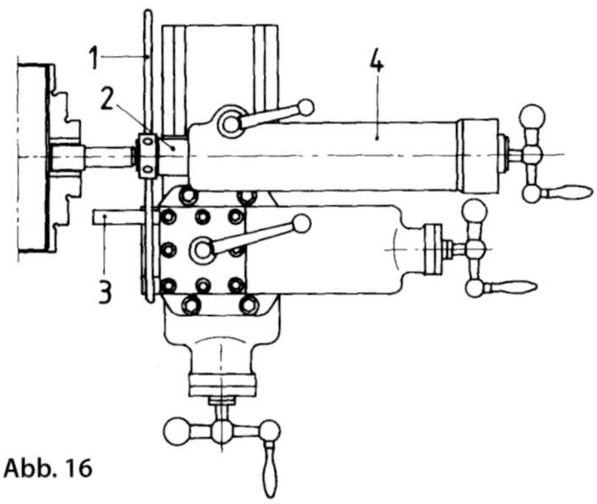

Abb. 16

Schmiermittel aufgetragen. Die ersten Gänge sollte man das Backenfutter von Hand durchdrehen (eingesteckter Futterschlüssel). Dabei wird durch vorsichtiges Herausdrehen der Pinole gegen den Schneideisenhalter dieser mit dem Schneideisen stets senkrecht gehalten.

Beim Anschneiden der ersten Gewindegänge achte ich darauf, dass der aufliegende Griff des Halters gleichmäßig schnell auf seiner Unterlage nach vorn gleitet. Das ist ein untrügliches Zeichen dafür, dass das Gewinde gerade aufgeschnitten wird. Nach einigen Gängen kann der Maschinenantrieb eingeschaltet werden. Dazu benutzt man die geringste Spindeldrehzahl. Das deswegen, weil die Maschine hierbei das größte Drehmoment entwickelt, aber auch, weil man so dem Schneideisenhalter gut mit der Anlagefläche der Pinole folgen kann. Das soll man besonders beim Schneiden von langen Schrauben möglichst lange tun. Das Schneiden soll man mehrmals unterbrechen, um aus den Spanräumen des Schneideisens die Späne herauszupinseln. Damit die Späne abbrechen, kann man das Schneideisen außerdem mehrmals um eine halbe Umdrehung zurückdrehen. Dabei muss aber die Pinole ein Stück weggenommen werden. Hat der Gewindebolzen einen etwas größeren Durchmesser als die Morsekegel-Bohrung in der Reitstockpinole, muss man das Nachführen mit der Pinole frühzeitig abbrechen, damit der sich drehende Gewindebolzen die MK-Bohrung nicht beschädigt.

Rechtzeitig vor Ende des Gewindebolzens muss die Maschine ausgeschaltet werden. Notfalls schneidet man die letzten Gänge wieder von Hand. Fährt der Maschinenantrieb zu weit, kann der Gewindebolzen von der Kraft der Maschine abgebrochen werden. Beim Uhrmacherdrehstuhl zieht der kleine Finger der rechten Hand den Handhebel des Reitstocks nach vorn, während Daumen und Zeigefinger das kleine Schneideisen an der Pinole festhalten. Kleinere und längere Gewinde darf man nicht mit Maschinenantrieb schneiden, wenn nur ein Haltergriff aufliegt. Durch die einseitige Belastung könnte das Gewinde verbiegen oder abbrechen. Hier hält man den Halter besser mit der Hand in der Mitte, ohne einen Griff irgendwo aufzulegen.

Vor dem Zurückdrehen des Schneideisens muss die Reitstockpinole weggenommen werden. Man kann von Hand oder mit Hilfe des Antriebs bei Linkslauf der Arbeitsspindel zurückdrehen. Dabei liegt der andere Haltergriff auf dem Bettschlitten oder dem Schlitten des Quersupports auf. Mit einem Pinsel werden zuvor die Spanräume des Schneideisens ausgekehrt. Auch beim Zurückfahren muss man darauf achten, dass der Griff nirgends hängenbleibt. Dies würde zur Zerstörung des Gewindes führen.

10.2.2 Gewindebohrer

Die Bedingungen für den Einsatz von Gewindebohrern ähneln denen beim Schneideisen. Gewindebohrer schneiden Innengewinde (Muttergewinde) in einem Arbeitsgang (beim Muttern- oder Maschinengewindebohrer) oder in mehreren Arbeitsgängen (Satzgewindebohrer) fertig aus. Innengewinde können als Grund- oder Durchgangsbohrungen ausgeführt sein. Eine typische Form einer Grundbohrung haben zum Beispiel die so genannten Hutmuttern. Doch auch Überwurfmuttern, bei denen ein kleinerer Bohrungsdurchmesser ganz durch das Werkstück geführt ist, haben Grundgewindebohrungen. Innengewinde werden mit Spiralbohrern oder Bohrdrehstählen (wenn nicht mit beiden) vorgebohrt. Der Durchmesser dieser Kernbohrung ist geringfügig größer (wie beim Außengewinde um ein Zehntel der Steigung) als der Kerndurchmesser des Gewindes. Zur überschlagsweisen Berechnung des Kerndurchmessers eines metrischen Normalgewindes (Grobgewindes) gibt es eine Faustformel: Gewinde(nenn)durchmesser mal 0,8 = Kerndurchmesser.

Beispiel: (M)10 × 0,8 = 8 mm Ø, oder (M)5 × 0,8 = 4 mm Ø. Natürlich passt nur ein entsprechendes Außengewinde in ein zugehöriges Innengewinde. Ich kann keine M1-Schraube in eine M1,2-Bohrung drehen, nur weil beide zufällig die gleiche Steigung haben.

Der kleinere Durchmesser der Kernbohrung steht mit der Gewindesteigung in Zusammenhang. Beispiel: M6 hat eine Steigung von 1 mm. Die Kernbohrung für M6 ist Ø 5 mm. Die Kernbohrung bei diesem Gewinde ist also um 1 mm kleiner. Bei jedem anderen Feingewinde mit dieser Steigung (1 mm) wäre der Kerndurchmesser ebenfalls um 1 mm kleiner (M30×1 hat eine Kernbohrung von Ø 29 mm usw.). Die **Abb. 17** verdeutlicht die wichtigsten Gewindeabmessungen. Dazu gibt es die beiden Tabellen „Metrische Grobgewinde“ und „Metrische Feingewinde“. Der bei Gewinden wichtigste so genannte Flankendurchmesser, der etwa auf der Hälfte der Gangtiefe liegt, soll uns hier nicht interessieren.

Die hier aufgeführten Feingewinde sind nur eine „Auswahlreihe“. Darüber hinaus ist für besondere Zwecke die Herstellung jedes anderen Feingewindes mit anderen Steigungen oder Nenndurchmessern möglich (zum Beispiel M100×1 oder auch M82×2). Bei der Konstruktion der Frässpindel nach Abb. 188 Band 1 habe ich mich bei der Festlegung der Gewindemaße nur von den maßlichen Erfordernissen leiten lassen. Alle Verschraubungen waren Einzelanfertigungen. Die Teile mussten nur mit ihren Gegenstücken zusammenpassen. In anderen Fällen sollte man auf genormte Gewinde zurückgreifen, weil es hierfür oft Normteile zu kaufen gibt (Firma Schrauben-Jäger).

Ist die Kernbohrung zu groß, werden die Gewindegänge nicht voll ausgeschnitten. Bei zu kleinen Kernbohrungen werden die Gewindebohrer zu stark belastet, sie können brechen. Gewindebohrer haben stets einen konischen „Anschnitt“. Dadurch wird die Zerspanungsarbeit zum Ausformen des Gewindes auf mehrere, hintereinander liegende Gewindegänge verteilt (**Abb. 18**). Die Abbildung zeigt, dass die Anschnitte bei den drei Bohrern unter verschiedenen Winkeln und folglich unterschiedlich lang angeschliffen sind. Die parallelen Linien rechts verdeutlichen die stufenweise Fertigstellung des Gewindes. Die Länge des Anschnitts geht bei Grundbohrungen (auch Sacklochbohrungen genannt) von der verfügbaren Gewindelänge

Abb. 17

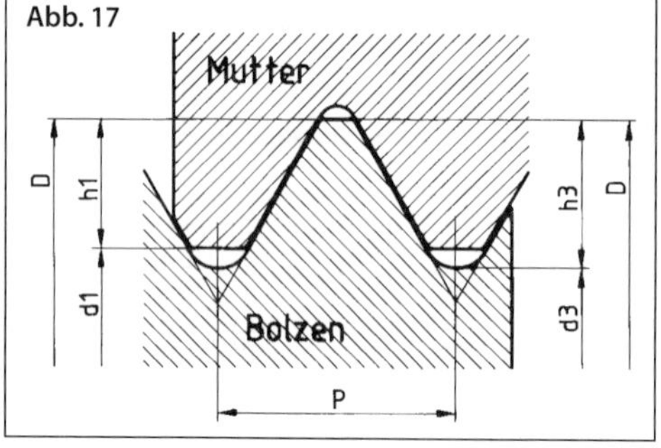

Abb. 18

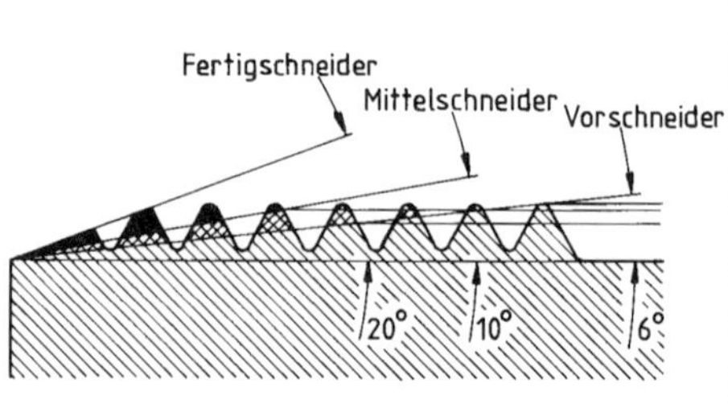

Metrische Grobgewinde (Maße in mm/teilweise gerundet)

D	p	d3	d1	h3	h1
M0,25	0,075	0,16	0,17	0,046	0,041
M0,3	0,08	0,2	0,21	0,049	0,043
M0,4	0,1	0,28	0,29	0,061	0,054
M0,5	0,125	0,35	0,37	0,077	0,068
M0,6	0,15	0,42	0,44	0,092	0,081
(M0,7)	0,175		0,47		
M0,8	0,2	0,56	0,58	0,123	0,108
(M0,9)	0,225		0,61		
M1	0,25	0,7	0,73	0,153	0,135
M1,2		0,9	0,93		
(M1,4)	0,3		1,1		
M1,6	0,35	1,2	1,2	0,215	0,189
(M1,7)			1,25		
M2	0,4	1,5	1,57	0,245	0,217
(M2,2)	0,45		1,75		
(M2,3)			1,8		
M2,5		1,9	2,0	0,276	0,244
(M2,6)			2,1		
M3	0,5	2,4	2,46	0,307	0,271
(M3,5)	0,6		2,9		
M4	0,7	3,1	3,2	0,43	0,38
(M4,5)	0,75		3,7		
M5	0,8	4,0	4,1	0,49	0,43
M6	1,0	4,8	4,9	0,61	0,54
(M7)			6,0		
M8	1,25	6,5	6,6	0,77	0,68
(M9)			7,8		
M10	1,5	8,2	8,4	0,9	0,81
(M11)			9,5		
M12	1,75	9,9	10,1	1,1	0,95
(M14)	2,0		12,0		
M16		13,5	13,8	1,2	1,1
(M18)	2,5		15,5		
M20		16,9	17,3	1,5	1,4
(M22)			19,5		
M24	3,0	20,3	20,8	1,84	1,6
(M27)			24,0		
M30	3,5	25,7	26,2	2,15	1,9
M36	4	31,1	31,7	2,5	2,17
M42	4,5	36,5	37,3	2,8	2,4
M48	5,0	41,9	42,6	3,1	2,7
M56	5,5	49,3	50,0	3,4	3,0
M64	6,0	56,6	57,5	3,7	3,25

Metrische Feingewinde (Maße in mm/teilweise gerundet)

Gewinde	d3	d1	h3	h1
M1x0,2	0,76	0,78	0,123	0,108
M1,6x0,2	1,36	1,38		
M2x0,25	1,69	1,73	0,153	0,135
M2,5x0,35	2,1	2,12	0,215	0,189
M4x0,5	3,4	3,5	0,31	0,27
M6x0,5	5,4	5,5		
M10x0,5	9,4	9,5		
M16x0,5	15,4	15,5		
M6x0,75	5,1	5,2	0,46	0,41
M10x0,75	9,1	9,2		
M16x0,75	15,1	15,2		
M24x0,75	23,1	23,2		
M10x1	8,8	8,9	0,6	0,54
M16x1	14,8	14,9		
M24x1	22,8	22,9		
M42x1	40,8	40.9		
M64x1	62,8	62,9		
M10x1,25	8,5	8,6	0,77	0,68
M16x1,5	14,2	14,4	0,8	0,9
M24x1,5	22,2	22,4		
M42x1,5	40,2	40,4		
M64x1,5	62,2	62,4		
M100x1,5	98,2	98,4		
M24x2	21,6	21,8	1,1	1,2
M42x2	39,6	39,8		
M64x2	61,6	61,8		
M100x2	97,6	97,8		
M42x3	38,3	38,7	1,6	1,84
M64x3	60,3	60,7		
M100x3	96,3	96,7		
M42x4	37,1	37,7	2,2	2,45
M64x4	59,1	59,7		
M100x4	95,1	95,7		
M100x6	92,6	93,5	3,25	3,7

Abb. 19

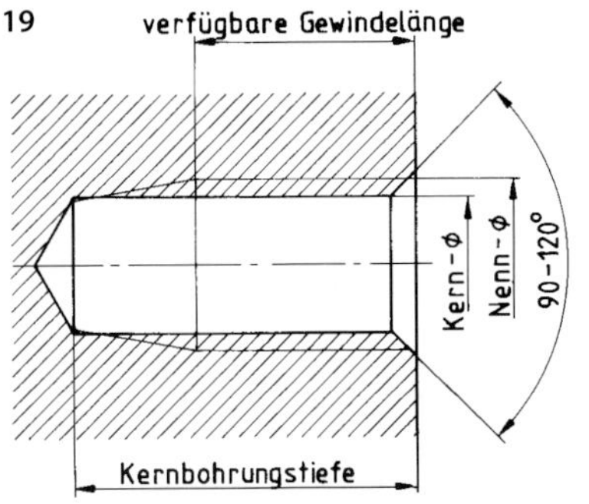

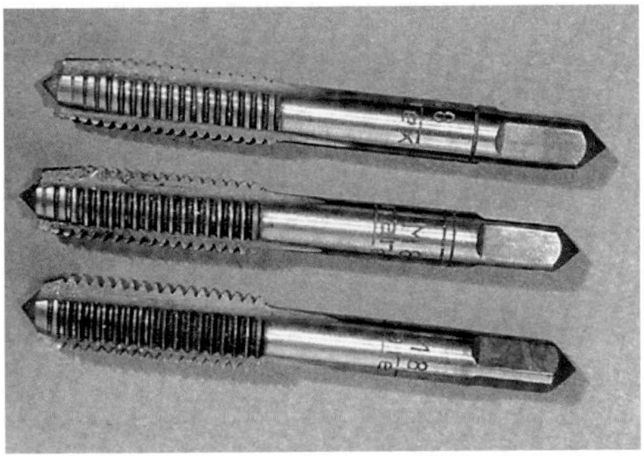

Foto 2: Gewindebohrer mit dünnem Schaft. Man erkennt genau die verschieden langen, hinterschliffenen Anschnitte von Vor-, Mittel- und Fertigschneider (von oben nach unten). Auch der deutlich kleinere Rundschliff am Vorschneider ist zu sehen.

verloren. Daher muss die Kernbohrung hier immer tief genug gebohrt werden (**Abb. 19**). Man kann für den nicht verfügbaren Auslauf mit sechs Gewindegängen rechnen.

Bei Durchgangsbohrungen in relativ kurzen Werkstücken gibt es dieses Problem nicht. Hier kann das Gewindeteil des Gewindebohrers ganz durchgedreht werden. Grenzen sind nur dann gesetzt, wenn der Schaft des Gewindebohrers größer als der Kerndurchmesser ist. Es gibt jedoch auch Gewindebohrer mit Schäften, die einen kleineren Durchmesser haben (**Foto 2**). Diese können ganz durchgedreht werden. Normal sind dreiteilige Satzgewindebohrer. Der erste Gang, auch als Vorschneider bezeichnet, hat zur Kennzeichnung einen Ring (oder einen Strich), der zweite Gang, als Mittelschneider bezeichnet, zwei Ringe (oder zwei Striche); der dritte Gang, der so genannte Fertigschneider, hat keine Markierung (oder auch gelegentlich drei Striche). Diese Markierungen sind dauerhaft graviert, geätzt oder aufgefunkt. Mit etwas Übung kann man die drei Bohrer auch an ihren Durchmessern bzw. an der Fasenbreite an den Gewindespitzen erkennen. Der Fertigschneider hat ganz spitze Zähne.

Die Kernbohrung ist im Werkstück. Sie läuft gut rund, hat den richtigen Durchmesser und vorn an der Kante eine ausreichend breite 30°- oder 45°-Fase. Diese soll so breit sein, dass der Nenndurchmesser des Gewindes mindestens erreicht wird. Nun wird auf den Vierkant des Vorschneiders (3) ein Windeisen („1“ in Abb. 20) gespannt und der Anschnitt des Gewindebohrers in die Bohrung gesetzt. Dazu ist dieser an der Spitze stets geringfügig kleiner als der Kerndurchmesser. Hinten am Schaft gibt eine vorsichtig in die Zentrierbohrung gesetzte feste (2) oder mitlaufende Spitze die richtige Führung. Ein Griff des Windeisens liegt zum Beispiel auf dem Obersupport-Schlitten auf. Wenn ein Gewindebohrer keine Zentrierbohrung, sondern eine 90°-Außenspitze hat, wird

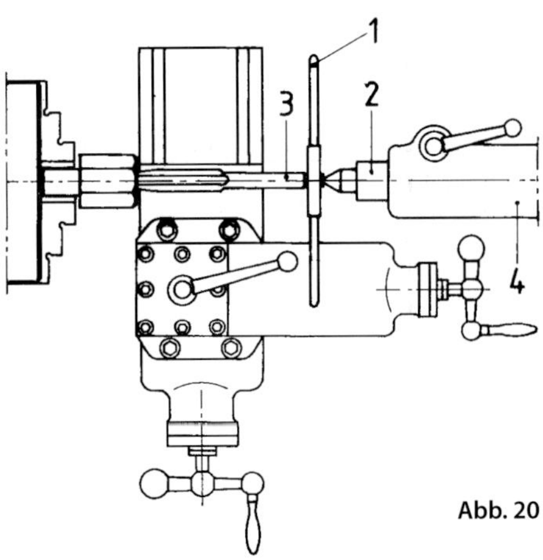

Abb. 20

diese Spitze von den beinahe geschlossenen Backen eines Bohrfutters gehalten!

In die Bohrung wurde Schmiermittel gegeben. Die ersten Gänge werden auch hier wieder durch Drehen des Futters von Hand eingeschnitten. Auch dabei wird ohne Unterbrechung die Reitstockspitze nachgeführt, so dass sie den Schaft des Gewindebohrers immer gut in Richtung hält. Setzt diese Führung auch nur kurzzeitig aus, kann es zum Bohrerbruch kommen, vor allem dann, wenn er recht dünn und noch nicht weit eingeschnitten ist.

Bei Durchgangs-Gewindebohrungen von etwa M10 an aufwärts oder bei Feingewinden mit einer Steigung ab etwa 1 mm kann man nach dem Anschneiden der ersten Gänge von Hand den langsamsten Spindelantrieb benutzen. Das Nachführen der Reitstockspitze ist vor allem jetzt ganz wichtig. Eine Hand kurbelt ununterbrochen am Reitstock-Handrad, die andere bedient den Elektroschalter. Auch beim Auslauf der Maschine soll man das Handrad so lange weiterdrehen, bis die Spindel steht. Bei unseren kleinen Drehmaschinen hört man sogar an einem leicht geänderten Maschinengeräusch, wann der Anschnitt des Bohrers hinten „durch ist", wann die Maschine nichts mehr „zu tun" hat. Bei Kleindrehmaschinen mit Riemenantrieb kann man zur Sicherheit die Riemenspannung lockern. Kommt es jetzt beim Gewindeschneiden zu einer Überlastung, rutscht der Riemen, der teure Gewindebohrer bricht nicht – eine ideale „Rutsch-Kupplung".

Alle kleineren Gewindebohrer mit weniger als M8 schneide ich aus Sicherheitsgründen nie mit einem Windeisen ein. Der Schaft des Gewindebohrers wird in ein möglichst großes Bohrfutter gespannt; groß deshalb, weil man dann „etwas in der Hand hat". Das Bohrfutter wird in die Pinole gesteckt. Die Pinole ist jedoch so weit in den Reitstock-Grundkörper zurückgezogen, dass der Morsekegel nie festklemmen kann! In diesem Zustand wird der gesamte Reitstock so weit nach vorn geschoben, dass der Anschnitt des Gewindebohrers gerade so in der Kernbohrung steckt. Schmiermittel wird in die Bohrung gegeben und die Spindel in Gang gesetzt. Nun kann man das Bohrfutter fest mit der Hand ergreifen und in Richtung Werkstück schieben. Die ersten Gänge schneiden an. Durch die Pinole hat der Vorschneider eine ausreichende Führung. Weiter innen, wenn vielleicht schon einige Späne klemmen oder wenn der Bohrer schon etwas stumpf ist, dreht das Futter in der Hand durch. Man kann es nicht mehr halten. Dann schaltet man auf Linkslauf und lässt den Bohrer somit wieder auslaufen. Man entfernt die Späne, gibt unter Umständen ein neues Schmiermittel an den Bohrer. Dann wird der Gewindebohrer vorsichtig wieder in die schon eingeschnittenen Gänge des stehenden Werkstücks geschraubt, anschließend kann das Schneiden mit Maschinenantrieb auf eine nun größere Tiefe folgen.

Beim Anschneiden der Mittel- bzw. Fertigschneider dreht man die Bohrer zuerst ebenfalls von Hand möglichst tief in die Gänge ein, damit sie in das vorgeschnittene Gewinde einspuren. Erst dann wird das Windeisen aufgesteckt, die Spitze dagegengesetzt und der Vorgang wie oben fortgeführt. Sicherheit hat beim Gewindeschneiden Vorrang. Ein abgebrochener Gewindebohrer ist ein finanzieller Verlust, aber auch ein Verlust an Zeit, denn in manchem Werkstück steckt vor dem Gewindeschneiden schon viel Arbeit. Es ist also nicht übertrieben, wenn man das Gewinde bei arretierter Arbeitsspindel von Hand, mit dem Windeisen oder gar ausgespannt im Schraubstock, fertig schneidet.

Die Halterung eines Gewindebohrerschafts im Backenfutter kann man auch so tun: Der Morsekegel des Bohrfutterschafts wird fest in die Pinole eingestoßen, der Reitstock aber nicht auf dem Maschinenbett geklemmt. So kann der einschneidende Bohrer das Bohrfutter samt Pinole und Reitstock nach vorn ziehen. Wenn hierbei im Gewinde etwas hakt, kann man noch darauf hoffen, dass der Bohrerschaft im Bohrfutter durchdreht. Diese Arbeitsweise ist nicht zu empfehlen, wenn die Gewindebohrer klein und der Reitstock sehr schwer ist. Beim Herauslaufen des Gewindebohrers unter Linkslauf ziehe ich den Reitstock von Hand kräftig nach hinten. So kann es nicht passieren, dass die ersten Gewindegänge zerstört werden, weil sie den schweren Reitstock nicht mehr schieben können.

Besonders Gewindebohrer, die kleiner als M3 sind, halte ich lediglich mit der Hand im Stiftenklöbchen. Die selbstzentrierende Wirkung der sich drehenden Werkstückbohrung macht, dass das Gewinde dennoch sehr gut und gerade eingeschnitten wird. Man spürt recht gut, wann das Einschneiden härter, kraftaufwändiger wird. Wie bei kleinen Spiralbohrern soll man daher die Späne oft entfernen. Dazu muss jeweils der Bohrer herausgeschraubt werden. Mit einem Pinsel werden die Span-Nuten des Bohrers ausgekehrt. Kleinstes Gewindeschneidwerkzeug bis herab zu M0,4 (!) bekommen Sie übrigens bei Bullnheimer & Co.

Satzgewindebohrer für Feingewinde bestehen nur aus Vor- und Fertigschneidern mit 7° bzw. 20° Anschnittwinkel. Muttern- und Maschinengewindebohrer sind nur Fertigschneider, die in einem Arbeitsgang das Gewinde fertig stellen. Mutterngewindebohrer sind dafür erdacht, dass sie ganz durch das Werkstück (es müssen nicht immer Muttern sein) hindurch geschraubt werden. Die Zerspanungsleistung wird durch einen extrem langen Anschnitt (2°) auf zahlreiche Gänge verteilt. Es gibt Gewindebohrer mit drei oder vier Span-Nuten, Spezialbohrer auch mit gewendelten. Die Auswahl von Gewindeschneidwerkzeug in speziellen Werkzeugkatologen ist fast unüberschaubar. Natürlich gibt es für die gebräuchlichsten Grobgewinde von M2 bis M20 auch Linksgewinde-Schneidwerkzeuge.

Die zahlreichen Normteile mit Gewinden (Schrauben, Muttern, Gewindestiften usw.) sollen hier nicht erwähnt werden. Erwähnen möchte ich nur die so genannten überhohen Muttern. Normale Muttern haben eine Höhe, die etwa dem Gewinde-Nenndurchmesser entspricht. Überhohe haben 1,5-fache oder noch größere Höhen (Längen). Dadurch sind sie verschleißfester, was besonders bei oft betätigten Gewinden (etwa bei Spannschrauben) wichtig ist.

10.2.3 Gewindestrehler

Gewindestrehler (**Abb. 21**) haben nur für die Reparatur von Gewinden Bedeutung – keinesfalls für eine Neuanfertigung! Ein Strehler ist immer nur für eine bestimmte Gewindesteigung gemacht. Ähnlich wie beim Holzdrechseln wird das Werkzeug auf eine sehr nahe am drehenden Werkstück eingerichtete Unterlage aufgestützt und das Werkstück möglichst gerade von Hand in die Gewindegänge gehalten. Sofort fährt der Strehler seitlich los. Sobald die schadhafte Stelle von allen Zähnen des Strehlers überfahren ist, wird er zurückgezogen.

Abb. 21

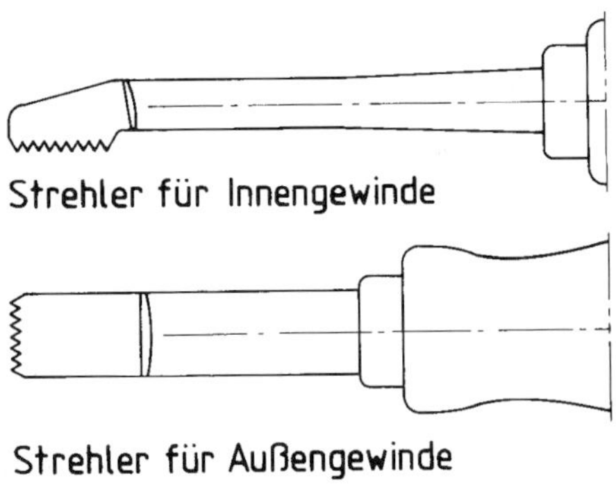

Gefährlicher ist das Strehlen eines Innengewindes, weil man die Unterlage meist nicht so nahe an die Schadstelle heranrichten kann. Das Nachschneiden mit Schneidwerkzeugen (soweit vorhanden und üblich) ist auf jeden Fall sicherer und genauer.

Wir wollen uns nun ausführlich mit dem so genannten Maschinen-Gewindedrehen, auch Schraubdrehen genannt, beschäftigen, damit es rundum verstanden wird.

10.3 Maschinen-Gewindedrehen

Es ist sehr nützlich, wenn man Innen- und Außengewinde aller Art „mit dem Stahl" selbst drehen kann. Man ist nicht von einem teuren Gewindeschneidwerkzeug abhängig und kann zahlreiche Ideen in die Tat umsetzen. Selbst „eigene" Gewinde, nach Nenndurchmesser und Steigung nahezu willkürlich festgelegt, lassen sich drehen. Die Leitspindel heißt so, weil sie den Gewindedrehstahl durch eine im Verhältnis zur Werkstückdrehzahl entsprechend eingerichtete Drehzahl in der richtigen Geschwindigkeit axial am Werkstück entlangleitet (-bewegt). Die Drehzahl zwischen Werkstück und Leitspindel muss also immer in einem bestimmten Verhältnis stehen. Hat die Leitspindel zum Beispiel eine Steigung von 2,5 mm und wollen wir am Werkstück ebenfalls ein Gewinde mit 2,5-mm-Steigung schneiden, dann müssen sich beide logischerweise gleichschnell drehen. Soll dagegen am Werkstück eine Steigung von 1,25 mm geschnitten werden, muss die Drehzahl von der Arbeitsspindel (Werkstück) zur Leitspindel auf genau die Hälte untersetzt werden. Das Werkstück soll sich ja zweimal drehen, wenn sich die Leitspindel einmal dreht. Diese Untersetzung (oder auch Übersetztung, wenn die Werkstücksteigung größer als die Steigung an der Leitspindel sein soll) wird bei unseren kleinen Maschinen durch das richtige Aufstecken von Wechsel-Zahnrädern (Wechselrädern) im Räderkasten eingerichtet. Größere Maschinen haben unterschiedliche Ausführungen von Schaltgetrieben.

Beim Drehen eines Rechtsgewindes läuft die Arbeitsspindel im Rechtslauf (wie beim normalen Drehen auch) und der Gewindedrehstahl bewegt sich von rechts nach links. Beim Drehen eines Linksgewindes dreht die Spindel ebenfalls im Rechtslauf, der Drehstahl bewegt sich hierbei aber von links nach rechts. Dabei ist es gleichgültig, ob ein Außen- oder ein Innengewinde geschnitten wird.

Zuerst werden nach der Betriebsanleitung die entsprechenden Wechselräder aufgesteckt. Dabei ist in jedem Fall darauf zu achten, dass sie nicht zu „hart" laufen. Ein guter Trick, das zu erreichen, ist, dass man im Moment des Festziehens der entsprechenden Schrauben dünnes Papier oder Folie zwischen die Zahnflanken der Zahnräder steckt. Das Gewindedrehen mit dem Stahl geschieht mit einer sehr geringen Drehzahl der Arbeitsspindel. Alles, was unter 100 U/min liegt, ist gut. Die Drehzahl sollte besonders bei größeren Steigungen und Gewindedurchmessern sehr klein sein. Soll ein Zapfengewinde gedreht werden (**Abb. 22**), so sticht der Beginner (nicht Anfänger!) am Ende des Gewindes einen so genannten Gewindefreistich (eine Gewinderille) ein. Das macht man am besten mit einem Stechstahl nach Abb. 52 (f). Der Freistich soll 0,1 bis 0,2 mm unter den Kerndurchmesser reichen. Die Breite (a) ist abhängig von der Gewindesteigung, von der Drehzahl beim Gewindeschneiden und von der Fertigkeit des Drehers. Für den Normalfall würde ich die dreifache Gewindesteigung

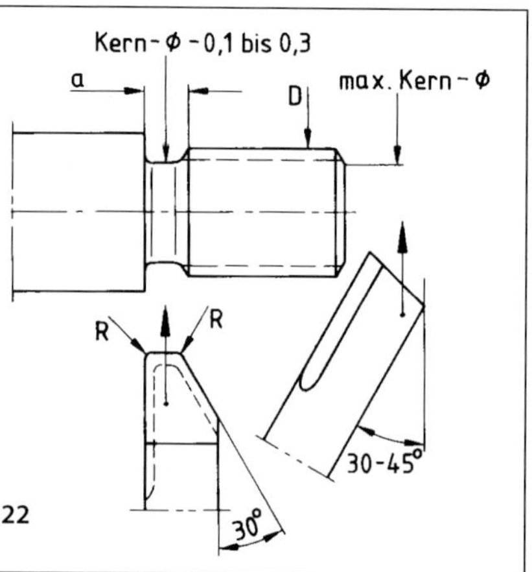

Abb. 22

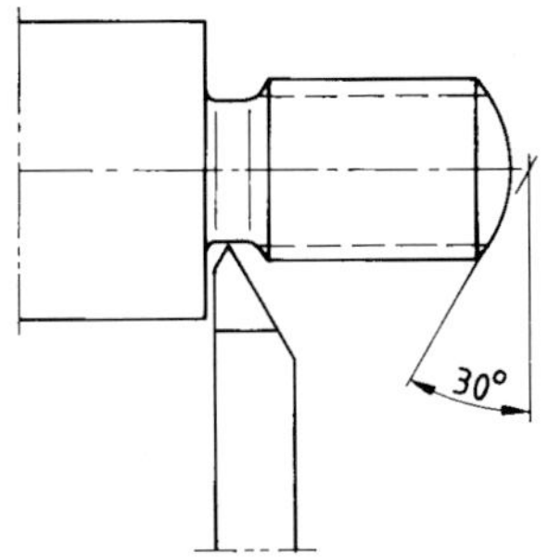

Abb. 23

einstechen. Bei hoher Drehzahl, wenn also die Arbeitsspindel länger ausläuft, und für einen ängstlichen Beginner würde ich diese Nutbreite erheblich bis auf das Doppelte vergrößern. Wenn bei einer Drehmaschine durch eine entsprechende Ausrüstung mit Schaltschützen ein sofortiges Umschalten auf Linkslauf möglich ist, kann der Gewindefreistich weniger breit sein. Beide Übergangsinnenkanten sollten gerundet sein. Dadurch wird der Gewindezapfen weniger bruchempfindlich. Die Rundung schleift man am Stechstahl an („R“ in Abb. 22).

Am Gewindeanfang wird mit 30 bis 45° ebenfalls bis mindestens zum Kerndurchmesser eine Gewindefase angestochen. Man kann das, wie in Abb. 22 gezeigt, mit einem schräg angestellten Seitendrehstahl, mit einem Stechstahl nach Abb. 52 (a) oder auch später mit dem Spitzgewinde-Drehstahl vor dem Gewindedrehen tun. Gut sieht es auch aus, wenn der Gewindeanfang gerundet angedreht wird (**Abb. 23**). Der Gewinde-Nenndurchmesser (D) wird wie beim Schneiden mit einem Schneideisen um ein Zehntel der Gewindesteigung kleiner vorgedreht. Längere Zapfengewinde sollten mit Reitstock-Unterstützung gedreht werden. Drehen wir keinen Gewindezapfen, so kann man auf den Gewindefreistich verzichten. Dazu sticht man sich mit der Spitze des Gewindestahls für die geplante Gewindelänge eine feine Markierung auf den Bolzen („L“ in **Abb. 24**). Es erfordert dann später beim Gewindeschneiden viel Geschick und gutes Reaktionsvermögen, den Gewindestahl beim Erreichen dieser Markierung blitzschnell „aus dem Schnitt“ zu ziehen.

Der Gewindedrehstahl erhält ähnlich wie der Formstechstahl (vgl. Abb. 53) nur eine leicht schräg liegende Spanfläche angeschliffen, keinesfalls eine gerundete Span-Nut. Bei einer großzügig eingeschliffenen Span-Nut würde die Flankenform stark verzerrt. In der Draufsicht wird der Spitzenwinkel, der gleich

Abb. 24

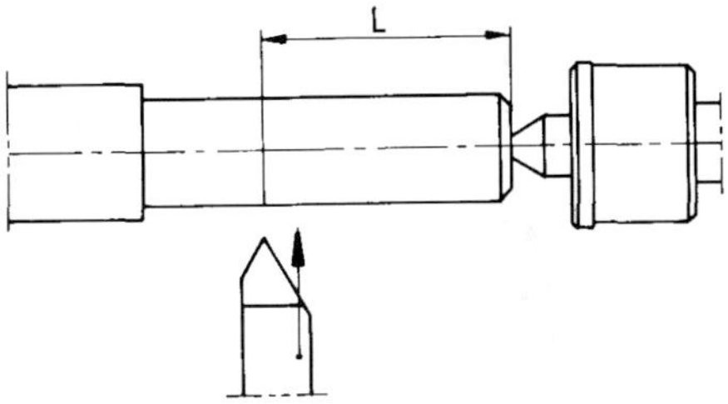

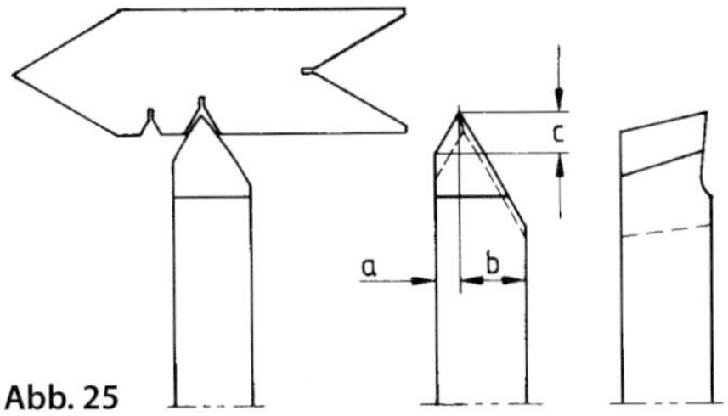

Abb. 25

dem Flankenwinkel des zu schneidenden Gewindes ist, angeschliffen. Metrische Gewinde haben bekanntlich einen 60°-, Zoll- bzw. Whitworthgewinde einen 55°-Flankenwinkel. Beim Anschleifen ist darauf zu achten, dass der Seitenanschliff vollkommen gerade ist (Abb. 25). Man prüft das mit einer Gewindeschleiflehre im Lichtspaltverfahren. Der Gewindestahl wird stark nach links versetzt angeschliffen (Maße „a“ und „b“ in **Abb. 25**), damit man bei Zapfengewinden gut bis in die Ecke schneiden kann (Abb. 23). (c) in Abb. 25 muss eigentlich nur etwas größer als die Flankentiefe (H1 bzw. H3 in den Gewindetabellen) sein.

Ein Gewindedrehstahl für Rechtsgewinde erhält an der rechten Seite nach unten hin nur einen geringen (oder auch keinen) Freischliff, die linke Seite muss stark frei geschliffen werden (**Abb. 26**). Beim Gewindestahl für Linksgewinde wäre es umgekehrt. Das ist auch sinnvoll. Durch den vor allem bei Normalgewinden recht großen Winkel der Gewindesteigung (vgl. dazu „St" in Abb. 13) bewegt sich der Gewindedrehstahl relativ nach links („e" in **Abb. 27**, Beispiel eines Trapezgewindes). Bei mehrgängigen Gewinden tritt dieser Effekt noch verstärkt auf. Hier lohnt es sich, unbedingt den Winkel der Gewindesteigung zu ermitteln (vgl. Abb. 13). Die Freiwinkel (a) und (b) sind in der Skizze in Abb. 27 mit jeweils etwa 8° zu den maßgebenden Gewindeflanken eingezeichnet. Man erkennt gut den resultierenden Schräganschliff des Drehstahls. Abgesehen von diesen recht theoretischen Betrachtungen, die zum Verständnis der Sache notwendig sind, hat sich der Anschliff der Freiwinkel am Gewindestahl für eingängige Außengewinde an der linken Seite zu 10 bis 12° und an der rechten Seite zu 3° in der Praxis bewährt.

Lässt man die Oberseite des Drehstahls, wie üblich, waagerecht, so ergeben sich zwangsläufig an den beiden Flankenschneiden unterschiedliche Spanwinkel. An der linken Flankenschneide entsteht ein positiver Spanwinkel (c) von hier etwa 6°, an der rechten Flankenschneide ein gleich großer negativer Spanwinkel (d). Die linke Flankenschneide ist daher für das Gewindedrehen wesentlich besser geeignet. Will man auch mit der rechten Flankenschneide sauber drehen, so müsste man in den Gewindedrehstahl längs eine Spanrille einschleifen, wie ich es in **Abb. 28** vergrößert dargestellt habe. Beide Spanwinkel sind jetzt positiv. Mit einem solchen Gewindedrehstahl kann man beide Flanken des Gewindegangs sauber „schälen". Zumindest für das Drehen von Flach-, Trapez- und Sägengewinden sollte man eine solche Korrektur der Spanfläche in Erwägung ziehen und sie wird auch in der Fachliteratur so besprochen. Spitzgewinde werden ohnehin vorwiegend mit der linken Flankenschneide

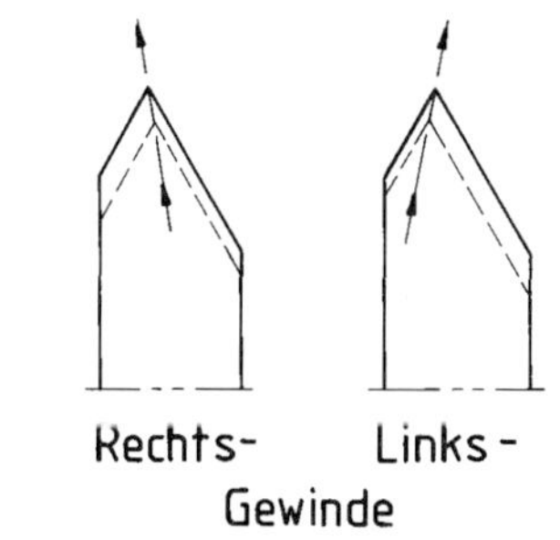

Abb. 26

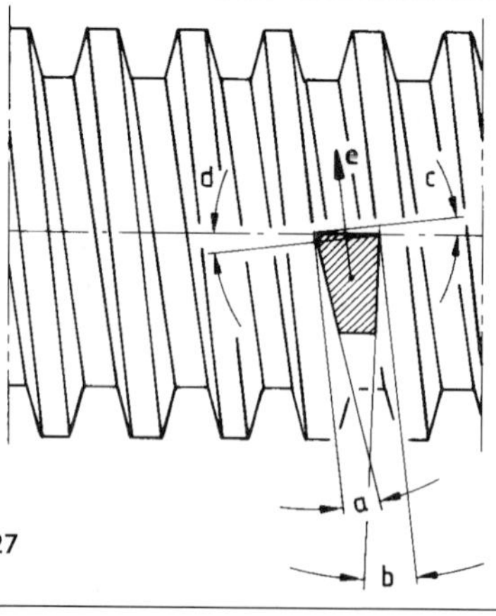

Abb. 27

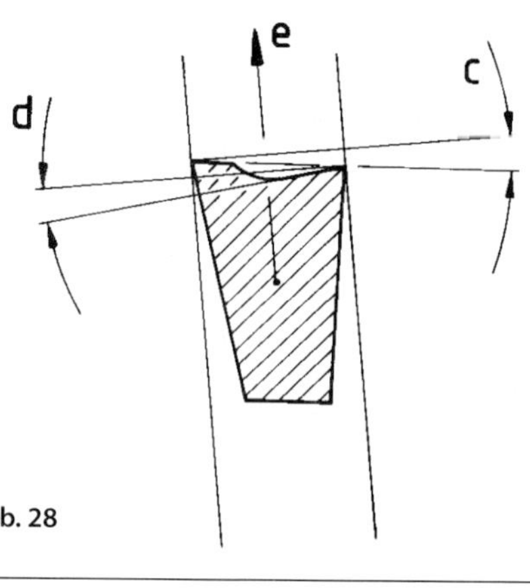

Abb. 28

ausgedreht (siehe Abschnitt 10.3.2). Daher ist der Einschliff einer Längsnut nicht zu empfehlen, zumal sie bis vorn zur Spitze nicht definiert geschliffen werden kann.

Zurück zu den Spitzgewinden. Feingewinde haben besonders geringe Steigungswinkel. Hier sollte auch die rechte Seite etwas frei geschliffen werden. Ein Gewindestahl für das Drehen einer sehr kleinen Steigung bleibt vorn vollkommen spitz. Die senkrechte Kante der beiden Freiflächen wird nur sehr leicht mit einem Abziehstein gebrochen. Bei einem Stahl für gröberes Gewinde kann man eine geringe Fase anschleifen oder diese gar mit einem Abziehstein zu einer Rundung verschleifen.

Der Gewindestahl wird möglichst kurz ausragend gespannt – das Schneidenteil rechtwinklig zur Drehachse! Dazu verwendet man ebenfalls die Schleif- und Einstelllehre. **Abb. 29** zeigt die verschiedenen Möglichkeiten. Die Spitze des Gewindestahls wird, wie immer, mit Beilageblechen in Spitzenhöhe eingerichtet.

Abb. 29

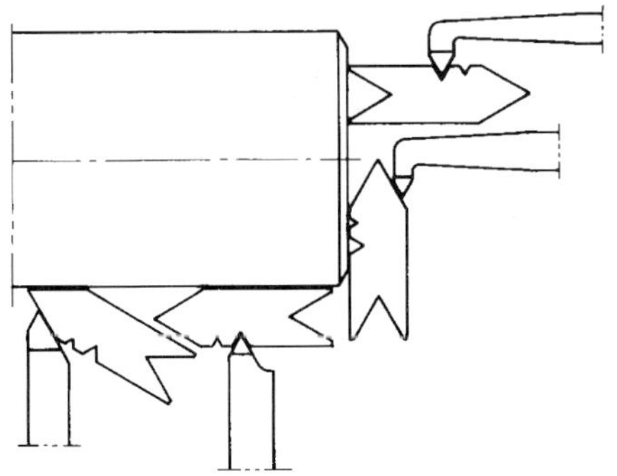

10.3.1 Wechselradberechnung

Im Räderkasten kann man einfache oder zweifache Untersetzungen aufstecken (**Abb. 30**). Bei der einfachen Untersetzung ist die Zähnezahl des Zwischenrads bedeutungslos. Es überbrückt nur den meist recht großen und durch die Konstruktion der Maschine vorgegebenen unveränderlichen Abstand zwischen der Arbeitsspindel und der Leitspindel und sorgt dafür, dass sich diese beiden Wellen im gleichen Drehsinn drehen. Die Leitspindel hat in der Regel ein Rechtsgewinde. Folglich wird bei einem Zwischenrad am Werkstück ebenfalls ein Rechtsgewinde entstehen. Wird mit einem so genannten Wendeherzgetriebe zwischen Z1 und dem Zwischenrad ein zweites, gleich großes Zwischenrad eingeschaltet, dann wird der Drehsinn der Leitspindel umgekehrt, der Bettschlitten fährt in die andere Richtung und am Werkstück entsteht dann ein Linksgewinde.

Abb. 30

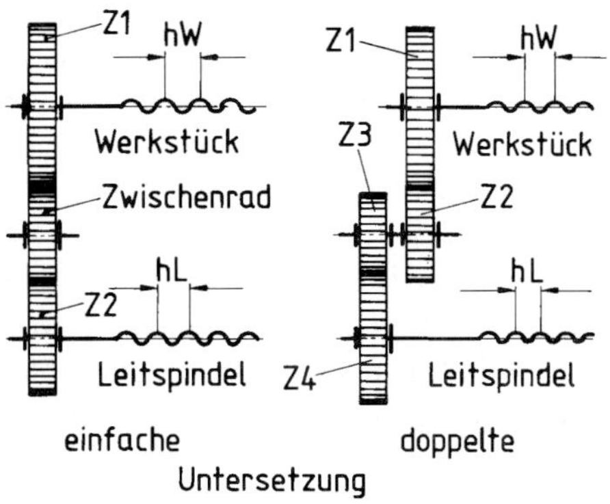

Die Formel zur Wechselradberechnung lautet:

$$\frac{hW}{hL} = \frac{Z1}{Z2}$$

oder: hW : hL = Z1 : Z2

Ein Beispiel:
Leitspindelsteigung (hL) = 2,5 mm, das Zahnrad auf der Arbeitsspindel (Z1) hat 30 Zähne. Ein Gewinde mit einer Steigung von (hW) 1,5 mm soll gedreht werden. Wieviel Zähne muss das Zahnrad auf der Leitspindel (Z2) haben? Um das auszurechnen, muss die Formel

umgestellt werden zu:

$$Z2 = \frac{Z1 \times hL}{hW}$$

Die bekannten Werte eingesetzt, kommen wir auf:

$$Z2 = \frac{30 \times 2{,}5}{1{,}5} = \frac{75}{1{,}5} = 50 \text{ Zähne.}$$

Ein kompletter Satz Wechselräder besteht aus 45 Zahnrädern mit folgenden Zähnezahlen: 20, 22, 24, 25, 26, 30, 32, 34, 35, 36, 40, 42, 44, 45, 48, 50, 51, 54, 55, 57, 60, 65, 68, 70, 72, 75, 76, 80, 84, 85, 89, 90, 95, 96, 97, 100, 105, 110, 112, 114, 115, 120, 125, 127 und 140. Damit können alle Gewindesteigungen eingerichtet werden, auch zöllige. Die meisten Kleindrehmaschinen haben nicht diesen kompletten Satz. Daher kann man auch nicht alle Steigungen einstellen.

Würden wir im Beispiel oben eine 0,5-mm-Steigung drehen wollen, dann müsste auf die Leitspindel ein 150er-Zahnrad gesteckt werden:

$$Z2 = \frac{30 \times 2{,}5}{0{,}5} = \frac{75}{0{,}5} = 150 \text{ Zähne}$$

Weil es ein so großes Wechselrad nicht gibt, muss die Drehzahl zweifach untersetzt werden. Bei der zweifachen Untersetzung dient die gesamte mittlere Welle mit den beiden Rädern Z2 und Z3 ebenfalls dazu, dass Werkstück und Leitspindel den gleichen Drehsinn haben und dadurch ein Rechtsgewinde entsteht. Auch hier müsste zur Erzielung eines Linksgewindes zwischen Z1 und Z2 durch ein Wendeherz ein zweites Zahnrad eingeschaltet werden. Sind Z2 und Z3 gleich groß, dann liegt im Prinzip der Fall der einfachen Untersetzung vor. Ansonsten gleicht das Verhältnis Werkstücksteigung zu Leitspindelsteigung dem Produkt der treibenden Räder (Z1, Z3) in Relation zum Produkt der getriebenen Räder (Z2, Z4). Die entsprechende Formel lautet:

$$\frac{hW}{hL} = \frac{Z1 \times Z3}{Z2 \times Z4}$$

Zu Z4 umgestellt, ergibt sich die Formel:

$$Z4 = \frac{hL \times Z3 \times Z1}{hW \times Z2}$$

Die Werte eingesetzt:

$$Z4 = \frac{2{,}5 \times ? \times 30}{0{,}5 \times ?}$$

Offen sind hier noch die beiden Zahnräder Z3 und Z2 auf der Zwischenwelle. Versuchen wir es mit 35 und 70 Zähnen:

$$Z4 = \frac{2{,}5 \times 35 \times 30}{0{,}5 \times 70} = \frac{2625}{35} = 75$$

Weil das Verhältnis 35 zu 70 gleich 0,5 ist, ist nun auch Z4 nur halb so groß wie oben. Die Radkombination wäre:

Z1 = 30 Zähne,
Z2 = 70 Zähne,
Z3 = 35 Zähne,
Z4 = 75 Zähne.

Man könnte die Räder so aufstecken, oder auch eine Kombination mit 60/30 oder 50/25 Zähnen auf der Zwischenwelle. Für die Skizze in **Abb. 31** habe ich pro Zahn einen Millimeter gesetzt und die drei Wellen in eine Ebene gelegt. So kann man vor allem erkennen, ob der Abstand zwischen Z3 und dem Lager der Leitspindelwelle (Z4) groß genug ist. Die Abstände A1 und A2 sind selbstredend unterschiedlich. An der Maschine ist er unveränderlich vorgegeben („A" in **Abb. 32**). Das gleicht man durch ein entsprechendes Wegschwenken der Zwischenwelle auf der so genannten „Schere" aus. Auf der Schere ist der Standort für den kurzen Tragbolzen der Zwischenwelle in einer Längsnut verschiebbar. Außerdem kann man die Schere um das Lager für die Leitspindel schwenken. Beides trägt dazu bei, dass man die verschiedenen Achsabstände einrichten kann und damit die Zahnräder zum „Kämmen" bekommt.

Abb. 31

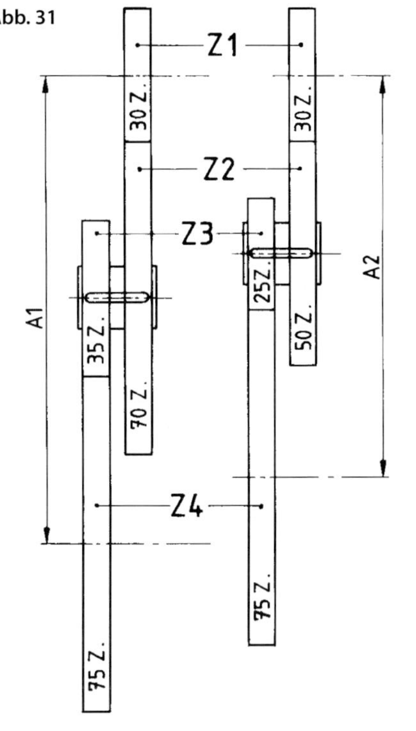

Abb. 32

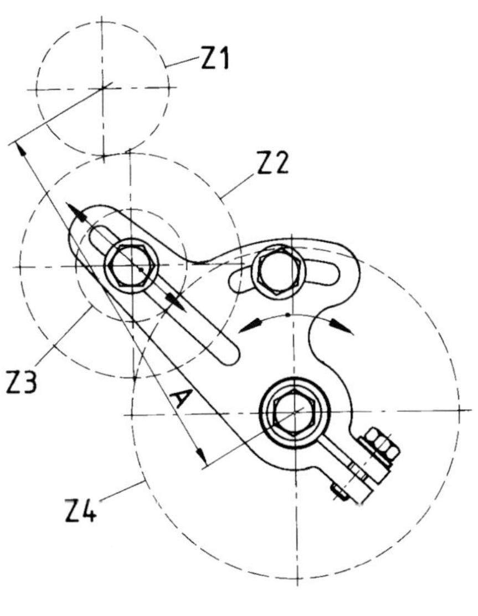

Die gestrichelten Kreise in Abb. 32 sind die wesentlichen Teilkreisdurchmesser nach Abb. 31 rechts (30/50/25/75 Zähne).

Damit man nicht jeden Fall selbst durchdenken und entsprechend berechnen muss, haben die Kleindrehmaschinen ausführliche Wechselrad-Tabellen. Endweder sind sie als Tafel an der Maschine angebracht oder gedruckt in der Betriebsanleitung enthalten. Sollte einmal eine gewünschte Werkstücksteigung nicht in der Tabelle zu finden sein, kann man in vielen Fällen durch logisches Überlegen die angegebenen Wechselrad-Kombinationen meistens so ändern, dass die jeweilige Gewindesteigung doch hergestellt werden kann. Darüber hinaus besteht natürlich auch die Möglichkeit, für Einzelanfertigungen (!) durch nahezu willkürliches Aufstecken der Wechselräder eine „Etwa-Steigung" zu erzeugen. Wen interessiert es, dass eine Steigung für eine Verschraubung, deren beide Teile ohnehin selbst gedreht werden müssen und die niemals mit genormten Gewinden in Verbindung kommen, 1,64 mm groß ist? Auf Seite 32 zeige ich eine Wechselrad-Tabelle für den Fall, dass die Leitspindel 3 mm Steigung hat und metrische Gewinde gedreht werden sollen.

Interessant ist in der Tabelle das Beispiel der Werkstücksteigung (hW) von 3 mm. Die Drehzahl wird von der Arbeitsspindel zur Zwischenwelle zuerst auf das 1,5-fache übersetzt, um dann von dieser zur Leitspindelwelle in gleichem Maße wieder untersetzt zu werden. Steigungen mit „–" in der Tabelle werden als einfache Unter- oder Übersetzungen aufgesteckt. Die Tabelle kommt für eine Werkstücksteigung von 0,5 mm auf gänzlich andere Zähnezahlen als die oben erwähnten, weil die Steigung auf der Leitspindel anders ist.

Für das Drehen von Zoll-Steigungen bei metrischer Leitspindel wird stets das 127er-Zahnrad benötigt: ein Zoll (1") = 25,4 mm, ½ Zoll = 12,7 mm, daher ein Rad mit 127 Zähnen, das stets bei Z3 aufgesteckt wird. Zöllige

Wechselrad-Tabelle (für eine Leitspindel mit 3-mm-Gewindesteigung)

hW in mm	Wechselräder			
	Z1	Z2	Z3	Z4
0,25	30	90	25	100
0,4	40	60	20	100
0,5	30	90	50	100
0,6	30	90	60	100
0,75	30	90	75	100
1,0	40	120	-	-
1,2	120	60	20	100
1,4	40	60	70	100
1,5	60	120	-	-
1,8	40	60	90	100
2,0	80	120	-	-
2,5	100	120	-	-
3,0	60	40	50	75
3,5	70	60	-	-
4,0	80	60	-	-
4,5	90	60	-	-
5,0	100	60	-	-
5,5	110	60	-	-
6,0	120	60	-	-
7,0	100	50	70	60
8,0	80	60	100	50
9,0	90	60	100	50
10,0	100	60	80	40

Wechselrad-Tabelle (für eine Leitspindel mit 3-mm-Gewindesteigung)

Gänge auf 1“	Wechselräder			
	Z1	Z2	Z3	Z4
32	25	120	127	100
30	20	120	127	75
24	30	120	127	90
22	30	110	127	90
20	30	120	127	75
18	40	120	127	90
16	20	120	127	40
15	40	120	127	75
12	20	120	127	30
10	80	120	127	100
8	60	90	127	80
6	40	120	127	30
4	60	90	127	40
3	120	60	127	90
2	120	40	127	90
1	120	30	127	60

Gewindesteigungen bezeichnet man danach, in wie viele Gänge ein Zoll unterteilt ist. Ist die Zahl groß, sind also viele Gänge auf einem Zoll, handelt es sich um eine kleine Steigung! Auf Seite 32 unten ebenfalls eine Tabelle für eine Leitspindel mit 3-mm-Steigung.

10.3.2 Praktisches Gewindedrehen mit dem Stahl

Der Gewindedrehstahl ist richtig eingerichtet, die Wechselräder sind aufgesteckt, eine sehr geringe Arbeitsspindel-Drehzahl ist geschaltet, das Werkstück vorbereitet. Es wurde getestet, ob der Bettschlitten über die gesamte Länge des Gewindes und reichlich darüber hinaus fahren kann, ohne dass irgendetwas irgendwo anstößt. Schmiermittel und eine Steigungslehre liegen bereit, das Mutternschloss ist noch geöffnet. Mit der Gewindestahlspitze fährt man nun sehr langsam in der Nähe des Gewindeanfangs an die Mantelfläche des drehenden Gewinderohlings heran, so weit, bis er „ankratzt". In dieser Stellung wird die Skala des Quersuports „genullt". Der Stahl wird mit dem Bettschlitten nach rechts kurz vor den Gewindeanfang gefahren. Hier werden mit dem Quersupport etwa 0,2 mm zugestellt. In der Folge merkt man sich den jeweils letzten Zustell-Skalenwert. Jetzt wird die Schlossmutter ganz geschlossen. Durch die meist sehr langsame Drehzahl der Leitspindel kann es einen winzigen Moment dauern, bis das Schließen möglich wird. Doch dann fährt der Bettschlitten sofort mit dem Gewindestahl in Richtung Spindelstock und hebt einen ersten, sehr feinen Span ab.

Bei unseren Tischdrehmaschinen, die keine Spindelbremse haben und die auch meist nicht für ein ruckartiges Umschalten des Drehsinns ausgelegt sind, sollte man rechtzeitig vor Erreichen des Gewindefreistichs den Antrieb ausschalten, weil die Spindel vielleicht noch einige Umdrehungen nachläuft und folglich auch dann erst der Gewindestahl zum Stehen kommt. Als absoluter Neuling würde ich die ersten Gewinde nicht als Zapfengewinde schneiden, den Gewindefreistich besonders breit machen (20 mm sind als „Übung" keine Schande!) und die ersten Probeläufe auf jeden Fall noch völlig ohne Spanabnahme durchtrainieren. Schnell bekommt man ein Gefühl dafür, wie weit der Stahl nach dem Ausschalten noch nachläuft. Erst wenn die Bewegungsabläufe „in Fleisch und Blut" übergegangen sind, würde ich mit dem Zustellen per Quersupport beginnen. Als Lehrlinge haben wir es seinerzeit ebenfalls so trainiert.

Ist die Stahlspitze schon kurz vor dem Gewindefreistich stehen geblieben, dann sollte man nicht noch einmal einschalten. Der Stahl „rennt" erneut los, und bevor man ausschalten kann, ist man schon zu weit über den Freistich hinaus gefahren. In dem Fall würde ich für den Rest der Gewindegänge das Backenfutter per Hand in gleicher Richtung weiterdrehen. Ein HSS-Drehstahl kann im Schnitt stecken bleiben, es tut ihm nichts. Ein Hartmetall-Drehstahl würde sofort abbrechen!

Im Moment des Eintritts der Stahlspitze in die Freistichnut wird der Quersupport blitzschnell zurückgezogen. Hat er viel „toten Gang", muss die Rückzugbewegung mit der Kurbel umso größer ausfallen. Selbstverständlich muss man vorher überlegen, welche Kurbeldrehrichtung denn „zurück" ist. Ein „eingefleischter" Dreher, der oft an seiner Maschine arbeitet, muss dabei nicht mehr überlegen! Ein größerer Rückzug wird auch nötig, wenn ich die Gewindegänge schon tiefer eingedreht habe.

Die Maschine wird danach auf Linkslauf geschaltet. Dadurch dreht sich das Werkstück „rückwärts", der Bettschlitten fährt aber wieder nach rechts zurück. Die Schlossmutter bleibt übrigens bis zur endgültigen Fertigstellung des Gewindes immer geschlossen. Bei der „Rückwärtsfahrt" muss die Stahlspitze ausreichend weit vom Werkstück entfernt stehen. Kurz vor dem Gewindeanfang wird wieder ausgeschaltet. Man weiß ja jetzt, wie weit die Maschine noch

Abb. 33

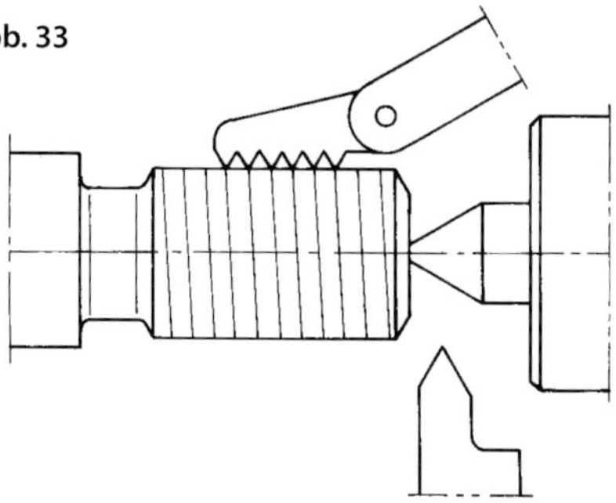

nachläuft. Beim Stillstand der Maschine muss die Drehstahlspitze wieder deutlich rechts vor dem Gewindeanfang stehen – stets so weit, dass nach erneutem Zustellen der Gewindestahl das Werkstück noch nicht berührt.

Nun prüft man mit der Steigungslehre die rundum eingeschnittene, wendelartige Rille (**Abb. 33**). Von Gewinde kann ja noch keine Rede sein. Stimmt sie, kann mit dem Gewindeschneiden fortgefahren werden. Dazu stellt man den Stahl wieder mit dem Quersupport zu, diesmal als „Schruppspan" etwas tiefer als beim ersten Span. Und es muss nun reichlich Schmiermittel an den Gewindebolzen gegeben werden. Der Bewegungsablauf beginnt von vorn.

Je tiefer man den Gewindegang einschneidet, umso mehr klemmen die Späne. Das ist verständlich, denn beim Zustellen nur in radialer Richtung fließen von beiden Flankenschneiden des Stahls Späne in Richtung Stahlmitte, treffen sich dort und verklemmen (**Abb. 34**). Deshalb beginne ich rechtzeitig damit, den Stahl von Span zu Span mit dem Obersupport auch seitlich, bevorzugt nach links, zu verstellen. Das Resultat erkennt man sofort. Die Späne fließen sauberer, weil nur noch von der linken Schneide ab. Es ist sogar möglich, dass man für einige Spandurchgänge nur seitlich zustellt, um dann wieder „auf Tiefe" zu gehen. Sobald der Stahl wieder anfängt, mit beiden Schneiden zu spanen, weicht man erneut um ein Zehntelmillimeter nach links aus.

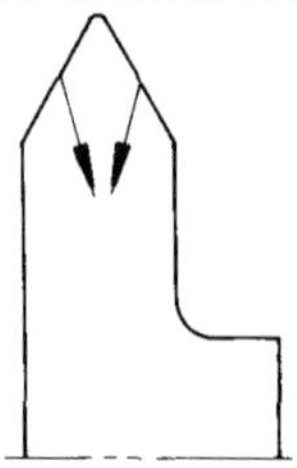

Abb. 34

Wenn das Gewinde zum Schluss völlig „ausgeschnitten" ist – man erkennt es daran, dass die Gänge oben spitzer werden – sollte es auch „unten" scharf sein. Man kann die Fertigstellung auch am Erreichen der Gewindetiefe am Skalenring des Quersupports ablesen (die Maße H1 bzw. H3 in den Gewindetabellen). Die Tabellenwerte müssten allerdings verdoppelt werden, weil sie ja nur die Tiefe eines Gewindegangs benennen. Ob ein Außengewinde fertig ist, prüft man professionell mit einem Gewindelehrring (wer hat den schon?), mit einer passenden Mutter, mit dem Gegen-Innengewinde oder auch mit einem Schneideisen. Das kann man natürlich auch benutzen, um die letzten Spänchen mit ihm fertig zu schneiden. Dazu muss man es aber in einen Schneideisenhalter setzen und alles das beachten, was ich im Abschnitt „Schneideisen" gesagt habe. Vor allem darf man den Anlauf der Gänge des Schneideisens auf die Gänge des vorgeschnittenen Gewindes nicht dem Selbstlauf überlassen. Man dreht das Futter von Hand und, wie üblich, unter ständigem Gegendruck mit der Pinole, bis das Eisen richtig „spurt".

Ein selbst erdachtes Außengewinde, für das ich später noch eine passende Mutter, ebenfalls mit dem Stahl, drehe, kann und muss nicht geprüft werden. Es wird nur nach Sicht spitz ausgeschnitten, bis die Flanken schön blank sind. Später verwende ich dieses Bolzengewinde als „Gewindelehre" für das Innengewinde.

Eine sehr clevere Zustellmöglichkeit beim Gewindeschneiden ist die mit einem auf 60°

geschwenkten Obersupport (**Abb. 35**). Dabei wird der Drehstahl exakt in Richtung der rechten Gewindeflanke zugestellt, es schneidet also stets nur die linke Schneide des Stahls. Der Quersupport wird dabei nur für das Zurückziehen des Stahls am Gewindeende benutzt. Er wird nach dem „Rücklauf" zum Gewindeanfang immer wieder auf den gleichen Skalenwert nach oben geschoben. Zum Abschluss wird jedes Außengewinde an den Spitzen leicht überfeilt. Es kann sich Grat gebildet haben.

Beim Maschinen-Gewindedrehen an einem Werkstück, das zwischen den Spitzen gespannt ist, kontrolliert man, ob der Stift des Drehherzens immer richtig am Stift der Mitnehmerscheibe anliegt – vor allem dann, wenn die Welle kurzzeitig aus der Maschine ausgespannt wurde (zum Beispiel, um das Gewinde zu prüfen). Beim Wiedereinspannen dreht man das gleiche Ende des Drehherzens an den Stift der Mitnehmerscheibe heran (und nicht etwa die Schraube des Drehherzens). Wenn man das nicht beachtet, wäre das Werstück um etwa

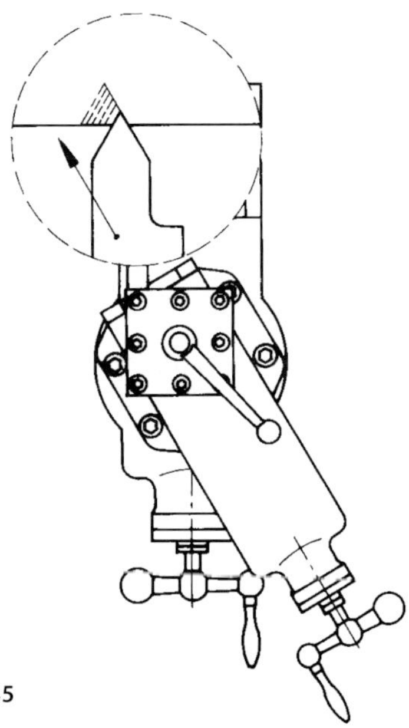

Abb. 35

180° verdreht und der Gewindestahl würde nicht wieder richtig in die Gänge einspuren. Er träfe mittig auf den Gewindegang und würde abbrechen. So wie bei einem nicht richtig eingestellten Reitstock eine leicht konische Welle entsteht, so würde auch ein zwischen den Spitzen gedrehtes Gewinde konisch entstehen. Bei einem sehr kurzen Gewinde bemerkt man dies kaum. Doch bei einer langen Gewindespindel würde zum Beispiel die Mutter am Anfang leichtgängig aufgeschraubt, um weiter hinten vollkommen festzuklemmen. Oder umgekehrt.

Ein Linksgewinde wird ähnlich gedreht, mit dem Unterschied, dass der Gewindedrehstahl in der links befindlichen Freinut zugestellt wird und der Bettschlitten nach dem Schließen der Schlossmutter nach rechts fährt. Für das Ausschneiden der Gewindegänge würde man nun mit dem Stahl nach rechts ausweichen. Wir hatten oben gesagt, dass ein Gewindedrehstahl für Linksgewinde an der rechten Seite einen Freischliff erhält, der deutlich größer als der Gewindesteigungswinkel ist. Wenn die Drehstahlspitze am vorderen Gewindeende austritt, ist ein rechtzeitiges Ausschalten der Maschine weniger bedeutungsvoll, denn der Stahl fährt hier „ins Leere". Doch allzu lange sollte man auch hier nicht warten, besonders nicht beim Drehen mit Reitstock-Unterstützung. Dann nämlich besteht die Gefahr, dass man mit der Spitze des Drehstahls an die gehärtete 60°-Spitze anstößt oder gar mit dem Bettschlitten am Reitstock.

Beim Linkslauf der Maschine fährt der Drehstahl nach links in die Ausgangsposition zurück; das ist ebenfalls etwas gewöhnungsbedürftig. Wie man eine Tischdrehmaschine durch den Eigen-Einbau eines Zwischenzahnrads für das Schneiden von Linksgewinden herrichten kann, hat Josef Zimmermann in seinem Beitrag „Linksgewindeschneiden auf der Drehmaschine" in Heft 4/2000 von „Maschinen im Modellbau" gut geschildert.

Oben hatte ich gesagt, dass die Schlossmutter für den gesamten Vorgang des Gewindedrehens geschlossen bleiben muss. Was tut man, wenn man sie aus Versehen einmal geöffnet hat oder öffnen musste (etwa, weil der Drehstahl zwischendurch nachgeschliffen werden muss)? Ein Unglück wäre es nicht. Man arbeitet so:

- Der Drehstahl wird wieder eingespannt und per Schleiflehre eingerichtet. Er steht vor dem Gewindeanfang und reichlich außerhalb des Gewindes und noch an einer beliebigen axialen Stelle.
- Die Maschine wird in Gang gesetzt, das Mutternschloss geschlossen. Sobald der Stahl axial ein kleines Stück in die Länge des Gewindes hineingefahren ist, wird die Maschine wieder ausgeschaltet. Von nun an bleibt das Mutternschloss geschlossen.
- Die Drehstahlspitze kommt irgendwo zum Stehen. Es wäre Zufall, wenn sie, axial gesehen, genau in Höhe einer Gewinderille steht. Das kann man nun „im Stand" mit dem Obersupport und vorsichtigem Zustellen mit dem Quersupport einrichten. Man fährt die Stahlspitze praktisch in einen Gewindegang hinein und nahe an das Metall des Gewindes heran.
- Dort wird der Skalenring des Quersupports „genullt" und der Stahl wieder herausgezogen.
- Die Maschine wird auf Linkslauf geschaltet, der Stahl fährt zum Ausgangspunkt zurück.
- Nun wird mit dem Quersupport zuerst bis zur Nullung zugestellt und so der erste Probespan gedreht. Dabei stellt man vielleicht fest, dass die Nullung noch nicht ausreichend war. Man kann dann während der Fahrt des Stahls mit dem Quer- und sogar mit dem Obersupport so leicht zustellen, dass ein Span abgehoben wird.
- Vor dem Gewindeende sollte dieses Zustellen abgeschlossen sein. Gleichzeitig hat man sich den neuen Quersupportwert gemerkt.
- Diesen stellt man beim nächsten Span noch einmal zu. Erst wenn der Span durchgelaufen ist, wird weiter auf Tiefe gegangen.

Man sollte sich hüten, einen Hartmetall-Gewindedrehstahl „im Stand" in den Gewindegang „hineinzubugsieren". Fährt man das Hartmetallplättchen zu derb gegen den Gewinderohling, kann es brechen! Das erneute „Einspuren" soll daher bei einem Hartmetallstahl nur bei drehender Spindel (also unter Schlittenfahrt!) geschehen.

10.3.3 Trapezgewinde und andere Gewindeformen

Die seltenen Flachgewinde werden mit einem Gewindestahl gedreht, der so ähnlich wie ein Stechdrehstahl aussieht. Er hat jedoch nur Freiwinkel nach unten; in der Draufsicht bleibt das Schneidenstück nach hinten gleich breit. Die Schneide hat die Breite der halben Gewindesteigung (**Abb. 36**). Auch die Einschnitttiefe entspricht der halben Gewindesteigung. Damit man auch diesen Gewindestahl seitlich etwas versetzen kann, wäre es gut, wenn er um wenige Zehntelmillimeter schmaler angeschliffen wird.

Ein Trapezgewinde kann man mit einem Stechstahl vordrehen, den wir gerade beim Flachgewinde kennengelernt haben. Er hat aber keinesfalls die halbe Steigungsbreite. Am besten schleift man ihn schon nach der entsprechenden Lücke in einer Trapezgewindelehre (**Abb. 37**). Nachdem man Gewinde mit diesem Stahl auf

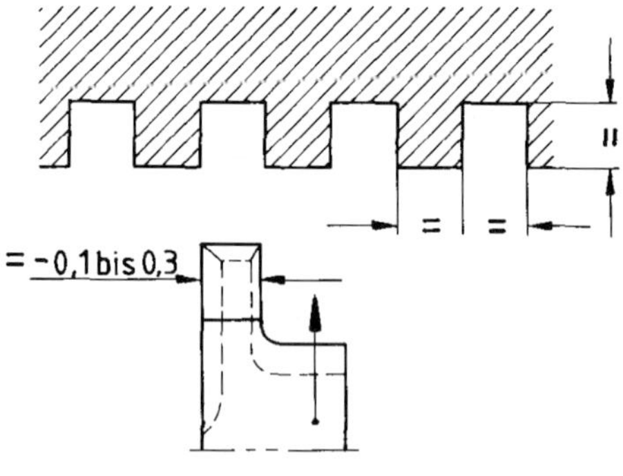

Abb. 36

die richtige Tiefe gedreht hat, wird es in einem zweiten Arbeitsgang mit dem vollständig angeschliffenen Trapezgewindestahl erweitert (**Abb. 38**). Das Vordrehen kann man auch weglassen. Dann muss man jedoch besonders darauf achten, dass häufig seitlich versetzt wird, so dass nur eine Schneide im Eingriff steht. Dazu ist es jedoch nötig, dass man den Stahl erheblich schmaler anschleift (**Abb. 39**). Ich habe es bei diesem Gewinde stets so gehalten, dass ich den Gewindedrehstahl für die nächst kleinere Größe angeschliffen habe. Trapezgewinde sind durch die schrägen Flanken selbstzentrierend. Zwischen Mutter und Bolzen wird am Nenndurchmesser und am Gewindegrund ein Spiel eingehalten. Aus den Tabellenwerten errechnen sich die tatsächlichen Außen- und Kerndurchmesser, sowohl für den Bolzen als auch für die Mutter (**Abb. 40**).

Abb. 37

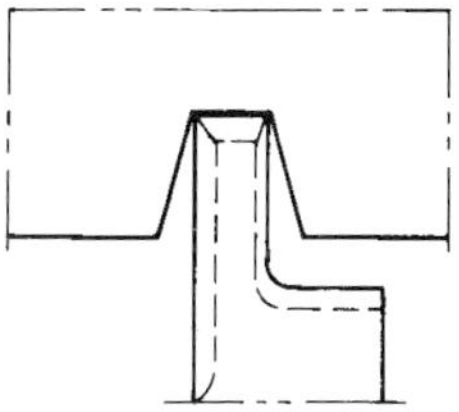

Abb. 38

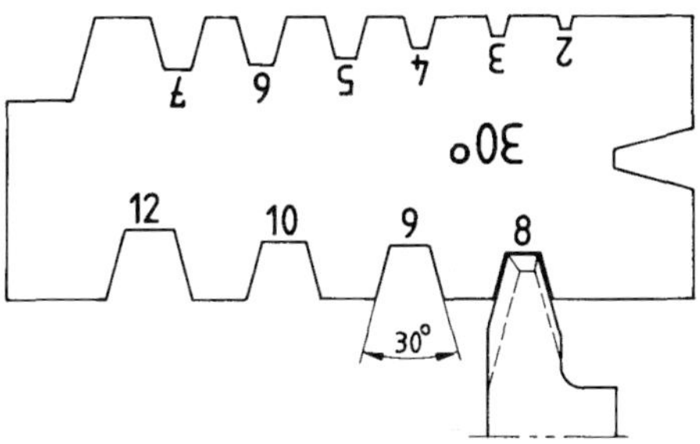

Abb. 39

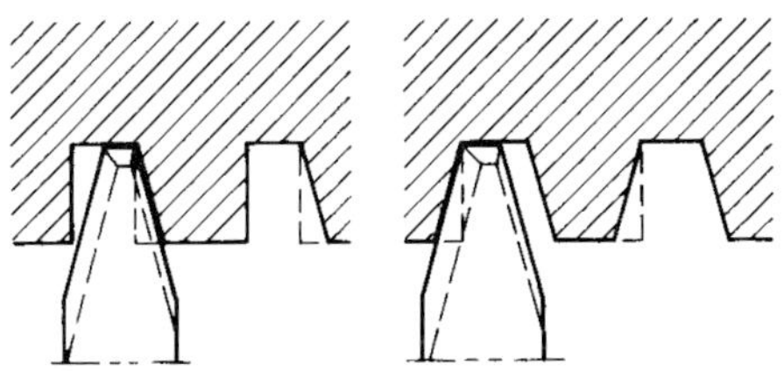

Abb. 40

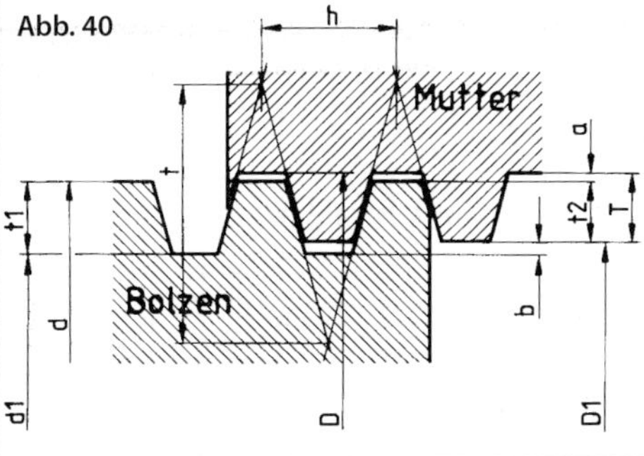

Abb. 41

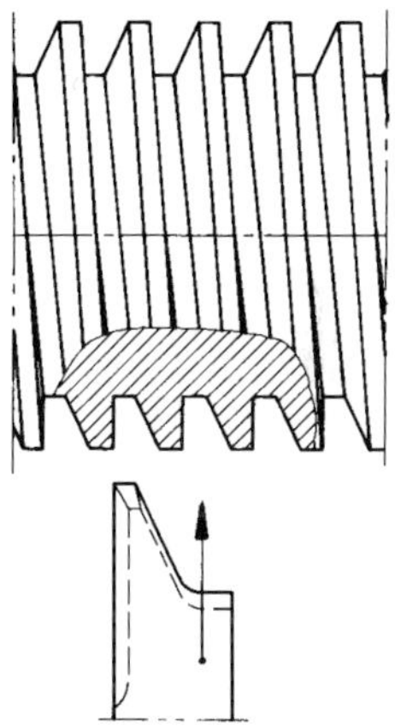

Die Anfertigung des äußerst seltenen Sägengewindes zeigt **Abb. 41**. Auch der Sägengewinde-Drehstahl wird schmaler angeschliffen, als es das Gewindeprofil eigentlich verlangt, damit man auch mit ihm seitlich zustellen kann. Der Anschliff der Freiflächen erfolgt wie bei den anderen Gewindedrehstählen. Da Flach-, Trapez- und Sägengewinde oft auf langen Wellen gedreht werden, ist die Unterstützung durch einen mitlaufenden Setzstock stets angebracht. Flach- und Sägengewinde sind nicht selbstzentrierend. Die Zentrierung wird nur durch die Nenn- und Kerndurchmesser gegeben. Diese

Trapezgewinde-Auswahl (Maße in mm)

Bolzen-Gewinde-Ø (d)		Steigung (h)	Spiel		Bolzen-Gewinde-tiefe (t1)	Tragtiefe (t2)	Muttern-Gewinde-tiefe (T)
fein	mittel		a	b			
10...20	/	2,0	0,25	0,5	1,25	0,75	1,0
22...62	10...20	3,0	0,25	0,5	1,75	1,25	1,5
65...110	14...20	4,0	0,25	0,5	2,25	1,75	2,0

Flankendurchmesser $d2 = d - 0{,}5h$
Bolzen-Kerndurchmesser $d1 = d - 2t1$
Muttern-Gewindedurchmesser $D = d + 2a$
Muttern-Kerndurchmesser $D1 = d1 + 2b$
Dreieckshöhe $t = 1{,}866h$

Genormte Trapezgewinde-Bolzendurchmesser (Auswahl)

(d) in mm	Gewindesteigung (h) in mm													
	2	3	4	5	6	7	8	9	10	12	14	16	18	20
10, 12	x	0												
14, 16, 18, 20	x		0											
22, 24, 26, 28		x		0			+							
30, 32, (34), 36		x			0				+					
(38)		x				0			+					
40, (42), 44		x				0				+				
(46), 48, 50, 52		x					0			+				
55, (58), 60, (62)		x						0			+			
65, (68), 70, (72)			x						0			+		
75, (78), 80, (82)			x						0			+		
85, (88), 90, (92)			x							0			+	
95, (98)			x							0			+	
100, (105), 110			x							0				+

x = Feingewinde
0 = Mittelgewinde
\+ = Grobgewinde

sollten also sehr genau eingehalten werden. Selbst wenn die Flankenweite schon stimmt, der Kerndurchmesser jedoch noch nicht, wird man das Gegenstück nie aufschrauben können.

Rundgewinde werden mit einem Werkzeug vorgeschnitten, das einem Radiusstechstahl ähnlich sieht. Mit einem zweiten Formstahl wird die Außenrundung fertig gedreht (**Abb. 42**).

Abb. 42

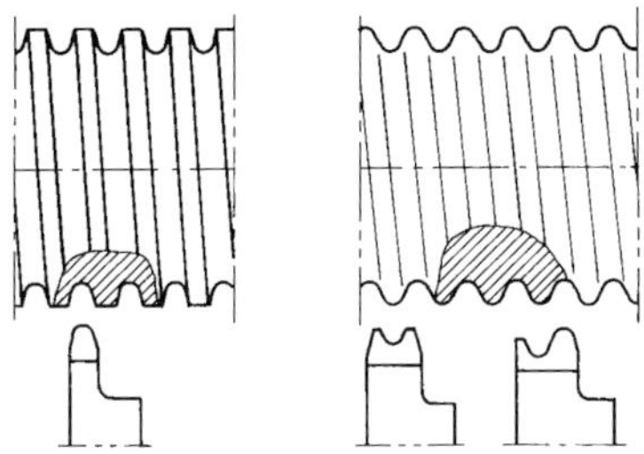

10.3.4 Innengewinde-Drehen

Hat man einmal das Maschinen-Gewindedrehen mit dem Stahl beim Außengewinde begriffen und den Bewegungsablauf mehrmals geübt, ist der nächste Schritt, das Drehen eines Innengewindes mit dem Stahl, kaum schwieriger. Die Besonderheit (Schwierigkeiten gibt es nicht) besteht darin, dass man beim Innengewinde-Drehen meist weniger sieht. Ich würde daher den Rat geben, die Herstellung eines Innengewindes zuerst bei einem Ring mit möglichst großem Innendurchmesser auszuprobieren. Bei einem Ring kann man mit dem Gewindebohrstahl auch „durchfahren". Am Gewindeende wird der Quersupport dann schnell nach oben geschoben. Besonders bei kleinerem Innendurchmesser darf man den Stahl jedoch nicht weiter als nötig nach oben schieben, weil sonst die Gefahr besteht, dass die Rückseite des Stahls an der gegenüberliegenden Seite der Kernbohrung schleift (**Abb. 43**, Beispiel für das Drehen eines Trapezgewindes mit einer Bohrstange).

Abb. 43

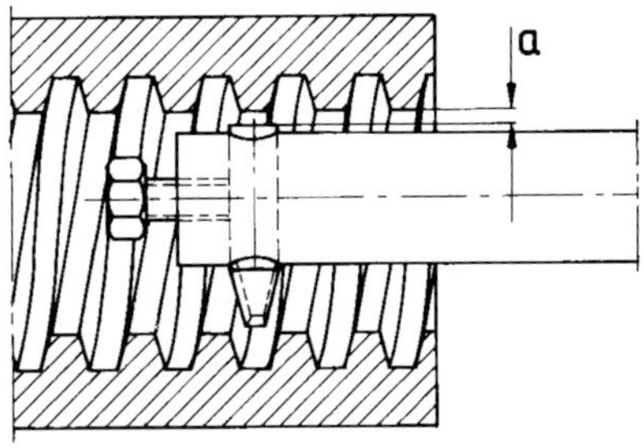

Das Maß (a) verdeutlicht den stets noch vorhandenen Abstand zwischen zurückgefahrenem Gewindewerkzeug und Bohrungswandung. Die Kernlochbohrung soll bei einem Innengewinde stets geringfügig größer sein, als es die Tabelle sagt. Die Größe der Freiwinkel der Flankenschneiden ist bei einem Innengewinde-Drehstahl für Rechtsgewinde genau anders herum als bei Außengewinden. In der Draufsicht muss also die rechte Flankenschneide nach unten stärker frei geschliffen sein.

Bei Grundbohrungen muss am Gewindegrund ein genügend breiter Freistich eingedreht werden. Das tue ich gleich mit dem entsprechend eingerichteten Innengewinde-Drehstahl. Damit man mit der Stirn des Gewindestahls nie an die Grundplanfläche der Bohrung anstößt, macht man sich auf dem Schaft des Innenstahls eine Markierung („a" in **Abb. 44**). Durch Peilen über die Planfläche des Werkstücks hinweg erkennt man sehr genau, wann das Gewindeende im Innern erreicht ist, wann also die Maschine

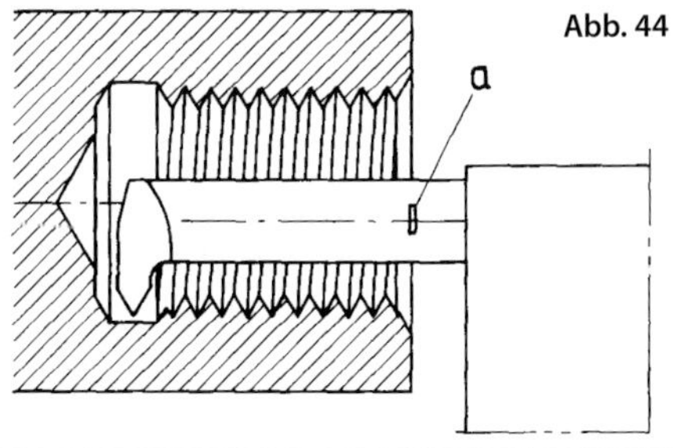

Abb. 44

stillstehen muss und man den Gewindestahl aus dem Schnitt nach oben kurbeln kann.

Links-Innengewinde werden so gedreht: Man lässt den Bettschlitten mit nach oben gekurbeltem Stahl bei Linkslauf der Maschine bis zur Markierung am Stahlschaft in die Bohrung fahren. Dann stellt man im unbedingt vorhandenen Gewindefreistich bei stehender Maschine mit dem Quersupport nach vorn zu. Die Maschine wird so auf Rechtslauf geschaltet. Der Stahl dreht das Gewinde ein, indem er aus der Bohrung herausfährt! Die sinngemäße Schleifrichtung für die Freiwinkel beachten! Okay?

10.3.5 Mehrgängige Gewinde

Im Modellbau kaum anzutreffen sind mehrgängige Gewinde. Ihre Herstellung soll der Vollständigkeit halber jedoch erwähnt werden. Mehrgängige Gewinde haben eine Gesamtsteigung, die sehr groß ist. Deshalb machen mehrgängige Gewinde pro Umdrehung eine vergleichweise große Axialbewegung. Der Steigungswinkel ist folglich auch sehr groß. Er sollte zumindest zeichnerisch ermittelt werden (vgl. Abb. 13), weil sich nach ihm der besonders schräg stehende Schliff für die Freiflächen am Gewindestahl richtet. An der Maschine wird diese Gesamtsteigung geschaltet oder mit Wechselrädern eingerichtet. Auch die Spanfläche sollte entsprechend schräg nach links geneigt angeschliffen werden. Wegen der relativ schnellen „Fahrt" des Bettschlittens sollen Gewindefreistiche besonders breit eingestochen und die tatsächlich langsamste Arbeitsspindel-Drehzahl geschaltet werden.

Als Beispiel soll ein viergängiges Gewinde mit einer Gesamtsteigung von 6 mm gedreht werden. Die einfachste Methode ist die Einteilung mit dem Obersupport. Der Obersupport wird vor dem Drehen des ersten Gangs in einer „Anfahrrichtung" (zum Beispiel in Richtung Spindelstock) „genullt". Dieser erste Gang wird bis auf seine Tiefe fertig gedreht. Danach wird der Obersupport um 1,5 mm (6 mm : 4 = 1,5 mm) in der Anfahrrichtung weitergeschoben und der zweite Gang fertig gedreht. Dann wieder die Verschiebung des Obersupports um 1,5 mm, dritter Gang usw. Sehr vorsichtig muss man mit dem seitlichen Zustellen beim Eindrehen der Gewindegänge sein. Man kann es im Interesse eines sauberen Schnitts schon tun, doch muss man es bei allen Gängen gleich tun. Ein richtig gedrehtes mehrgängiges Gewinde lässt sich auch „auf Umschlag" in sein Gegenstück einschrauben. Das viergängige Gewinde unseres Beispiels müsste jeweils um 90° verdreht „fassen", d. h. einschraubbar sein.

Die zweite Art besteht darin, dass nicht jeder Gang einzeln und für sich fertig gedreht wird, sondern dass man jede einzelne Tieferstellung mit dem Quersupport nacheinander bei allen Gängen ausführt. Das bedeutet, dass jede Tiefenzustellung mehrmals mit dem Obersupport (und in der richtigen Anfahrrichtung!) „verschoben" wird. Das ist ausgesprochen konzentrationsbedürftig, doch für mich die beste Methode.

Eine weitere Methode kann man beim Drehen zwischen den Spitzen praktizieren: Die Mitnehmerscheibe für das abgewinkelte Drehherz (vgl. Abb. 197 Bd. 1 rechts oben) hat dabei nicht nur einen Schlitz, sondern mehrere Schlitze, unter gleichmäßiger Teilung in der Anzahl der gewünschten Gewindegänge. Mit einer Mitnehmerscheibe nach **Abb. 45** können zwei-, drei- und viergängige Gewinde auf Wellen geschnitten werden. Für den Schnitt jedes einzelnen Gewindegangs wird das Drehherz in einen anderen Schlitz gesteckt. Auch hierbei darf man entweder nicht oder es muss bei allen Gängen gleichartig seitlich verstellt werden, damit die Teilung stimmt. Erinnern möchte ich an die Mitnehmerscheibe, die ich bei Abb. 197 Bd. 1 unten vorgestellt hatte. Diese Scheibe sollte mit einer passenden Bohrung auf dem Werkstück befestigt werden. In die Schlitze würde der eine Mitnehmerbolzen gesetzt. Zugegeben, es ist aufwändig, sich eine solche Scheibe für die

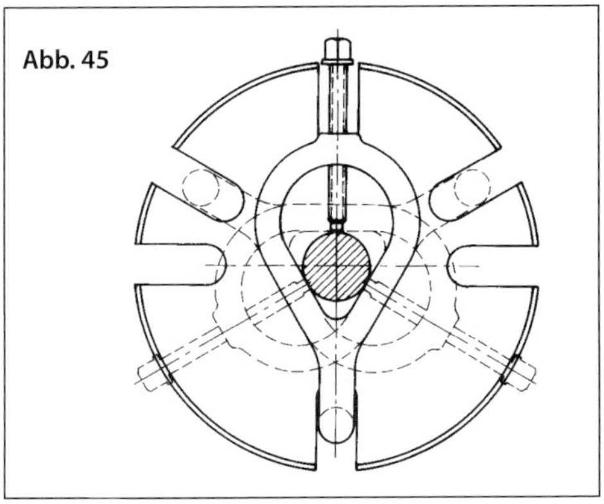

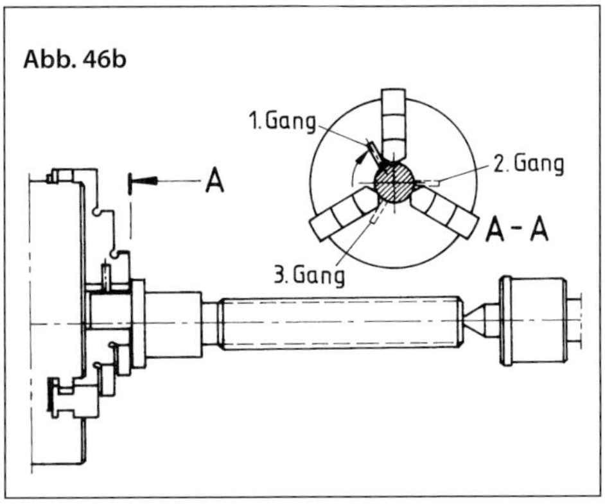

Aufnahme am Arbeitsspindelkopf anzufertigen, es sei denn, man fräst die Schlitze in eine bereits vorhandene Mitnehmerscheibe ein. Mein Vorschlag: Drehen Sie sich eine Scheibe nach **Abb. 46** zur Aufnahme im Backenfutter. Die Reihenfolge der Herstellung:

- Drehen der Scheibe mit zwei Zapfen (einem Spannzapfen und an der anderen Seite einem Zapfenrohling für die spätere Spitze).
- Einfräsen der Teilungsschlitze im Teilgerät oder auf einem Rundtisch (die Teilungen müssen genau stimmen!).
- Aufnahme der Scheibe im Backenfutter, Andrehen der 60°-Spitze.

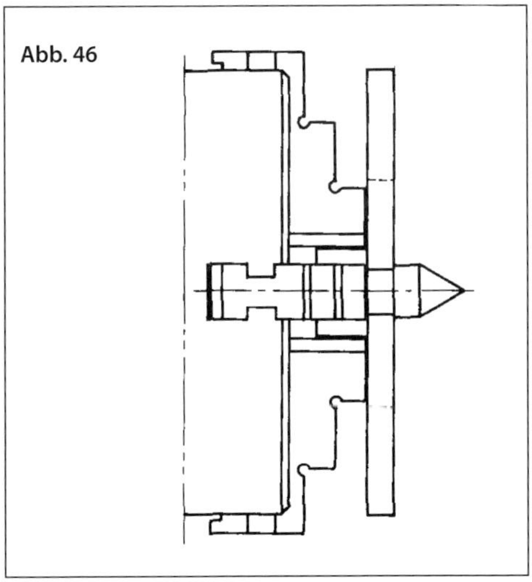

Die Mitnehmerscheibe ist so für das Drehen zwischen den Spitzen bereit. Sie kann später auch für andere Spitzendreharbeiten verwendet werden. Jedoch sollte man nach jedem erneuten Einspannen die 60°-Spitze für Rundlauf neu andrehen.

Mehrgängige Gewinde macht man bei Backenfutterspannung auch so: Das Werkstück hat (oder erhält) einen Einspannzapfen. In diesen wird radial ein Teilungsstift eingebohrt. Mit einem Dreibackenfutter kann ein dreigängiges, mit einem Vierbackenfutter können zwei- und viergängige Gewinde gedreht werden. Beim Drehen jedes Gewindeganges auf seine Tiefe wird der Teilungsstift in Mitnahmerichtung an eine andere Futterbacke angelegt (Schnitt A–A in **Abb. 46b**), der Zapfenbund jedoch immer (!) fest an die Futterbacken. Der Obersupport wird für das Teilen nicht verstellt. Für das Eindrehen der jeweils letzten Späne steht er auf der gleichen Stelle! Die Gangteilung erfolgt durch das Verdrehen des Werkstücks im Futter.

Als sechste Methode und zur Vervollständigung: Mehrgängige Gewinde lassen sich auch durch Teilung mit dem Zahnrad auf der Arbeitsspindel (Z1) herstellen. Falls dessen Zähnezahl durch die Anzahl der Gewindegänge (zum Beispiel drei) teilbar ist, macht man sich an die jeweiligen Zähne in geeigneter Weise Markierungen (Körnerschläge oder Kreidestriche). Beim dort eingreifenden Zahnrad wird eine

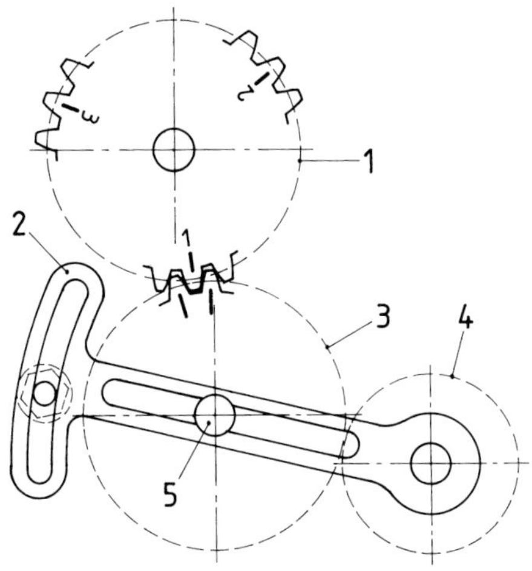

Abb. 46a:
1 - Z1 = Zahnrad auf der Arbeitsspindel;
2 = „Schere"; 3 = Zwischenrad; 4 = Zahnrad auf der Leitspindel; 5 = Scherenbolzen.

Zahnlücke markiert. Nach dem Drehen des ersten Gewindegangs wird die Schere gelockert, so dass die Zahnräder außer Eingriff kommen, und die Arbeitsspindel um ein Drittel verdreht (Markierungen), die Zahnrader werden wieder eingekämmt und die Schere wird wieder festgezogen. In gleicher Weise wird beim Wechsel zum dritten Gang verfahren (Abb. 46a). Bei dieser Methode wird die hochgenaue Zahnteilung ausgenutzt. Jeder einzelne Gang wird getrennt fertig eingedreht. Mit Ausnahme der Methoden mit den Mitnehmerscheiben (Spitzendrehen) sind die anderen Verfahren auch für die Herstellung von mehrgängigen Innengewinden geeignet.

10.3.6 „Falsche Gewinde"

So wie das „falsche Rändeln" sind auch die von mir so genannten „falschen Gewinde" ein durchaus akzeptabler Notbehelf für besondere Fälle. Dabei werden gewünschte Drehteile derart in mehrere Einzelstücke zerlegt, durch Drehen hergestellt und zusammengelötet (hart- oder weichgelötet), -geklebt oder -geschweißt, dass die Gewindestücke vorhandener Schrott- und Normteile oder anderer Verschraubungen jeweils „wiederverwendet" werden.

Ich habe sogar einmal eine Spindelmutter aus Gießharz für eine mittelgroße Tischpresse um die vorhandene, noch gut erhaltene Trapezgewinde-Spindel gegossen. Die Spindel wurde gut gefettet und im weit aufgebohrten Hals der Presse genau senkrecht ausgerichtet. Dann wurde der Zwischenraum mit Gießharz ausgegossen. Damit das Harz unten nicht ausläuft, habe ich eine Papierdichtung mit Alleskleber angeklebt – auch eine Form „falschen Gewindes", die nicht durch Gewindedrehen hergestellt wurde. Hier war es ein recht großes Gewinde. Doch was groß zu machen ist, funktioniert auch drei Nummern kleiner.

11. Formdrehen

Beim normalen Drehen entstehen durch lineare Bewegung des Drehwerkzeugs zylindrische Absätze, Planflächen oder auch Kegel, weil der Drehstahl nur durch die Fahrt eines Supportschlittens bewegt wird. Sobald der Drehstahl gleichzeitig durch die Fahrt von zwei Supportschlitten bewegt wird, entstehen am Werkstück gewölbte Flächen. Der Fachmann spricht hier vom Formdrehen. Im Gegensatz dazu gibt es das so genannte Formstechen. Hierbei wird wiederum nur ein Supportschlitten bewegt. Die gewölbte Werkstückoberfläche entsteht beim Formstechen durch den besonderen Formanschliff des Formstechstahls. Der Formstechstahl hat dabei die negative Kontur der gewünschten Werkstückkontur (**Abb. 47**).

Abb. 47

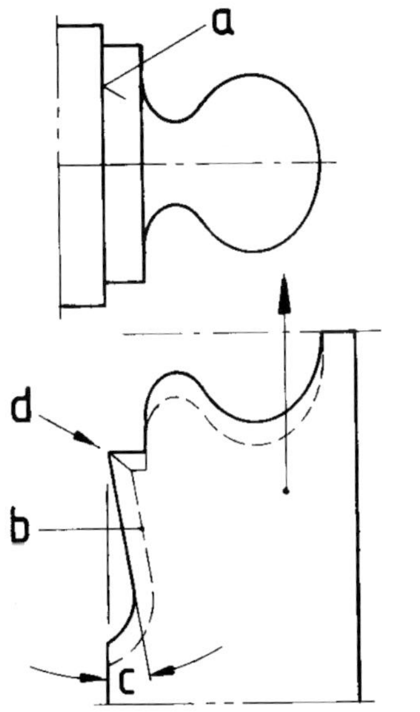

11.1 Freihand-Formdrehen

Sehr geschickte Dreher können durch gleichzeitiges Drehen an beiden Supportkurbeln die Drehstahlspitze so bewegen, dass die Herstellung jeder beliebigen Form (Kugelform, gerundete Nuten und Einstiche, Ballengriffe usw.) möglich wird. Wesentlich vereinfacht wird dieses Formdrehen mit zwei Händen dadurch, dass der Drehstahl gerundet ist (**Abb. 48**). Hierbei wirken sich etwas ruckartige Bewegungen nicht in dem Maße auf die Flächengüte aus wie in dem Fall, dass der Drehstahl ganz spitz ist. Auch das Abrunden einer Außenkante erfolgt sicherer mit einem Radiusstahl, der einen größeren Radius hat als der am Werkstück gewünschte (**Abb. 49**).

Abb. 48

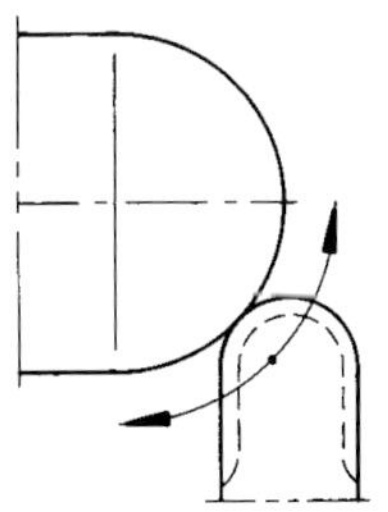

Abb. 49

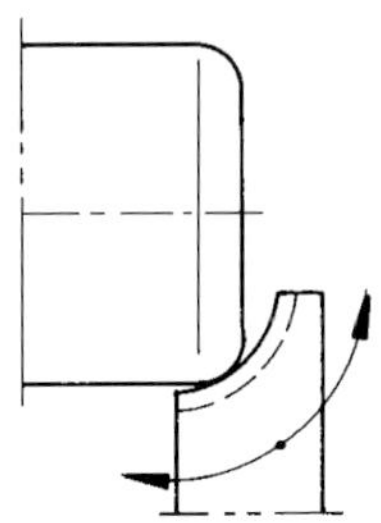

11.2 Drehen von 45°-Fasen bei gleichen Supportspindeln

Hat man das Glück, dass die Spindeln von Quer- und Obersupport gleiche Gewindesteigungen haben, ist das Andrehen von 45°-Fasen an Werkstückkanten recht einfach. Man positioniert die Drehstahlspitze nach **Abb. 50** an der Planfläche. Dann muss man nur noch durch möglichst gleichförmiges Drehen an beiden Kurbeln die Fase andrehen: Der Obersupport-Schlitten wird in Richtung Futter bewegt (a), der Quersupport-Schlitten gleichzeitig und gleich schnell nach vorn gezogen (b), die resultierende Bewegung (c) der Drehstahlspitze ergibt die Fase. Ähnlich geschieht es mit Innenkanten (Eckbohrstahl) oder mit Kanten von Nuten, die man sogleich mit dem Stechstahl andrehen könnte (**Abb. 51**).

Abb. 50

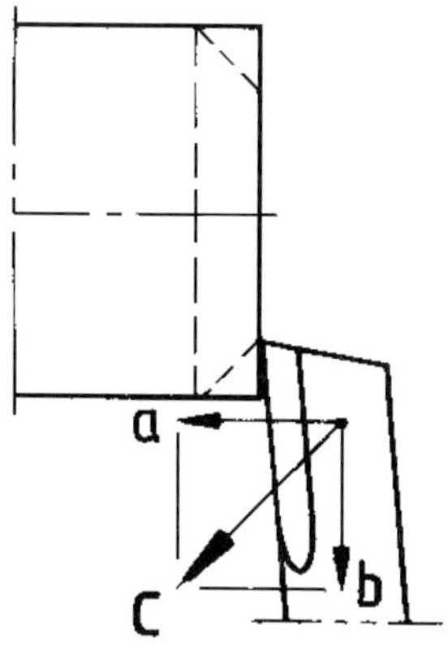

Abb. 51

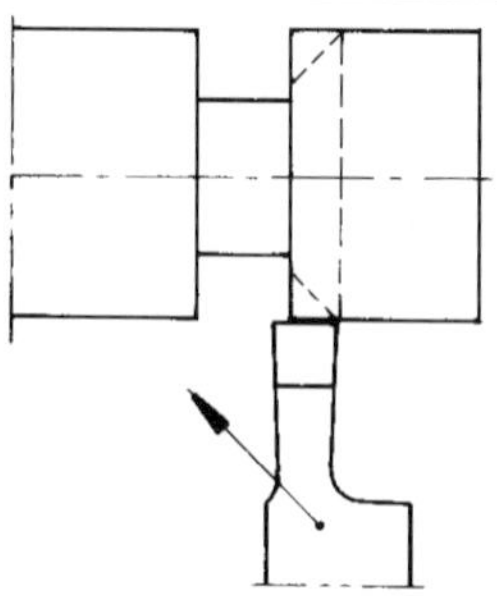

11.3 Angeschliffene Formstechstähle

In **Abb. 52** sehen wir verschiedene Formstechstähle, die man problemlos an der Schleifmaschine an HSS-Drehlinge anschleifen kann. Für den Spanwinkel sollte man bei einem Formstahl nur eine leicht schräg liegende, ausreichend

Abb. 52

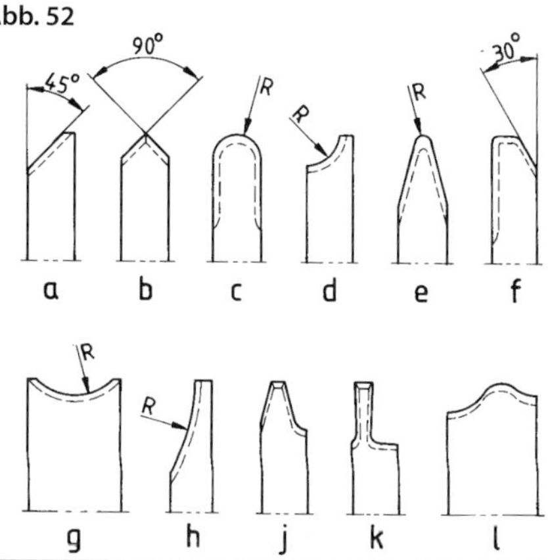

lange Fläche anschleifen. Ein Stechstahl zum Stechen in Messing bleibt oben vollkommen gerade. Eine gerundete Spanrille mit großem Spanwinkel ganz vorn ist deshalb ungunstig, weil es zu einer erheblichen Formverzerrung beim späteren Stechen mit dem Stahl kommt. Außerdem wäre der tatsächliche Spanwinkel bei einer gerundeten Spanrille an jeder Stelle der Formkontur anders. Für das Anschleifen der Freiwinkel nach unten sollte der Drehling auf eine im Freiwinkel angestellte Unterlage an der Schleifmaschine aufgelegt werden. Die Entstehung der Form beobachtet man am besten mit einer Kopflupe. Bei der Arbeit mit einer Kopflupe muss man alle Bewegungen recht langsam und kontrolliert ausführen, weil die Nähe zum Werkstück über die tatsächlichen Entfernungen hinwegtäuscht und es dadurch schnell zu Unfällen kommen kann. Kompliziert geschwungene Formen schleift man entweder nach einer Blech-Formlehre oder nach einem

Musterwerkstück. Hat man beides nicht, dann kann man die Zeichnung im Modellplan verwenden, um die Form zu kontrollieren. Man kann auch mit dem vermeintlich fertigen Stechstahl ein Probestück anstechen, um zu sehen, welche Werkstückform entsteht.

Beim Anhalten der Blech-Formlehre an die Schneide prüft man mit der Lichtspalt-Methode, an welcher Stelle noch geringfügig nachgeschliffen werden muss. Am sichersten gestaltet sich das Schleifen eines Formstechstahls, wenn der Freiwinkel („a", hier 8°) nach unten über die gesamte Höhe des Drehlings angeschliffen wird (**Abb. 53**). Dabei gibt es weniger Anschliff-Fehler. Ist der Stahl unten in einem größeren Winkel bereits frei geschliffen („b", hier 30°, in **Abb. 54**), findet das eigentliche Formschleifen nur auf dem sehr kurzen Stück „c" statt, so dass es schnell zu radikalen Änderungen der Kontur kommt. Das Formschleifen ist nicht so sicher.

Ein Formstechstahl sticht stets nur jene Konturteile des Werkstücks an, die tatsächlich gerundet sind. Alle anderen Absätze, Planflächen usw. werden vor- oder nachher in weiteren Arbeitsgängen mit normalen Drehwerkzeugen angedreht. Dennoch kann es sein, dass ein Stechstahl nach Abb. 47 beim Anstechen der Form gleichzeitig die Planfläche („a" in Abb. 47) mit andreht. Damit er das sauber tun kann, muss auch die linke Seite des Drehlings nach unten (b) und nach hinten (Winkel „c") frei geschliffen sein. Wie bei einem Nutenstechstahl muss die vordere Ecke (d) die breiteste Stelle sein! Bleiben wir beim Beispiel von Abb. 47. Dieses Werkstück könnte in einem zweiten Arbeitsgang mit einem Zapfen abgestochen werden (**Abb. 55**).

Abb. 53

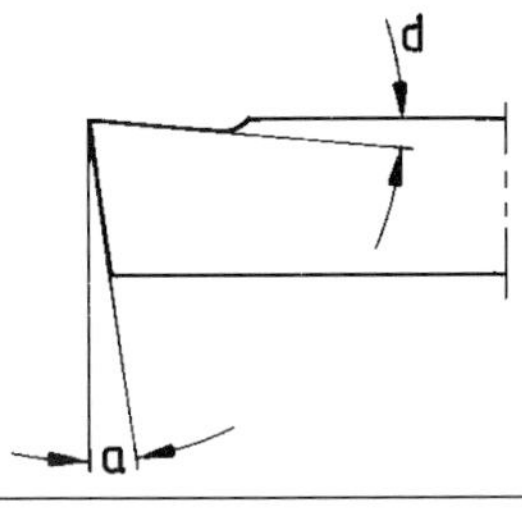

Abb. 54

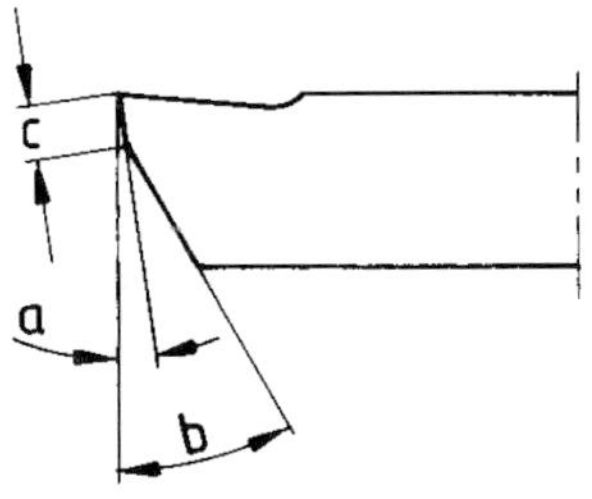

Abb. 55

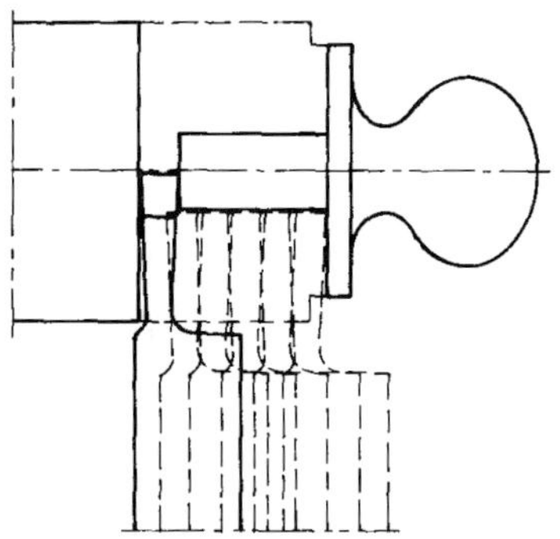

Schon der normale Stechstahl („k" von Abb. 52) und der Stechstahl für eine Kielriemennut (j) sind strenggenommen Formstechstähle. (a) und (b) sind Fasenstechstähle. Radiusstechstähle („c", „d", „g" und „h") lassen sich mit Hilfe von Radiuslehren und einer Kopflupe an der Schleifscheibenkante gut anschleifen. Keilnuten in Keilriemenscheiben soll man immer wesentlich tiefer stechen, als es die schmale Innenkante am Keilriemen verlangt. Das hat den Sinn, dass sich stets die Flanken des Keilriemens an den Flanken der Nut verklemmen. Nie soll die untere Fläche des Riemens den Grund der Nut berühren (Abstand „a" in **Abb. 56**). Keilriemen haben oft recht unterschiedliche Keilwinkel. Das muss man beim Anschleifen eines Formstechstahls beachten. Am besten geht das Stechen einer Keilriemennut, wenn man mit einem normalen Stechstahl vorsticht.

Abb. 56

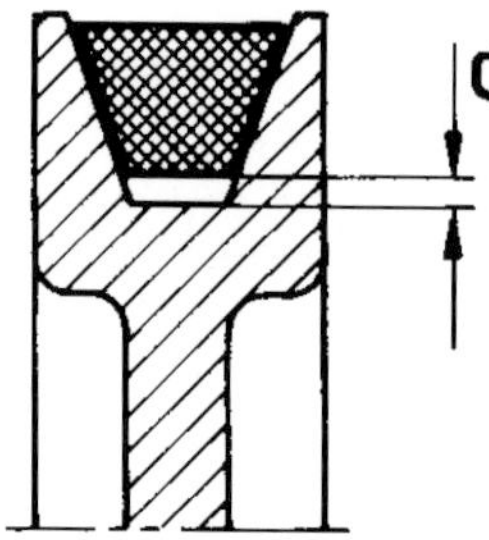

Abb. 57

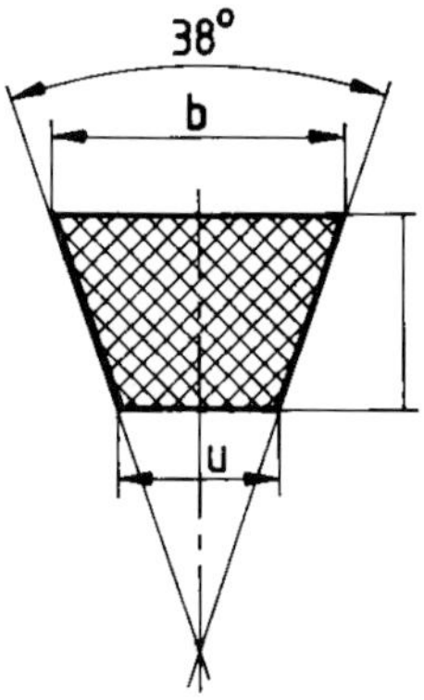

Abb. 58

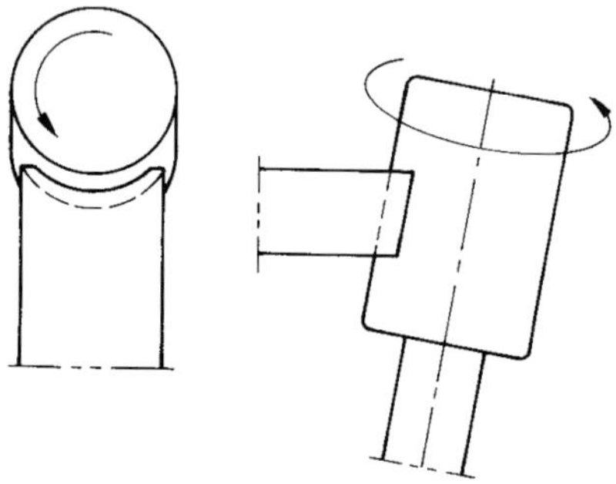

Man sollte wissen, dass Keilriemenscheiben stets einen Mindestdurchmesser haben müssen. Keilriemen und alle anderen Antriebselemente, Normteile usw. bekommen Sie bei der Firma Mädler. In der folgenden Tabelle finden Sie Keilriemen nach DIN (**Abb. 57**).

Formstechstähle schleift man nur an, wenn eine größere Anzahl Werkstücke mit dieser Form gedreht werden und wenn diese Formen untereinander vollkommen gleich aussehen sollen. Für das Stechen einer einzigen gerundeten Nut mit einem R3 schleife ich mir keinen gesonderten Stechstahl, wenn ich bereits einen Stechstahl mit R2 habe. Mit diesem kann ich gut die R3-Nut nach Augenmaß auskurbeln. Den Rest besorgt eine Nadelfeile. Einen sauber geschliffenen Radiusstahl kann man sehr gut für das Schlichten mit Längsvorschub oder auch für Planflächen verwenden. Dabei entstehen in der Regel, sogar bei größeren Vorschüben, sehr gute Oberflächen. Nicht verwenden würde ich jedoch einen Radiusschlichtstahl, wenn es darum geht, Passungen genau herzustellen (Querkraft!). Für den Fertigschliff von Stechstählen nach (d), (g) und (h) kann man auch den Umfang von kleinen Handstück-Schleifkörpern verwenden, wenn der Durchmesser zufällig stimmt (**Abb. 58**). Der Freiwinkel nach unten wird dadurch eingehalten, dass der Schleifkörper

Tabelle Keilriemen (Maße in mm)

	Endlose Schmalkeilriemen DIN 7753		Endlose Gummi-Normkeilriemen DIN 2215		
Normgröße	**SPZ**	**SPA**	**10**	**13**	**17**
Breite (b)	9,7	12,7	10,0	13,0	17,0
Höhe (h)	8,0	10,0	6,0	8,0	11,0
Kleinster Scheiben-Ø	63,0	90,0	50,0	71,0	112,0
Breite (u)	(berechnen)		5,9	7,5	9,4

ausreichend schräg angehalten wird (Abb. 58 rechts). Beim Schleifen soll man ihn axial leicht hin und her bewegen. In jedem Fall entsteht so ein genauer Radius. Der Stechstahl nach Form (f) ist gut zum Einstechen von Freistichnuten am Gewindeende zu verwenden (siehe oben, Abschnitt 10.2.1). Die 30°-Fase dreht eine schöne Gewindefase an (vgl. Abb. 22). Auch bei diesem Stahl ist der Anschliff einer Freifläche an der linken Seite nach unten wichtig. Sticht man mit Stählen wie (c), (e) und (j) ins Volle, kommt es schnell zu Rattermarken. Dagegen hilft, dass man sehr geringfügig seitlich versetzt, um dann wieder ein geringes Stück tiefer zu stechen. Man will damit erreichen, dass nie die volle Kontur „im Einsatz" ist. Eine weitere, sehr sichere Methode, um Rattermarken beim Formstechen zu vermeiden, ist eine drastische Drehzahlverringerung – will sagen, die kleinste einzustellen. Wenn auch das nicht hilft, dann bleibt nur noch, dass man die Maschine ganz ausschaltet. Das Backenfutter wird von Hand noch einige Umdrehungen durchgedreht (eingesteckter Futterschlüssel, Hauptschalter aus!), wobei noch 0,1 mm mit dem Quersupport zugestellt werden. Das macht man so lange, bis die Rattermarken weggeschabt sind. Anstelle des Hand-Durchdrehens kann man auch im Auslauf der Maschine noch geringfügig zustellen. Das mache ich oft. Der Erfolg ist der Gleiche. Zur Vermeidung von Rattermarken möchte ich zusätzlich noch anführen:

- Schmiermittel verwenden,
- Werkstück und Stechstahl nur kurz aus dem Futter oder Stahlhalter ragen lassen,
- gute, ganzflächig aufliegende Beilagebleche unter den Stechstahl legen,
- den Obersupport-Schlitten nicht unnötig weit aus dem Grundkörper herausfahren,
- die Maschine bei „auf dem Kopf" liegendem Stechstahl linkslaufen lassen (bei den meisten Drehmaschinen wird aber die Höhe der umlaufenden Nut des Vierstahlhalters dafür nicht ausreichen).

Diese Maßregeln sind übrigens bei allen anderen Dreharbeiten ebenfalls zu beachten. Doch wenn das alles nicht hilft, muss man die Rattermarken mit einem Dreikantschaber „wegdrechseln" oder wegfeilen.

Beim Einstechen mit Formstechstählen in Planflächen sind ausreichende Freiwinkel (besonders an der außen liegenden Konturseite) zu beachten (**Abb. 59**, Beispiel eines Erleichterungseinstichs in ein Zahnrad oder in eine Riemenscheibe). Diese Feststellung trifft sich mit dem bei Abb. 206 (Band 1) Gesagten. Auch hier hilft bei Rattermarken ein geringes seitliches Versetzen des Stechstahls, diesmal jedoch mit dem Quersupport.

Als Beispiel der Anwendung eines angeschliffenen Formstechstahls möchte ich Ihnen erklären, wie ich rund 600 kleine Granatpatronen für das Kaliber 40 mm im nicht unproblematischen Maßstab 1:50 für mein momentan in Bau befindliches Zerstörermodell gedreht habe. **Abb. 60** zeigt, wie eine solche Patrone in etwa aussieht. Das hintere, längere Teil ist aus Messing, in der Mitte ist ein kupferner Führungsring, und das Geschoss vorn ist meist schwarz brüniert. Ähnliche Patronen hatte ich schon einmal für den Maßstab 1:25 anzufer-

Abb. 59

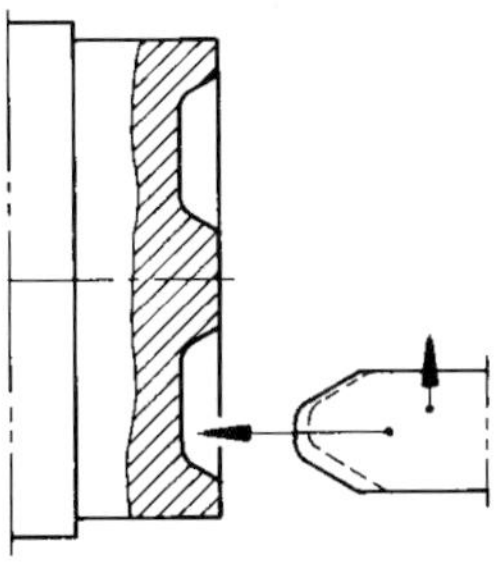

Abb. 60

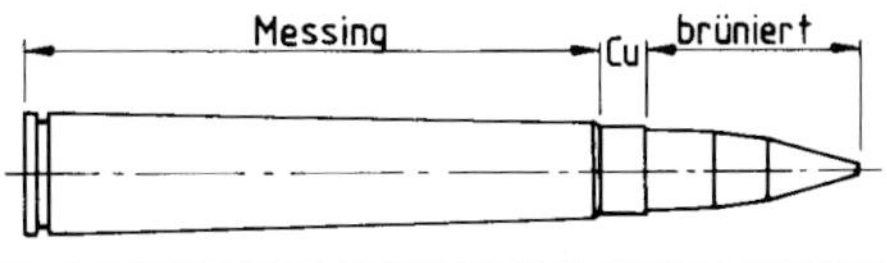

Abb. 61

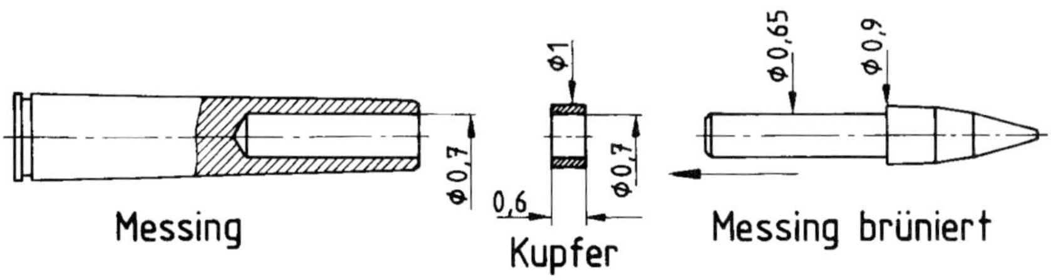

tigen. Damals habe ich sie aus je drei Teilen zusammengesetzt (**Abb. 61**). Richtig schwierig war dabei eigentlich nur die Anfertigung der kleinen Kupferringe und der Einstich der Auswerfernut am Ende der Messinghülse. Für zwei kurze Gurte mit nur etwa 30 Patronen hielt sich der Aufwand jedoch in Grenzen.

Im Falle der 600 Stück 1:50-Granaten musste ich Abstriche machen. Die kurzen Kupferringe habe ich ganz weggelassen. Und dass die Spitze eigentlich eine Aneinanderreihung von drei Konen ist, kann man im Maßstab 1:50 ebenfalls „unterschlagen". Die Spitze gerundet anzudrehen, genügt in dem Fall. Zuerst wollte ich die Granaten so herstellen: mit dem Formstahl die gerundete Spitze anstechen, dann den langen Kegel andrehen, abstechen und zum Schluss mit Farbe die Spitze schwärzen. Doch wie sollte ich richtig schön und bei allen gleich die Trennung zwischen schwarzer Spitze und Messingkonus hinbekommen? Schließlich hat die Granatenspitze in diesem Maßstab nur einen Durchmesser von 0,8 mm (40-mm-Kaliber : 50 = 0,8)! Mir ist eine andere Idee gekommen:

- Für die gerundete Spitze habe ich ein einzelnes Muster als „Schleiflehre" gedreht.
- Nach diesem „Musterstück" habe ich einen Formstechstahl angeschliffen (**Abb. 62**).
- Mit diesem Stechstahl habe ich an über dreihundert 2,5-mm-Messingstücken im so genannten Doppelend-Andrehverfahren (siehe Abschnitt 12.2) bei Spannzangenspannung die kleinen Spitzen bis zum erwähnten Durchmesser von 0,8 mm angestochen (**Abb. 63**).
- Nach diesem Arbeitsgang wurden die Teile komplett schwarz brüniert.
- Danach wurden die flachen Kegel etwas über die Gesamtlänge hinaus angedreht (**Abb. 64** und **Foto 3**), und zwar so, dass der Durchmesser am unteren Ende 0,9 mm beträgt, ich also keinesfalls in die brünierte Fläche der

Abb. 62

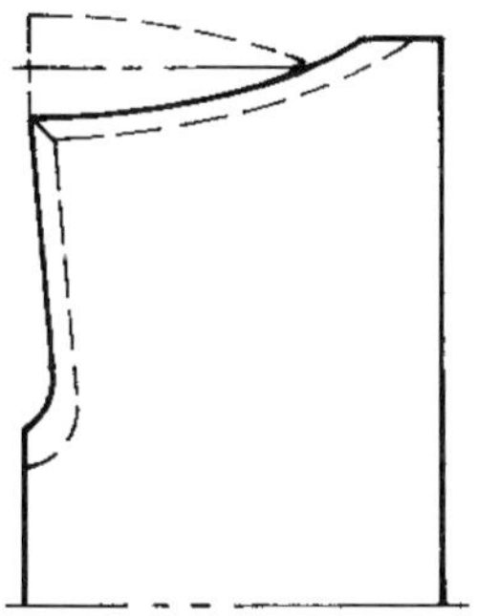

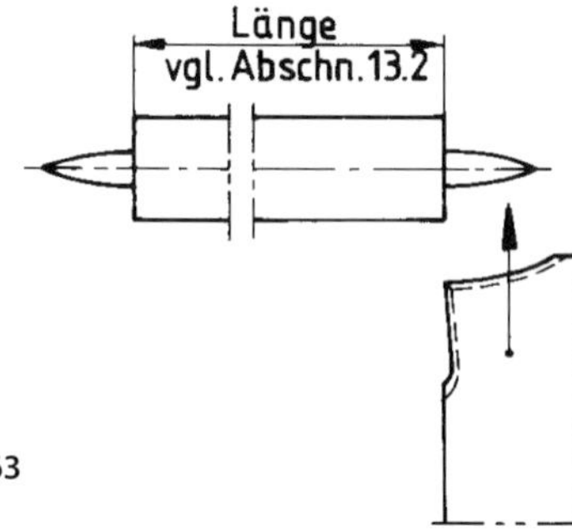

Abb. 63

Geschossspitze einfahre. Am unteren Rand des Fotos liegen noch nicht angedrehte Teile. Der Rest ist einfach: Abstechen auf Länge und Wegplanen des Abstechputzens im abschließenden Arbeitsgang. Die Granaten werden später zu Vierer-Granatbündeln zusammengefügt und so in Bereitschaftshalterungen in den Innenseiten der Waffenwannen gelagert.

Wie ich finde, eine tolle Technologie, die es verdient hat, bei ähnlichen Anlässen (auch farbigen Absätzen!) genutzt zu werden.

Abb. 64

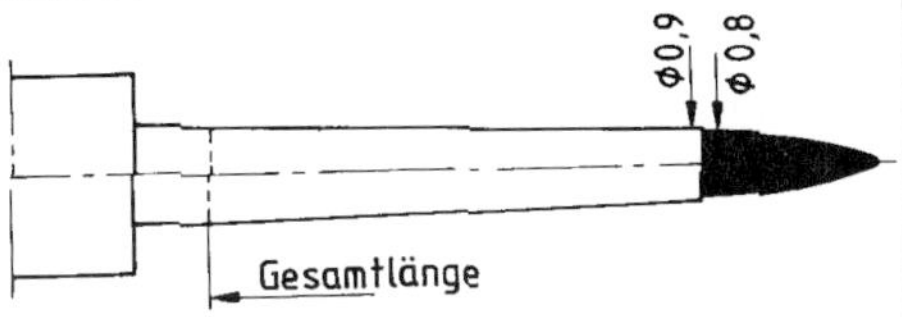

Foto 3: Andrehen der Kegel an die 40-mm-Patronen.

11.4 Gedrehte Radiusstechstähle

Für größere Stückzahlen kann man sich Radiusstechstähle (Ausrundstähle) mit beliebigem Radius aus Silberstahl drehen. Durch das Drehen des Durchmessers und damit der Radiusform stimmt diese haargenau. Man benötigt einen Spezialschaft („1" in **Abb. 65**), den man sich schnell aus gezogenem Vierkantstahl anfertigen kann, und ein auswechselbares, gedrehtes und gehärtetes Radiusplättchen (2), das von einer Schraube (3) festgehalten wird. Der Halter ist vorn schmaler (Maß „a") als der Durchmesser des Plättchens oben an der Schneide. (a) sollte etwa so breit sein wie der Durchmesser des Plättchens an seiner Unterseite.

Die Herstellung des Plättchens:

- Ein Silberstahlstück wird ausreichend ausragend ins Backenfutter gespannt, plan gedreht, zentriert und kernlochgebohrt, das Innengewinde wird geschnitten.
- Mit der leicht schräg (8 bis 10°) eingestellten Hauptschneide eines Seitendrehstahls wird die „Spanfläche" eingestochen (**Abb. 66**). Diese schräge Eindrehung muss bis außen reichen.
- Anschließend wird mit dem verstellten Obersupport der Außendurchmesser konisch angedreht. Dieser Durchmesser bestimmt den Radius des Stechstahls. Die Kegelverstellung von etwa 5 bis 6° entspricht

Abb. 65

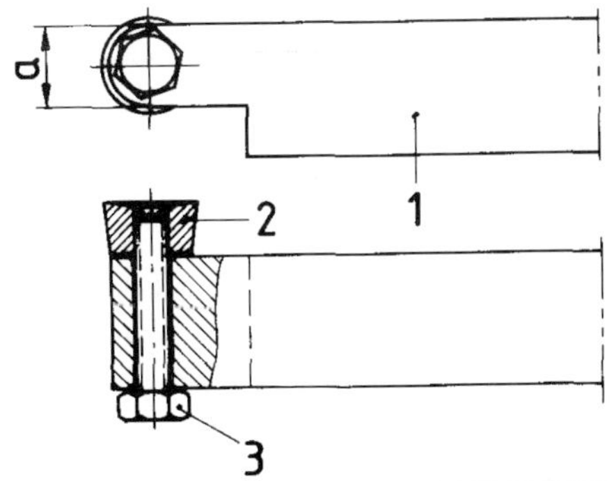

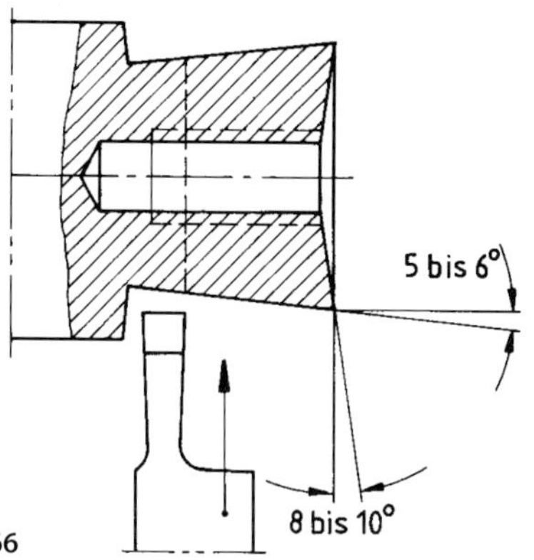

Abb. 66

dem Freiwinkel. Vor allem die Eintrittskante oben an der Ecke sollte mit besonders langsamem Vorschub gedreht werden. Dies ist die Schneide des Formstechstahls. Sie wird natürlich nicht entgratet, sondern so gelassen, wie sie gedreht entsteht.

– Zum Schluss wird das Plättchen auf die Höhe (h) abgestochen.

Sicher wird an der Unterseite ein unsauberer Abstechrest stehen bleiben. Dieser wird vorsichtig abgearbeitet, ohne dabei die Unterfläche des Plättchens zu verändern, und das Gewinde sollte zur Sicherheit nachgeschnitten werden. Später, nach dem Härten, wäre das Nachschneiden nicht mehr möglich.

Nun muss das Plättchen gehärtet werden. Dazu schrauben wir es auf eine lange Schraube und erwärmen es im „Muffelofen" (**Foto 4**) oder mit einem Gas-Lötbrenner auf Rotglut. So wird es schnell in einen bereitstehenden Wassertopf gesteckt und darin leicht kreisend bewegt. Danach sollte das Plättchen glashart sein (Feilprobe an einer unbedeutenden Stelle). Es sieht schwarz verzundert aus. Deswegen wird es mit der Schraube ins Backenfutter gespannt und mit einem Stück Schmirgelleinen blank geschmirgelt. Dabei muss man in diesem Fall peinlichst genau die Schneidkante aussparen. Sie bleibt ungeschmirgelt! Sobald man nur geringfügig mit dem Schmirgelleinen die Kante berührt, ist die Schärfe weg. Man benötigt die blank geschliffene Stelle nur, um beim jetzt folgenden so genannten Anlassen die Anlassfarben zu beobachten. Das ist nötig, damit die Glashärte verschwindet. Ein längeres Werkzeug, etwa ein Fräser, würde bei Belastung schnell wegbrechen, würde man ihn nicht anlassen. Kompakte Werkzeuge wie dieses Plättchen muss man nicht in jedem Fall anlassen.

Beim Anlassen wird das Plättchen wieder auf die Schraube gedreht und diesmal vorsichtig erwärmt. Dabei beobachtet man die blank geschmirgelte Stelle des Werkzeugs. Sie verfärbt sich, hellgelb beginnend, mit zunehmender Temperatur über gelbbraun, braunrot und rotblau bis zu blau. In dieser Reihenfolge nimmt die Härte zwar ab, andererseits die Belastbarkeit des Werkzeugs jedoch zu. Rotblau oder gar blau darf das Werkzeug nicht anlaufen. Dann wäre die Härte völlig weg, man könnte es sogar wieder spanend bearbeiten! Es wäre „ausgeglüht", wie der Fachmann sagt. Im Falle

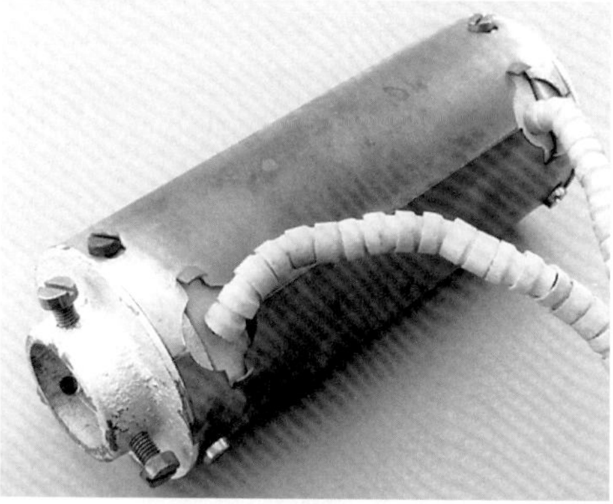

Foto 4: Schon viele Jahre erwärme ich die kleinen Silberstahl-Werkzeuge in diesem 700-W-Heizkörper („Muffelofen") für einen Klempner-Lötkolben. Er liegt dabei in den halbgeöffneten Schraubstockbacken; ich achte darauf, dass ich nie die nur mit kleinen Prozellen-Isolierkörpern geschützten Zuleitungsdrähte berühre. Alles, was in die 25-mm-Öffnung passt, kann auf Rotglut erhitzt werden.

des Radiusplättchens würde ich nur hellgelb anlassen. Sobald die geschmirgelte Stelle diese Farbe erreicht hat, wird das Plättchen wieder blitzschnell ins Wasser gesteckt und damit abgeschreckt, die weitere Erwärmung gestoppt. Zur Einschätzung der Anlassfarbe muss das Werkstück kurzzeitig aus dem Muffelofen genommen oder die Brennerflamme weggeschwenkt werden. Werkzeuge mit längerem Schaft (zum Beispiel gefräste Formstechstähle, Fingerfräser usw.) erwärmt man am Schaft. Dieser kann sogar blau werden, er muss ja nicht hart sein. Vom Schaft aus beobachtet man das „Hineinkriechen" der Wärme in das vordere, meist dünnere Schneidenteil. Weil hierzu relativ wenig Hitze notwendig ist, kann vorn die Veränderung von den hellen zu den dunklen Anlassfarben recht schnell gehen. Verpasst man den gelbbraunen Abschnitt, stoppt man den Hitzefluss nicht rechtzeitig durch Abschrecken, so kann es für die Härte an der Schneide (oder: den Schneiden) schon zu spät sein.

Werkzeuge mit Schaft muss man stets senkrecht ins Wasser eintauchen. Tut man das schräg oder gar auf der Seite liegend, dann wird das Werkzeug einseitig abgekühlt, was zur Folge hat, dass es sich stark verzieht (krümmt). Es ist auch nie nötig, dass man das gesamte Werkstück beim Härten auf Rotglut erhitzt. Nur die Schneiden sollten glühen, ein dunkles Kirschrot genügt ebenfalls.

Hat man die Schneidkante des Plättchens bisher nicht beschädigt, so kann es nach dem Anlassen auf den Spezialschaft geschraubt werden, und das Stechen könnte nach dem Einrichten der Spitzenhöhe beginnen. Will man ganz sicher sein, dass die Schneide scharf ist, dann kann man diese noch einmal auf der Drehmaschine scharf schleifen. Im Backenfutter wird dazu ein nicht zu langer Gewindebolzen mit Gewindefreistich angedreht. Der Freistich muss sein, damit das Schneidplättchen mit seiner Unterseite richtig an der angedrehten Planfläche des Gewindebolzens anliegt. Auch das Schneideisen, mit dem man das Gewinde herstellt, hat einen mehr oder weniger langen Anschnitt. Das Gewinde kann also niemals „bis in die Ecke" ausgeschnitten werden.

Auf den Gewindezapfen schraubt man das Plättchen mit der Schneide nach vorn. Die Maschine wird in Umdrehungen versetzt, und der hochtourig drehende Schleifkörper eines Proxxon-Bohrschleifers wird an die Spanfläche gehalten (**Abb. 67**). Das tut man an der Vorderseite, dort, wo man einen Drehspan abheben würde. Durch den Drehsinn des Schleifkörpers wird das Plättchen auf dem Dorn stets festgehalten, nicht heruntergeschraubt. Dabei achtet man darauf, dass die Achse des Bohrschleifers entsprechend schräg gehalten wird und dass man mit der Mantelfläche des Schleifkörpers nicht um die Schneidkante herum abrutscht. Man sollte dazu dringend einen Halter nach Abb. 31 (Band 1) verwenden und die Spanfläche mit verstelltem Obersupport schleifen. Manche Kleindrehmaschinen mit geringer Spitzenhöhe erfordern einen abgesetzten Schaft („a" in **Abb. 68**) oder sogar einen gekröpften (b).

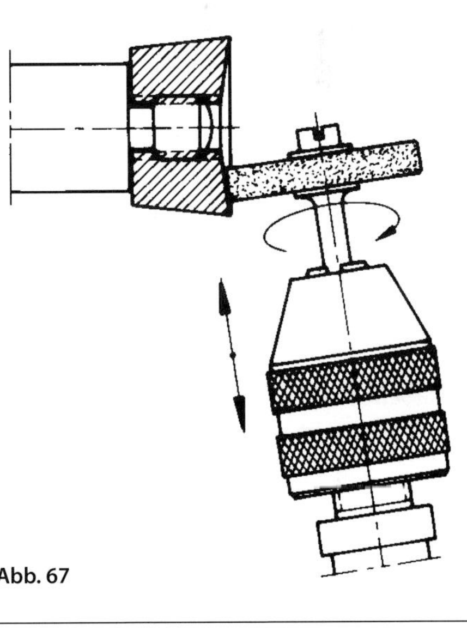

Abb. 67

Abb. 68

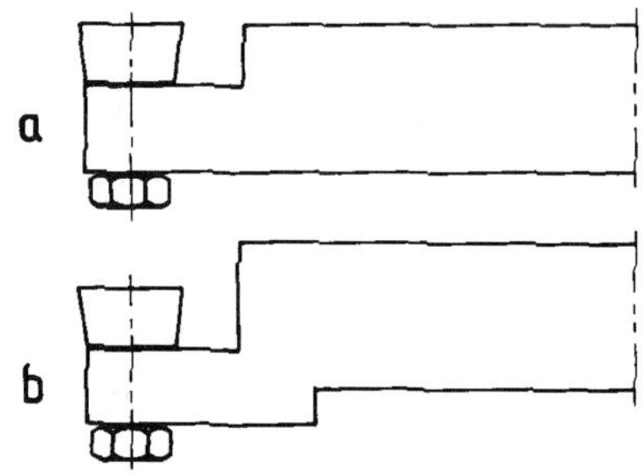

Abb. 70

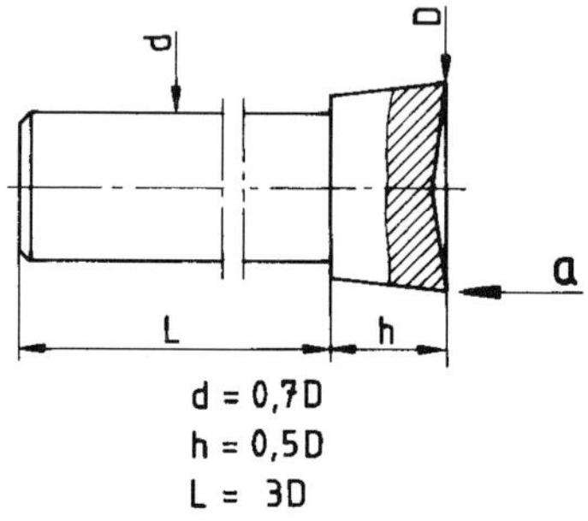

Abb. 69

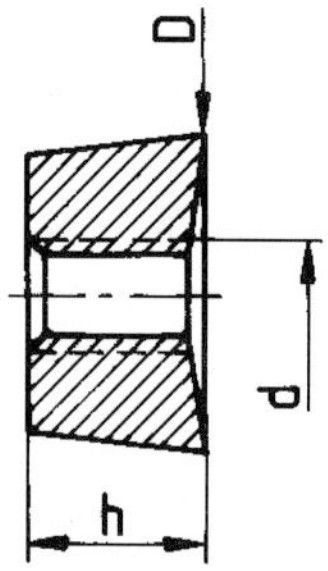

Die Innengewinde in den Plättchen und deren Höhen kann man nicht beliebig groß machen. Über sinnvolle Proportionen geben **Abb. 69** und die zugehörige Tabelle Auskunft.

Geringfügig kleiner als R2 könnte man sich Radiusformplättchen mit Zapfen drehen (**Abb. 70**). Der Zapfen würde in eine Bohrung des Schafts gesteckt. Da die Last beim Stechdrehen immer in Richtung (a) erfolgt, der Plättchenstift also mit großer Kraft gegen den Schaft gedrückt wird, dürfte dies gut gehen. Voraussetzung ist, dass (d) genau nach der Bohrung im Schaft gedreht wird. Andererseits hatte ich vor einiger Zeit eine Radiusform mit R11 bzw. R12,5 an eine Serie kleiner Rohre von Modellkanonen anzustechen. Hierzu habe ich zwei je 4 mm dicke Scheiben gedreht. Weil das Stechen in Messing stattfinden sollte, konnte ich auf das Andrehen einer Spanfläche verzichten; nur die Freiwinkel wurden wie oben konisch angedreht. Die abgestochenen Scheiben wurden zur Hälfte weggefräst, in der Plattenmitte 5,2-mm-Haltebohrungen eingebohrt. Danach wurden die Halbscheiben gehärtet, leicht angelassen und die Schneidkanten durch einen Schliff der Oberseite an der Schleifscheibenstirn endgültig geschärft. Dabei muss die Schleifrichtung gegen die Schneide des Plättchens gerichtet sein („a" in **Abb. 71** und **Foto 5**). Weil ich mit der linken Kante des Plättchens gleichzeitig die erste Verdickung an den Kanonenrohren anstechen wollte, bekam es unter einem Winkel (c) gleichfalls einen Freischliff nach unten (b) angeschliffen. Das Plättchen wurde auf einen Schaft geschraubt, in der Höhe und seitlich ausgerich-

Maßtabelle für gedrehte Stechstahl-Plättchen in mm

R	D	d	h
2 -3	4 – 6	M3	3
3 - 4	6 – 8	M4	4
4 - 5	8 – 10	M5	5
5 - 6	10 – 12	M6	6
über 6	über 12	M8	mind. 6

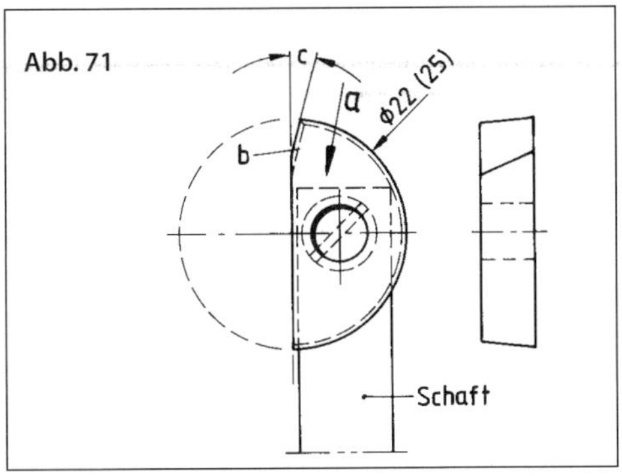

Foto 5: Radius-Stechplättchen (Pflaum-Kanonen).

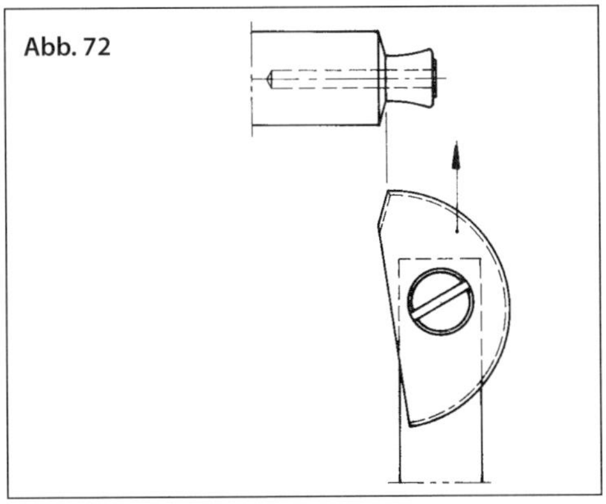

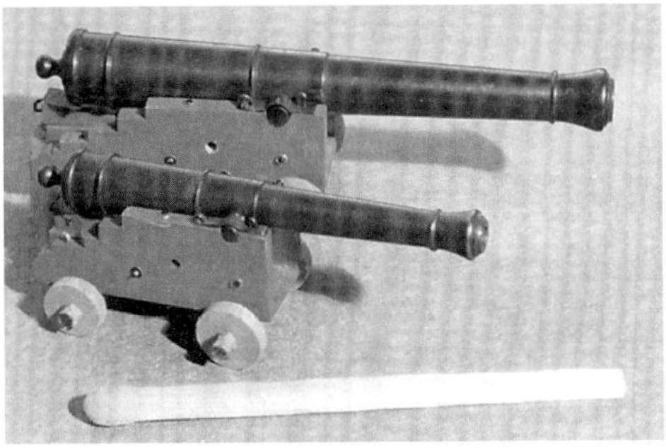
Foto 6: Modell-Kanonen, fertig.

tet und die Form angestochen (**Abb. 72**). Das Ergebnis der fertigen, später brünierten Modellkanonen zeigt sehr schön das **Foto 6**. Größere Stechscheiben könnte man vielleicht direkt auf Beilageblechen im Stahlhalter klemmen.

11.5 „Gebohrte" Formstechstähle

Vor Jahren hatte ich einmal eine große Anzahl Modellteile nach **Abb. 73** zu drehen. Weil diese Teile, Minengefäße von Seeminen, auf dem Deck eines Schiffsmodells nahe beieinander aufgebaut wurden, mussten sie vor allem sehr gleichförmig sein. Besonders schwierig wäre es gewesen, in herkömmlicher Art die Radiusform der Kugel schön und bis in die Rille hinein anzudrehen. Deshalb habe ich mich entschlossen, einen Formstechstahl für die gesamte Minenform zu bohren und zu fräsen. Ausgangpunkt waren eine maßstäbliche 10:1-Zeichnung und ein Stück 15-mm-Silberstahl. Aus diesem wurde zuerst ein Drehstahl mit dem Querschnitt 13,8 × 6 mm gefräst (Silberstahl gibt es leider nur als Rundmaterial) (**Abb. 74**). Dieser Rechteckschaft wurde 10° schräg und um etwa 10 mm ausragend in den Maschinenschraubstock der Fräsmaschine gespannt. In diesem Zustand habe ich nach **Abb. 75** eine Bohrung durchgebohrt:

- Zentrierbohren,
- Vorbohren auf Ø 5,5,
- Fertigbohren mit Ø-7-Fingerfräser.

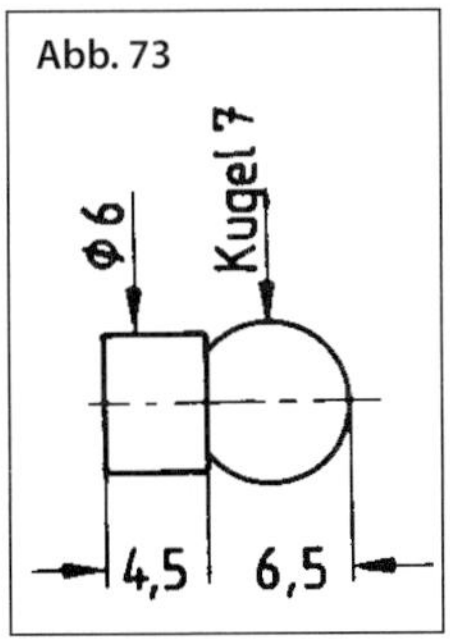

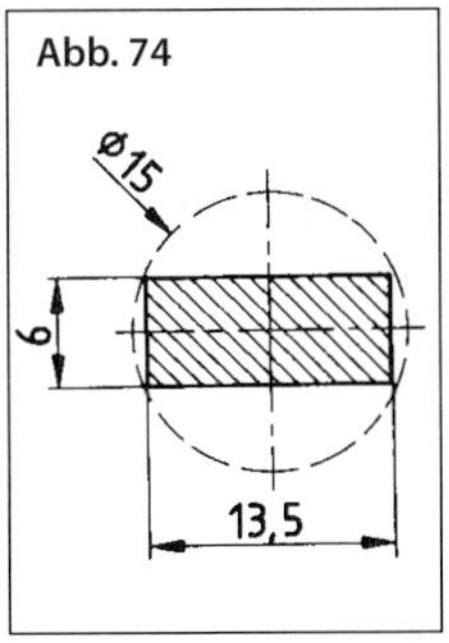

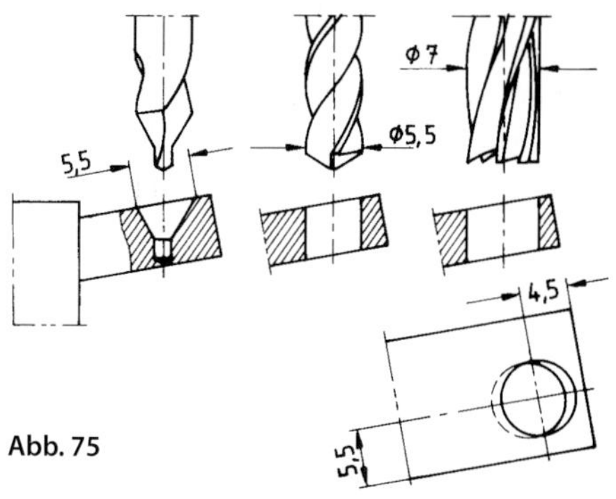

Abb. 75

Abb. 76

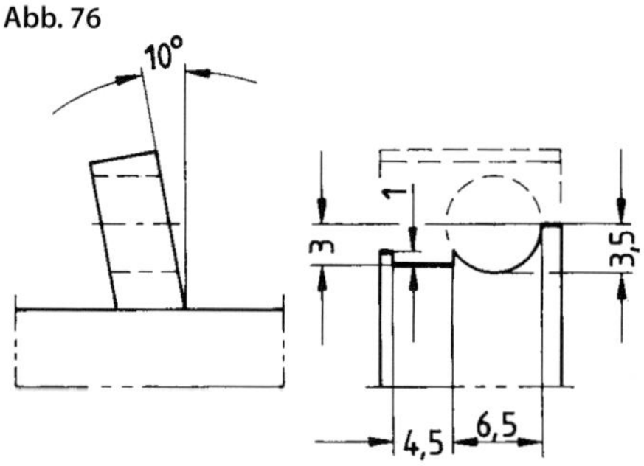

Das Fertigbohren macht man am besten mit einem Fingerfräser, weil ein Spiralbohrer auf der schrägen Fläche abgleiten würde, es sei denn, man macht die Zentrierbohrung an der Oberkante nahezu 7 mm im Durchmesser. Danach wurde der Schaft 10° schräg in die Mitte der Schraubstockbacken gespannt (**Abb. 76**). In diesem Zustand konnte nun die übrige Konturform angefräst werden. Zuerst wird die obere Hälfte der Bohrung mit einem 4-mm-Fingerfräser weggefräst (Maß 3,5 mm). Von dieser Fläche als „Start" aus werden 3 mm tiefer die Schneide für das zylindrische Teil des Konturstahls (Maße 4,5 und 6,5 mm) sowie ein kleiner Absatz, etwa 1 mm hoch, angefräst. Weil der Schaft 10° schräg in den Schraubstock gespannt war, haben alle diese Schneiden (dick ausgezogen) nun ebenfalls einen Freiwinkel von 10°. Man versucht beim Fräsen weitgehend so zu arbeiten, dass die Schneiden des Fingerfräsers an den Schneiden des Formstahls in das Material eintreten. So entsteht kaum Grat.

Der Formstahl wurde nun gehärtet, angelassen und die Oberseite als Spanfläche noch einmal so überschliffen, dass die Schleifrichtung nach (a) in **Abb. 77** steht. Zum Schluss habe ich noch seitliche Freiwinkel angeschliffen („b" in Abb. 77). Der dabei entstehende Stechteil mit der Breite (c) sticht beim Anstechen der Kontur gleichzeitig eine kleine Nut ein. Deren rechte Kante benutzte ich beim späteren Abstechen der Teile als Längenanhalt. Ich habe übrigens wieder im so genannten Doppelend-Andrehverfahren gearbeitet. Dabei werden an kurze Materialstücke gleichzeitig zwei Teile angestochen (**Abb. 78**).

Stechstähle mit Kugelformen, die auf der Grundlage von definierten Bohrungen entstanden sind, habe ich schon bis zum Kugeldurchmesser von nur 0,8 mm (!) hergestellt und erfolgreich damit gearbeitet (Foto 6a).

Abb. 77

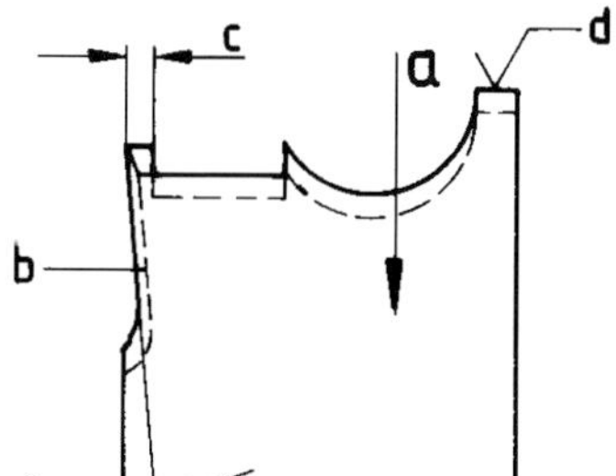

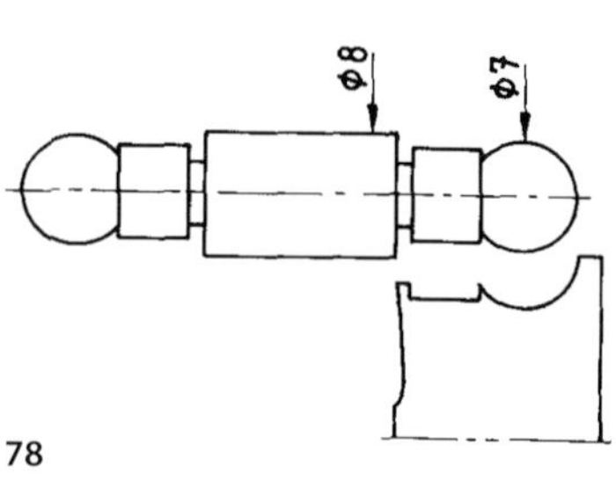

Abb. 78

mit den gleichen 10° angefräst. Die Spitzenhöhe muss sehr genau eingerichtet werden. Das erkennt man am besten beim Stechen der rechten Konturseite (Schneide „d" in Abb. 77) im Zentrum. Wenn diese Schneide den kleinen Pips absticht (eigentlich bricht sie ihn ab), ist der Stechvorgang beinahe beendet. Das tatsächliche Ende des Formstechens ermittelt man jedoch durch Messen des großen Durchmessers. In dem Beispiel von Abb. 78 waren das 7 mm.

Einmal war eine große Anzahl gusseisener Relingstützen für den Maßstab 1:20 anzufertigen. **Abb. 79** zeigt ihre Maßskizze. Für die charakteristischen Verdickungen bei den Bohrungen für die Durchzüge habe ich mir kleine Formstechstähle gebohrt und gefräst (**Abb. 80**). Die langen Zwischenstücke wurden so gedreht, wie es im Abschnitt 12.3 erklärt wird.

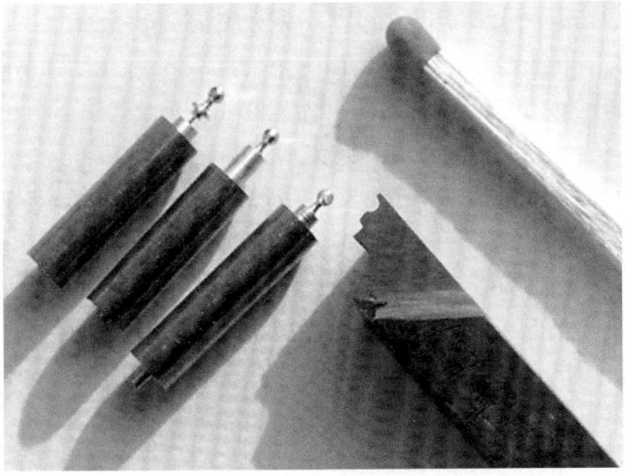

Foto 6a: Ein gebohrter Formstechstahl mit drei Teilen. Auch hier erkennt man bei den Teilen von unten nach oben die Reihenfolge der einzelnen Arbeitsschritte. Vor dem endgültigen Abstechen erhielten die 0,8-mm-Kugeln 0,4-mm-Querbohrungen (vgl. Abb. 81). Vor dem hellen Hintergrund erkennt man sehr schön die Formkontur des Stechstahls.

Abb. 78a

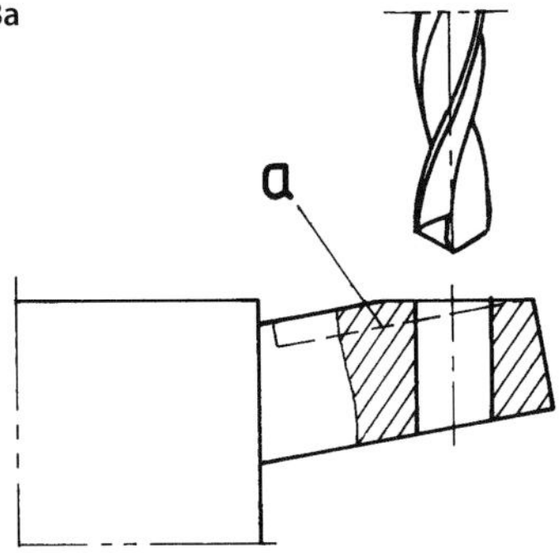

Abb. 79

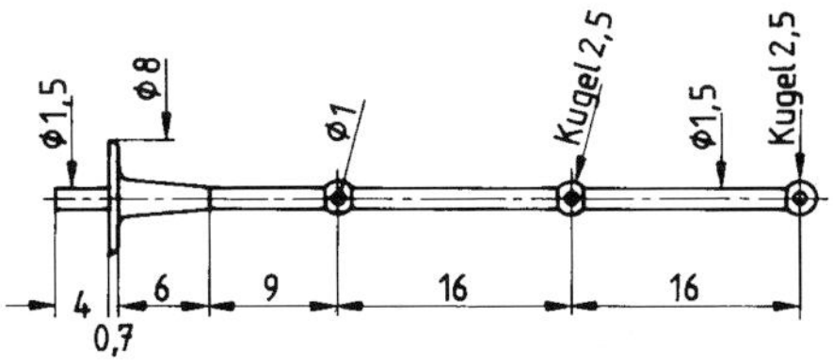

Abb. 80

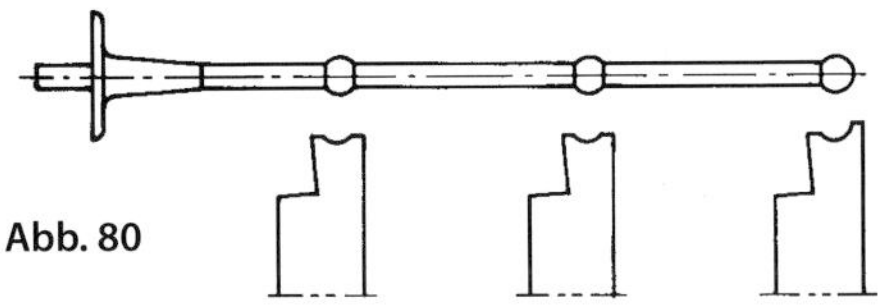

Damit die Bohrer auf der 10° schrägen Fläche nicht abgleiten, habe ich oft vorübergehend eine waagerechte Fläche angefräst (**Abb. 78a**). Nach dem Bohren konnte dann die eigentliche Spanfläche (a) angefräst werden. Auf Foto 6a sieht man bei den drei Teilen von unten nach oben die Reihe der Arbeitsgänge.

In der eben geschilderten Weise hergestellte Formstechstähle haben den Vorteil, dass sie an der Spanfläche häufig nachgeschliffen werden können. Die Formkontur bleibt nach unten hin erhalten, vorausgesetzt, alle Freiwinkel wurden

Wie werden die 1-mm-Bohrungen genau mittig in die Kugelverdickungen gebohrt? Bei unseren geringen Stückzahlen recht einfach mit einer Klemm-Bohrvorrichtung. Das zu erklären, hat zwar mit Drehen nichts zu tun, doch ich möchte diese Weisheit trotzdem weitergeben, weil es oft solche Fälle gibt. Zwei möglichst lange

Flachstahlproflie (hier zwei Stück mit wenigstens 250 × 8 × 3 mm) werden an den Enden auf einer Seite mit M4-Schrauben fest zusammengeschraubt. Auf der anderen Seite wird durch beide Teile eine 1-mm-Bohrung gebohrt. Dabei muss man beide Teile fest zusammendrücken. Das ist schon die so genannte Bohrbuchse. Nun kann man beide Flachprofile auseinander biegen. Sie sollten auf dieser Länge so weit auffedern. In Höhe der 1-mm-Bohrung wird die Kugel des Drehteils dazwischengeklemmt. Die Kugel zentriert sich dabei selbst genau in der Mitte der Bohrung (**Abb. 81**). Beim Bohren auf dem Tisch der Ständerbohrmaschine wird die einfache Vorrichtung zusätzlich kräftig bei (a) zusammengedrückt. Beim Bohren der beiden anderen Löcher habe ich in das zuerst gebohrte einen 20 mm langen 1-mm-Ausrichtstift mit Kopf gesteckt und damit die Relingstütze entsprechend so gedreht, dass der Stift senkrecht stand. Es ist mir gelungen, auf diese Weise in die oben erwähnten 0,8-mm-Kugeln (300 Stück 1:50-Jackstag-Träger für ein Segelschiffsmodell) 0,4-mm-Querbohrungen zu bohren (Foto 6a).

11.6 Kugelformstahl

Sind eine größere Anzahl Kugelformen anzudrehen, so kann man mit einem ebenfalls aus Silberstahl gefertigten Kugelformstahl nach **Abb. 82** arbeiten. Die Bohrung im Stahleinsatz soll 75 % des Kugeldurchmessers betragen. Dann arbeitet der Stahl optimal. Der Formstahl erhält ein Feilenheft als Griff. Der Stahleinsatz wird gehärtet und angelassen, nach dem Anlassen wird die leicht schräg liegende Stirn nochmal überschliffen. Die Kugeln werden nach Abb. 116 bis 119 (siehe Abschnitt 11.16) vorgedreht. Es erscheint sinnvoll, die dabei entstehenden Kanten zum Beispiel mit einer Feile schon etwas zu verrunden. Danach wird der Stahl angesetzt und ohne Auflage entsprechend Abb. 82 bewegt. Diese Endbearbeitung ist eigentlich ein Schaben.

11.7 Gefräste Formstechstähle

Auch Formstähle, zum Beispiel für das Stechen der Innen- und der Außenkontur bei Rettungsringen, fräse ich (**Abb. 83**). Für diesen Zweck habe ich mir schon Sätze für die üblichen Maßstäbe angefertigt. Auch hier müssen die Freiwinkel an der linken Seite des Außenstechstahls bzw. vorn am Innenstechstahl angeschliffen werden. Der Freiwinkel am Innenstechstahl muss dabei bedeutend größer ausgeführt werden („b" in **Abb. 83**). Nach dem Plandrehen und Vorbohren wird innen und außen die Radiuskontur eingestochen. Dabei muss man den Obersupport so einrichten, dass der Übergang von der Rundung zur vorderen Planfläche fließend ist. Nach dem Stechen verbleibt ein Rest (a). Wenn dieser zum Schluss mit einem normalen Stechstahl durchstochen wird, fällt der fertige Ring ab. An den Stechstählen fräst man die eigentliche Radiusform mit einem um 10°

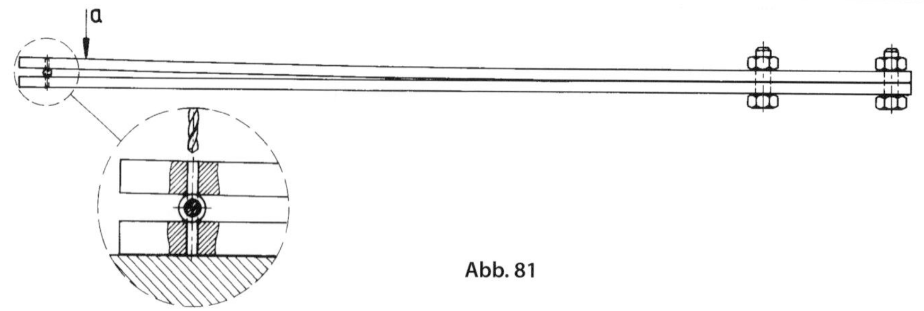

Abb. 81

Gasflaschen zu drehen hatte, habe ich mir für das Anstechen der oberen Köpfe ebenfalls einen Formstechstahl gefräst (Foto 8 – in Abb. 84 stehen die Maße für den Maßstab 1:50). Dazu waren zwei verschieden große Fräser notwendig. Weil die beiden anzudrehenden Durchmesser mit den Fräsergrößen übereinstimmten, schräg stehenden Fingerfräser entsprechenden Durchmessers mit den Umfangsschneiden ein. Dabei wird zuerst die gerade stehende Schneide, die bis zum Drehzentrum sticht, an- und von dieser Fläche aus die Radiusform auf Tiefe eingefräst. Bei der Firma Pfeiffer bekommt man so genannte „Mini-3-Schneiden-Fräser kurz" in allen üblichen, doch auch in Sonderdurchmessern zu sehr günstigen Preisen (Einwegfräser! bis Ø 6 für 3,– € plus Legierungszuschlag plus Mehrwertsteuer). Ich möchte in diesem Zusammenhang nur die etwas unüblichen Durchmesser aufzählen: Ø 1 – 1,5 – 1,8 – 2 – 2,3 – 2,5 – 2,8 – 3,3 – 3,5 – 3,8 – 4,3 – 4,5 – 4,8 – 5,3 – 5,5 – 5,75 – 6,6 – 7 – 7,3 – 7,5 – 8,5 – 9 und 9,5 (**Foto 7**). In der Reihe gibt es noch 10-, 12-, 16- und 20-mm-Fräser. Das Härten, das Scharfschleifen an der Spanfläche und das Einspannen in den Stahlhalter erfolgen auch bei gefrästen Formstechstählen wie üblich. Als ich einmal für ein Tonnenlegermodell eine größere Anzahl

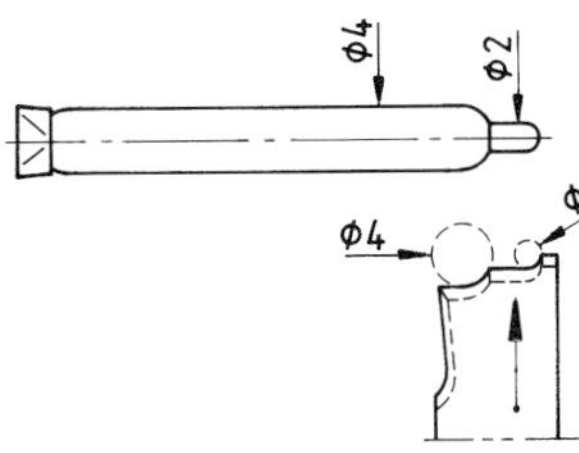

Abb. 84

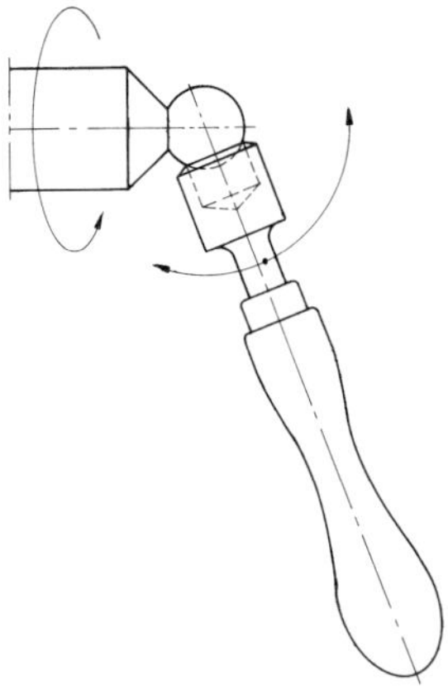

Abb. 82

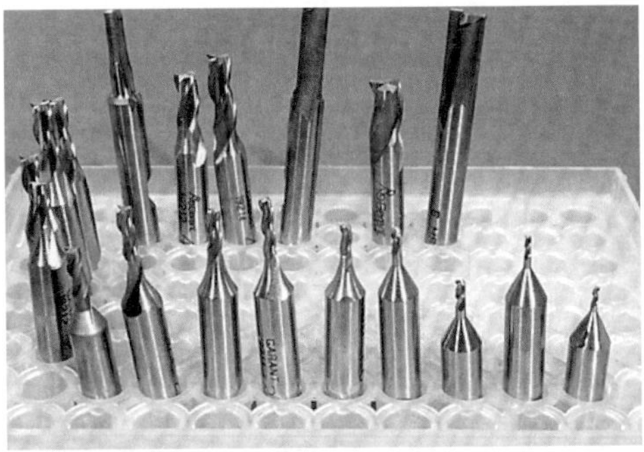

Foto 7: Mini-Fräser.

Abb. 83

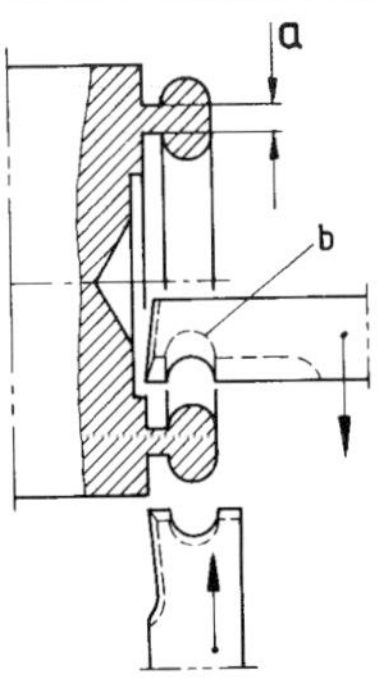

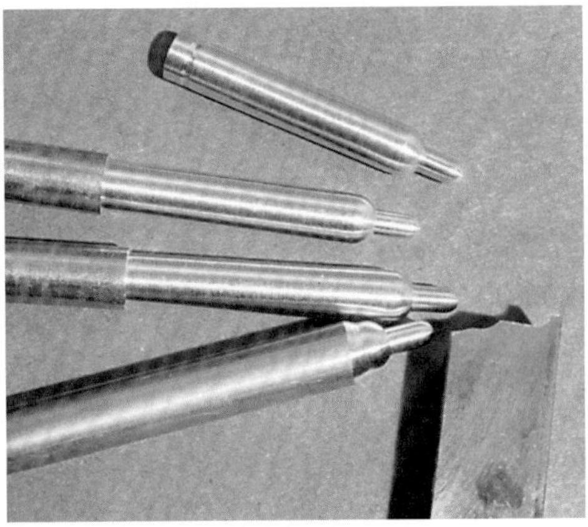

Foto 8: Ein Formstechstahl für Gasflaschen.

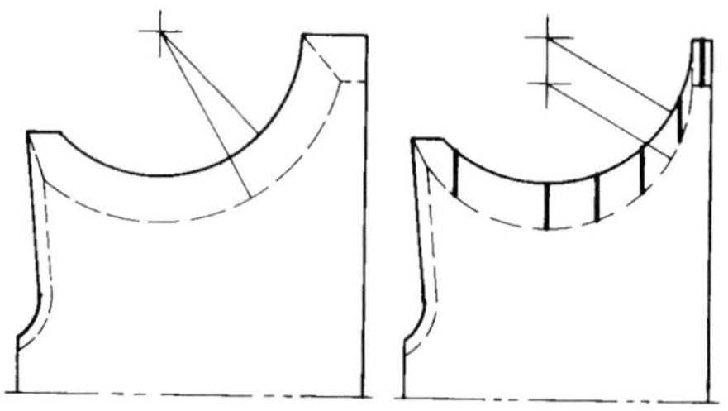

Abb. 85

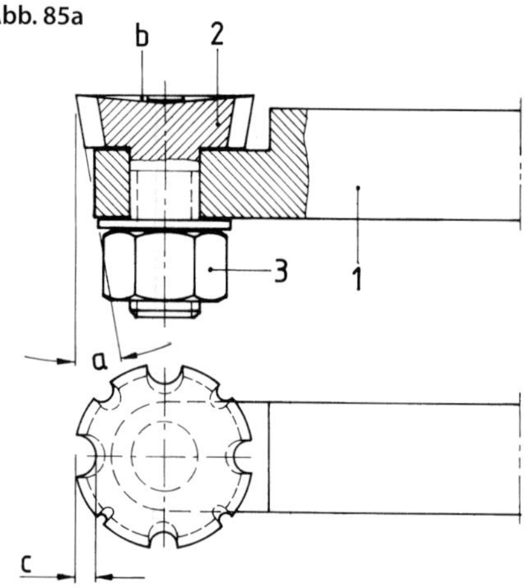

Abb. 85a

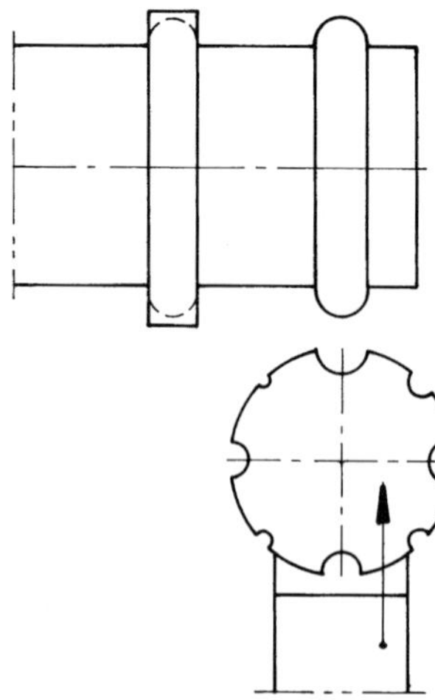

Abb. 85b

konnte ich den Quersupport der Fräsmaschine nach dem Tieferstechen (1 mm = die Hälfte des kleinen Fräsers) auf dem gleichen Skalenwert stehen lassen. Nachdem ich den Stechstahl hergestellt hatte, war das Anstechen der Gasflaschenköpfe mit ihren charakteristischen Rundungen nur eine Sache von Minuten. Und alle waren sehr schön gleich. Der Nebeneffekt: Auch diesen Stahl habe ich für andere, ähnliche Fälle zeitlebens.

Formstechstähle müssen übrigens nach unten hin keinesfalls wie in **Abb. 85** (links) frei gearbeitet sein. Es genügt tatsächlich so, wie es zum Beispiel in Abb. 77 zu sehen war. Entscheidend ist, dass der Freiwinkel rechtwinklig zur Drehachse und in Zustellrichtung ist! Und er bleibt auch so an jeder Stelle gleich (fett ausgezogen in Abb. 85 rechts).

In **Abb. 85a** habe ich einen Spezial-Formstechstahl (Abrundstahl) konstruiert, den man sich selbst anfertigen kann. Am vorderen Ende hat der Schaft (1) eine angefräste Stufe mit einer geriebenen Bohrung. Da hinein steckt man einen gedrehten Drehstahl-Einsatz (2) aus gehärteten Silberstahl und klemmt ihn mit der Mutter (3). In den schon schrägen Rand des Einsatzes sind mehrere Radiusformen ebenfalls schräg (Winkel „a" = 5 bis 10°) eingefräst – ich erinnere an die Einwegfräser weiter oben. Die Tiefe der eingefrästen Rundnuten (c) entspricht jeweils dem Radius der verwendeten Fingerfräser!

Die Radiusnuten müssen nicht über die gesamte Höhe des Schneidplättchens reichen. Das ist besonders bei den kleineren Fräsern von Bedeutung, deren Schneidenteile oft recht kurz sind. Eine Aushohlung (b) an der oberen Planfläche des Einsatzes reicht bis an die Außenkante und ergibt rundum einen Spanwinkel. Nach dem Einfräsen der kleinen Radien kann der Einsatz gehärtet und angelassen werden. Danach habe ich die Spanfläche, wie bereits in Abb. 67 gezeigt, leicht überschliffen und damit die Schneiden endgültig geschärft.

Diesen Formstechstahl kann man sehr gut für das saubere und genaue Anstechen von Außen-Rundsicken verwenden (**Abb. 85b**). Gerade sehr kleine Rundsicken lassen sich anders nur mit – beispielsweise – einem Dreikantschaber und großer Geschicklichkeit „andrechseln“. Dabei besteht jedoch immer latent die Gefahr, dass man die schon fertig gedrehten Mantelflächen beschädigt. Die Benutzung des Stechstahls verhindert das.

11.8 Gedrehte Formstechstähle

Es gibt eine weitere Möglichkeit, Formstechstähle herzustellen, bei denen beim Nachschleifen ebenfalls keine Formveränderung eintritt. In der Industrie werden derartige gedrehte Formstechstähle häufig in Drehautomaten eingesetzt. Die Herstellung ist vergleichsweise aufwändig und daher bei Modellteilen zu empfehlen, die in größeren Stückzahlen benötigt werden und eine komplizierte Form haben. Auch die Tatsache, dass die Positivform am Werkstück schwierig, die Negativform jedoch einfach hergestellt werden kann – das gibt es oft – rechtfertigt unter Umständen einen gedrehten Formstechstahl.

Die Negativform des Stechstahls entwikkele ich zuerst in einer 10:1-Zeichnung aus der Form des gewünschten Drehteils („a“ in **Abb. 85c**). Ausgangspunkt für die Berechnung aller Durchmesser-Konturmaße ist der Durchmesser (b). (c) ist die plan gedrehte Anlagefläche, die später am Vierkantschaft anliegt. Dagegen ist die andere Seite konisch hinterdreht (Winkel „d“), damit später dort ein Freiwinkel entsteht. (e) entspricht dem Durchmesser der Halteschraube, (f) seinem Kopf. Der fertig gedrehte Formstechstahl nach Abb. 85c sieht wie in **Abb. 86** aus. Schon hier ist es so, dass der Außenradius (g) am Werkstück eher schlecht, am Formstechstahl (h) mit einem Radiusstechstahl jedoch recht einfach angearbeitet werden kann. Die schräg stehenden Stufen habe ich mit einem entschrechend schräg eingestellten

Abb. 85c

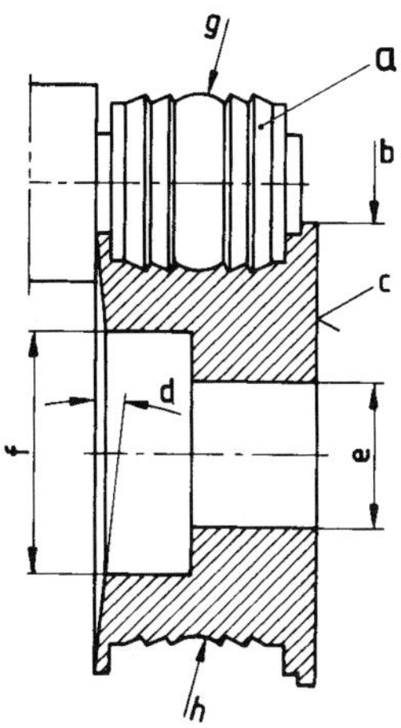

Abb. 86

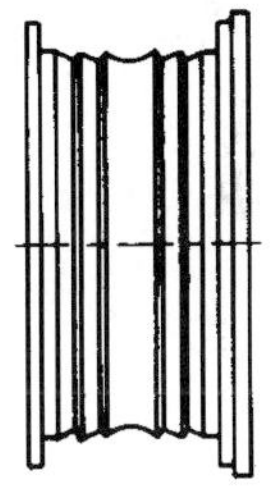

Stechstahl „nach Skala“ eingestochen. Es handelt sich hierbei übrigens um den Stechstahl für eine Fresnell-Linse für Schiffs-Positionslaternen. Mit derartigen, für die üblichen Maßstäbe angefertigten Stechstählen habe ich schon diverse Linsen aus eingefärbtem Plexiglas gedreht.

Nach dem Drehen wird die Spanstufe eingefräst, eingesägt oder eingeschliffen. Dazu muss man sich vergegenwärtigen, unter welchen Bedingungen der unbedingt notwendige Freiwinkel (a) entsteht. Abb. 87 erklärt dies. Die eigentliche Spanfläche wird „unter Mitte“ des Formstahls angeschliffen (Maß „b“). Beim Messing-Stechen wird die waagerechte Spanfläche auf Spitzenhöhe, wie in **Abb. 87** dargestellt, eingerichtet. Beim Einstechen in lang spanende Werkstoffe sollte die Spanstufe noch etwas tiefer eingeschliffen werden; und beim Einrichten der Maschine wird der Stechstahl so am Schaft

Abb. 87

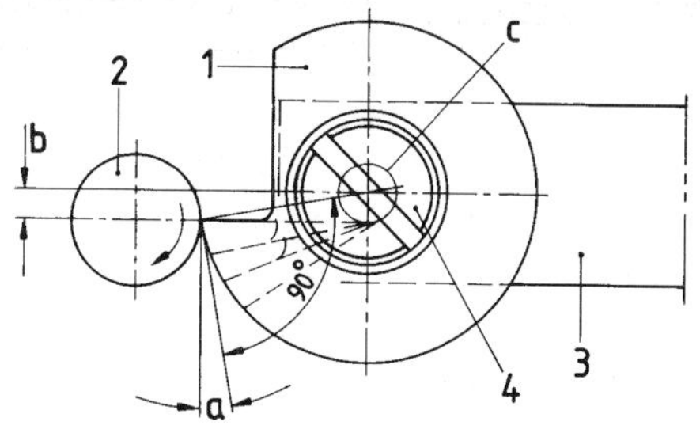

Abb. 88

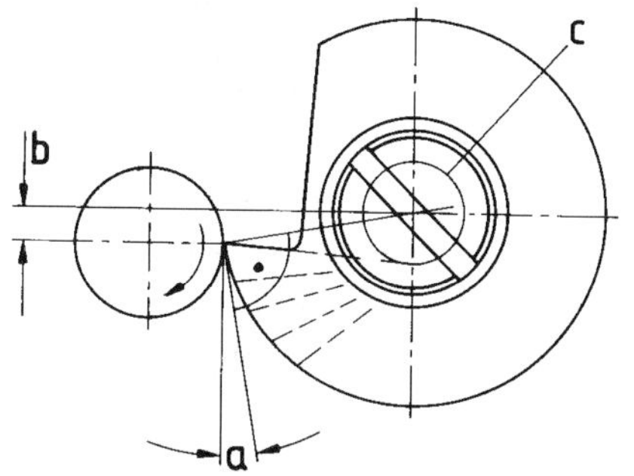

Abb. 87 und 88:
1 = gedrehter Formstechstahl; 2 = Werkstück; 3 = Vierkantschaft; 4 = Halteschraube; a = Freiwinkel; b = Höherstellung der Stahlmitte; c = gedachter Kreis.

Abb. 89

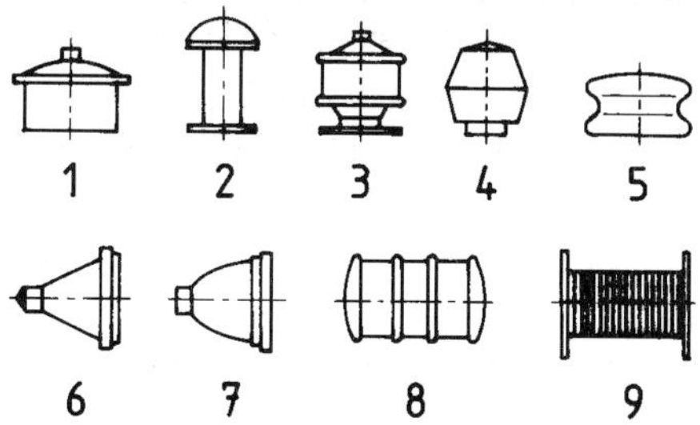

Abb. 89:
1 = Decksluken; 2 = Pilzkopf-Lüfter; 3/4 = Lüfterköpfe; 5 = Klampen-Seilrollen; 6/7 = Lampenkörper; 8 = Rettungsflöße; 9 = Seiltrommeln.

Foto 9: Gedrehte Formstechstähle.

festgeklemmt, dass die Spanfläche etwas geneigt erscheint (**Abb. 88**). Letzteres soll man nicht übertreiben, denn es findet, strenggenommen, eine Verzerrung der Kontur statt.

Wird ein solcher Stechstahl stumpf, kann er oftmals nachgeschliffen werden (gestrichelt in den beiden Abbildungen). Die gedachte Fortsetzung der Spanfläche zeigt dabei stets tangential auf einen imaginären Durchmesser (c). Dieser ist bei einem Formstahl für lang spanende Werkstoffe größer. Der Freiwinkel (a) zum Werkstück ist immer gleich groß, gleichgültig in welchem Durchmesserbereich des Formstahls man sich befindet. Noch ein Tipp: Drehen Sie sich einen 60°-Formstahl für das Drehen von Gewinden. Beim Modellbau gibt es immer wieder Massenteile, für deren zeitgünstige Herstellung sich die Anfertigung von gedrehten Formstechstählen lohnt. Einige Beispiele aus dem Schiffsmodellbau geben **Abb. 89** und **Foto 9**. Der mittlere Drehstahl ist an den Schaft geschraubt. Von der Form der Drehteile wird die Art der Herstellung der Formstechstähle bestimmt: gebohrt, gefräst oder gedreht – oder, wie im nächsten Abschnitt, auch gefeilt, sobald keines der anderen Verfahren angewendet werden kann.

11.9 Gefeilte Formstechstähle

Mehrmals habe ich Formstechstähle mit Nadelfeilen gefeilt. Das tut man bei Formen nach Abb. 89/5, Abb. 47 und Ähnlichem. Auch den Formstechstahl nach Abb. 62 könnte man feilen. Also immer dann, wenn Anschleifen wegen der Form der Schleifscheibe nicht möglich ist oder diese nicht „feinfühlig" genug arbeitet. So habe ich einen Formstechstahl für die Ballengriffe an (Metall-)Belegnägeln für ein Segelschiffsmodell aus Silberstahl gefeilt und gehärtet (**Foto 10**).

Die Anfertigung geht so vonstatten, dass die Form zuerst grob vorgefeilt wird. Das kann noch ohne Freiwinkel geschehen. Danach wird an der Unterkante grob ein Freiwinkel angefeilt (bis zu 45° schräg – vgl. dazu Winkel „b" in Abb. 54). Von der vorgefeilten Formfläche (das wäre vergleichbar mit „c" in Abb. 54) bleibt dabei nur etwa 1 mm stehen. So muss beim nun folgenden Fertigfeilen der Kontur nur noch wenig Material abgetragen werden. Das geht sehr gut, wenn man den Stahlrohling senkrecht in den Schraubstock gespannt hat (Abb. 90). Die Feile muss immer (!) um etwa 10 bis 15° schräg gehalten werden. Zur Sicherheit empfiehlt sich sogar das Anfeilen von „seitlichen" Freiwinkeln, also gerade das, was ich bei Abb. 85 links abgelehnt hatte! Die richtige Feilrichtung bezeichnet (a). Ein gefeilter Formstechstahl soll an der Spanfläche wie üblich gegen die Schneide, doch stets sehr sparsam nachgeschliffen werden. Durch das ja etwas ungenauere Feilen ist meist die Form über der Höhe des Stahls nicht gleich bleibend.

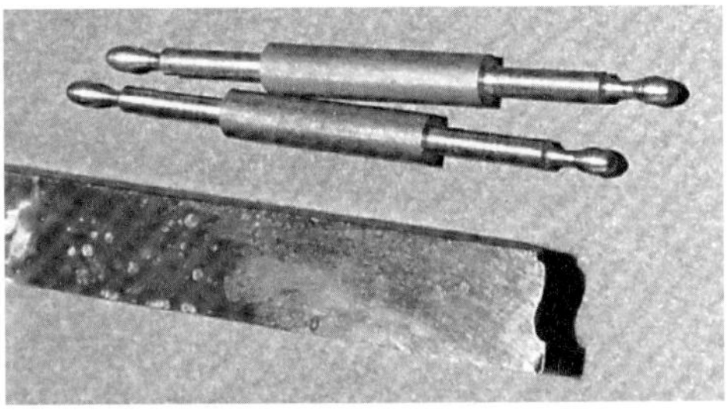

Foto 10: Ein Formstechstahl für Belegnägel und Teile.

Abb. 90

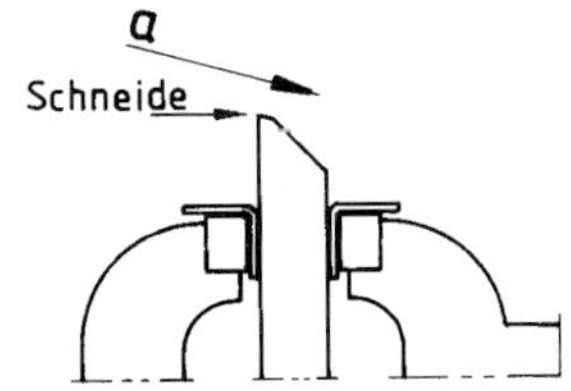

Die Arbeitsgänge für die Belegnägel:

- Anstechen der Griffe. Dabei muss die Schneide des Stechstahls sehr genau auf Drehmitte eingerichtet werden; das Werkstück ist sehr kurz ausragend gespannt.
- Andrehen des Bunddurchmessers über die Länge der Nägel (wie auf Foto 10 oben).
- Einstechen des dünneren Endes und
- Abstechen mit dem gleichen Stechstahl.

11.10 „Gestuftes" Formdrehen

Das Formdrehen mit Formstechstählen hat Grenzen. Man kann die Konturlänge (oder auch: die Stechbreite) eines solchen Stahls nicht zu groß machen. Das lässt die Stabilität der Spindellager und die beschränkte Kraft unserer kleinen Drehmaschinen nicht zu. Wobei aber auch die Form des Stechstahls eine Rolle spielt. Bei Stählen nach Abb. 52 (c), (e), (j) und (l)) treffen die Späne, falls man nicht seitlich leicht versetzt, in der Stahlmitte zusammen, klemmen dort. Die gestreckte Konturlänge sollte deshalb nicht sehr lang sein. Anders ist es bei Stahlformen nach Abb. 52 (d), (g) und (h). Hier haben die auseinander strebenden Späne reichlich Platz zum Abfließen, die Stechkontur kann insgesamt breiter sein.

Beim „gestuften Formdrehen" ist die Größe der Formkontur Nebensache. Das Verfahren, das ich mir schon vor vielen Jahren für meinen Modellbau „angeeignet" habe, ähnelt dem CNC-Drehen in der Industrie. Auch dort wird der Formdrehstahl gestuft bewegt. Die

Stufen sind jedoch so unendlich klein, dass sie keinen Einfluss auf die Oberflächengüte haben. Ich beginne mit einer 10-fach größeren Zeichnung. Gegenüber dem Modellmaßstab (!) hat sie also den Maßstab 10:1. Die Zeichnung wird mit einem sehr spitzen (harten) Bleistift auf Millimeterpapier ausgeführt. Besser ist natürlich ein 0,18-mm-Tuschefüller und das Zeichnen auf Transparent-Millimeterpapier. Dabei ist es nicht nötig, dass die Ober- und die Unterkontur gezeichnet wird. Bei einem rotationssymmetrischen Werkstück sind beide gleich. Die Drehachse wird auf einen vollen 10-mm-Strich gelegt, auch der vordere Anfang der Kurve. In **Abb. 91** habe ich zur Illustration die 10:1-Zeichnung für eine Kugelform mit 8,4 mm Durchmesser auf ein Stück Millimeterpapier gezeichnet.

Der Bettschlitten ist geklemmt. Das Werkstück wird mit einem Seitendrehstahl plan und auf Ø 8,4 × 12 mm vorgedreht. Dabei werden Quer- und Obersupport „genullt" (**Abb. 92**). Danach kann man schon das Andrehen der Stufen beginnen. Von der Planfläche aus wird

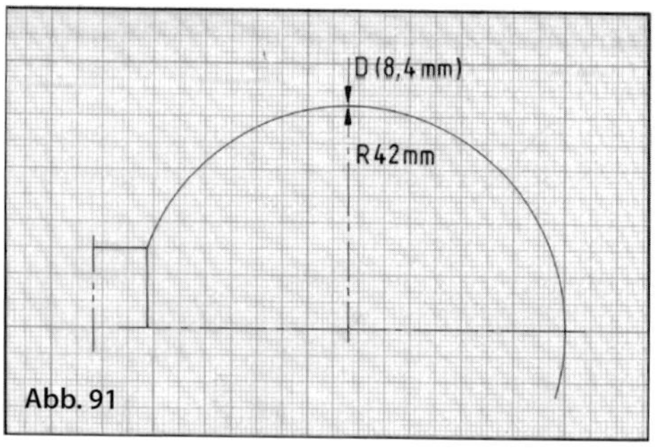

Abb. 91

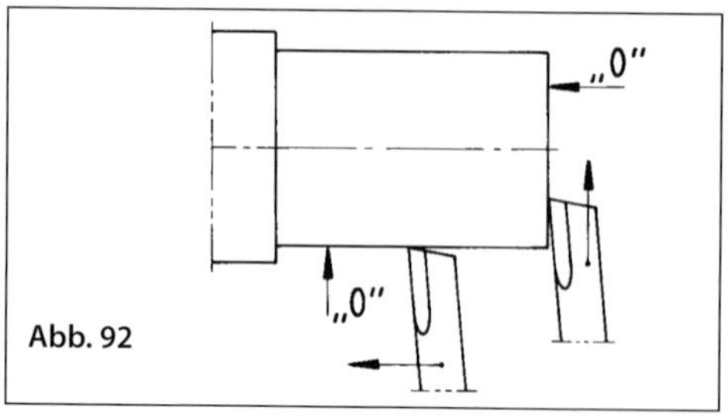

Abb. 92

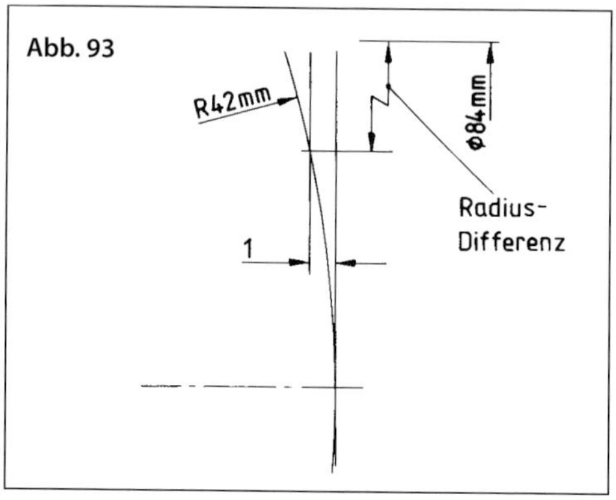

Abb. 93

der Obersupport um 0,1 mm nach links vorgeschoben. Auf der 10:1-Zeichnung entspricht dies einem vollen Millimeter. Ich suche also hier den Schnittpunkt der Kurvenlinie bei 1 mm (**Abb. 93**). Die Kurvenlinie schneidet die 1-mm-Linie in diesem Bereich noch sehr flach. Deshalb ist der Schnittpunkt manchmal nicht einfach zu finden. Meist markiere ich ihn mit einem waagerechten Bleistiftstrich. Nun kann ich die so genannte Radiusdifferenz zum 84-mm-Durchmesser aus der Zeichnung herausmessen. In diesem Beispiel sind das 33 mm. Sie wird zur Durchmesserdifferenz verdoppelt, also 66 mm. Das wären am Werkstück 6,6 mm! Hat man viele gleichartige Werkstücke zu drehen, notiert man sich diese Zahl, damit man das Messen und Rechnen nur einmal tun muss. Um diese Durchmesserdiffernz von 6,6 mm wird nun der Seitenstahl von (D) aus plan heruntergestochen. Die zweite Stufe (bei 0,2 mm Länge) wird nur noch um 5,8 mm heruntergestochen, die dritte um 5,2 mm usw.

Allmählich wird die Kugelform sogar sichtbar (**Abb. 94**). Man erkennt, dass die Radiusdifferenzen kontinuierlich kürzer werden. Sie werden bei einer Kugelform ab 45° kürzer als die Längenstufen. Deshalb schwenkt man ab 45° mit den Stufen um. Man legt die 0,1-mm-Schritte in den Radius (das sind 0,2-mm-Durchmesserschritte!) und misst aus der Zeichnung nun die Längen von der Start-

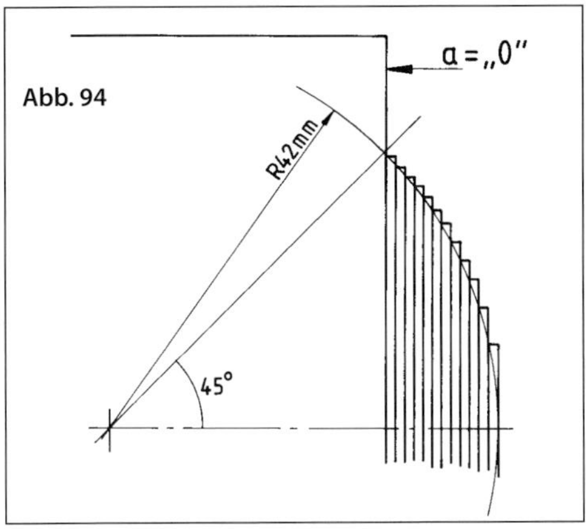

Abb. 94

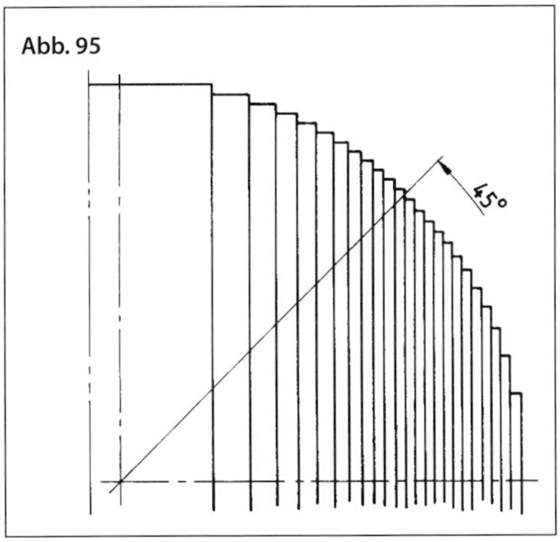

Abb. 95

Planfläche (a) in Abb. 94 heraus. Die Längenstufen betragen nun vorerst etwa 0,1 mm. Sie werden nach oben hin jedoch immer länger. Die längste Stufe, die angedreht wird, hat den Durchmesser 8,3 mm. Am Ende sieht das Stück aus wie in **Abb. 95**. Die Kugelform ist deutlich zu erkennen. Das alles klingt sehr kompliziert, wenn man noch nie davon gehört hat. Man braucht dazu vor allem Ruhe und Konzentration, damit man in jedem Moment weiß, „wo man eigentlich ist" – bei der Herstellung der Kurve. Damit ich mich nicht verzähle oder eine Stufe überspringe (bzw. auslasse), streiche ich die kleinen Kreuze in der Zeichnung sogar mit einem Querstrich ab. Wie ich oben schon sagte, notiere ich mir die Durchmesser- bzw. Längenmaße als Zahlenreihe. Auch hier kann ich bei mehreren Teilen abstreichen, was ich schon gemacht habe (vgl. Abb. 112).

Zugegeben, die Variante mit dem Wechsel von Planstufen in Langdrehstufen bei 45° ist nicht die einfachste. Sie erscheint aber bei einem relativ großen Werkstück angebracht und erklärt das Wesen der Sache am besten. Es muss auch gesagt werden, dass man keinesfalls an 0,1-mm-Stufen gebunden ist. Ich muss zugeben, dass ich das nur bei besonders kleinen Teilen oder dann tue, wenn die Kontur sehr genau stimmen muss. In der Regel drehe ich 0,2 oder gar 0,5 mm hohe Stufen an. Bei größeren Teilen sind sogar 1-mm-Stufen sinnvoll.

Langgestreckte Werkstücke dreht man nur mit Langdrehstufen. Hierbei reduzieren sich die Durchmesser, wie gehabt, von Stufe zu Stufe um die doppelte „Stufenhöhe", und nur die Stufenlängen von der gemeinsamen, als „0" angesehenen Planfläche werden aus der Zeichnung herausgemessen (**Abb. 96**). In **Abb. 97** habe ich demgegenüber die gleiche Kurve verwendet, um eine flache Kappe zu drehen. In beiden Abbildungen ist die Stufenhöhe 0,2 mm. Bei der Kappe werden 0,2 mm „lange" Plandrehstufen von „0" aus angestochen.

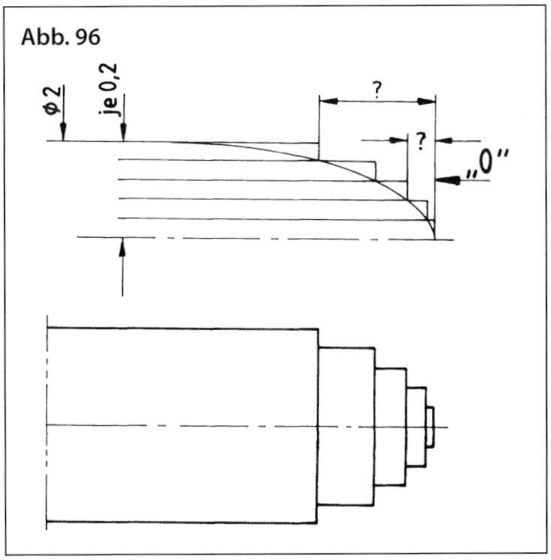

Abb. 96

Abb. 97

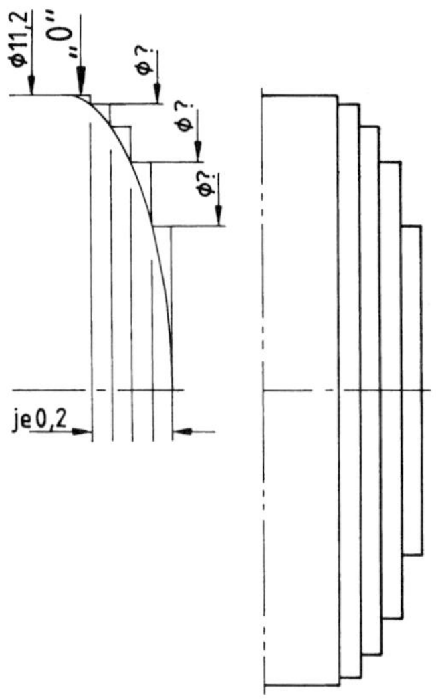

11.11 Formdrehen mit Radiusstechstählen

Dieses Verfahren ist ebenfalls der Industrie entlehnt und für unsere Zwecke etwas abgewandelt. Im Abschnitt 11.4 hatte ich die Anfertigung gedrehter Radiusstechstähle angeregt. Einen derartigen Stechstahl (zur Erklärung dient ein solcher mit einem Stechplättchen von 6 mm Durchmesser) kann man ebenfalls benutzen, um schwierige Kurvenformen kontrolliert anzudrehen. Dabei entstehen nicht derart scharfkantige Stufen wie bei dem eben beschriebenen Verfahren. Ganz im Gegenteil, wenn man es richtig macht, sieht man die Übergänge kaum, es muss abschließend wenig geglättet werden. Selbstverständlich geht das nur mit einer maßstäblichen Zeichnung, diesmal in 1:1 auf Millimeterpapier.

Wir wollen zum Beispiel einen Ballengriff drehen (**Abb. 98**). Jeder Punkt des Formstechstahls, besonders aber der Mittelpunkt des Stechplättchens, muss dabei den Weg (a) in **Abb. 99** beschreiben. Dieser Weg ist nicht identisch mit der Formkontur, auch nicht einfach eine formgleiche Vergrößerung! Er muss konstruiert werden. CNC-Werkzeugmaschinen haben eigens dafür erdachte Computerprogramme, die beispielsweise beim Konturfräsen automatisch den Durchmesser des Schaft- oder Fingerfräsers einrechnen.

Bei uns geschieht das anders, einfacher und abgewandelt. Die untere Konturhälfte wird auf Millimeterpapier gezeichnet. Dabei liegt der rechte Anfang des „Stechstahl-Konturwegs" als Startpunkt auf einem vollen 10-mm-Strich des Millimeterpapiers (**Abb. 100**). Drei Millimeter weiter links beginnt die geplante Werkstückkontur. Nun sollte eigentlich fortlaufend mit einem Kurvenlineal im 3-mm-Abstand kurvenparallel die Wegkontur angetragen werden – eine „Arbeit für Sträflinge" (Leute, die sonst nichts zu tun haben). Für andere, ähnliche Zwecke habe ich mir einen kleinen Röllchenanschlag

Abb. 98

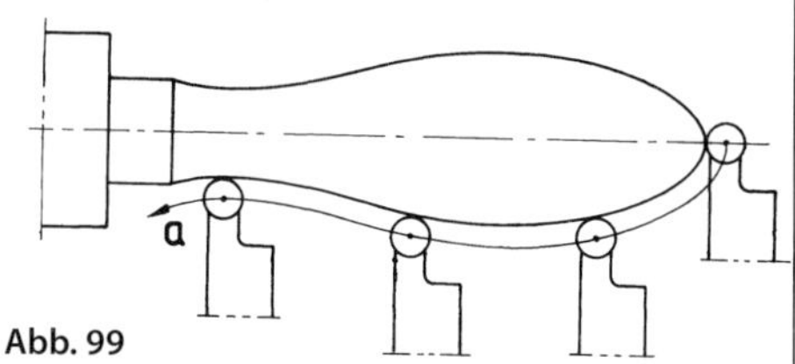

Abb. 99

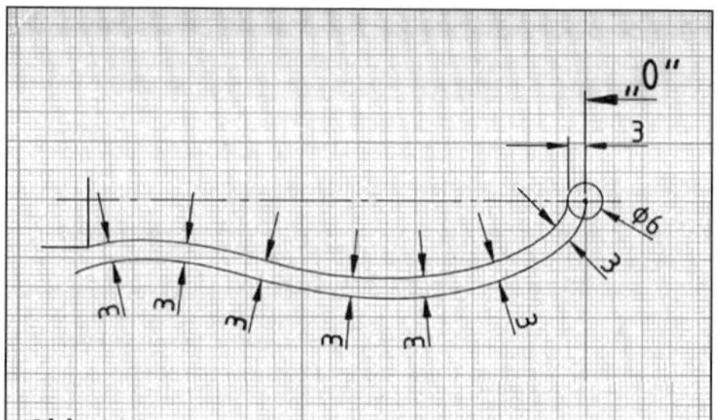

Abb. 100

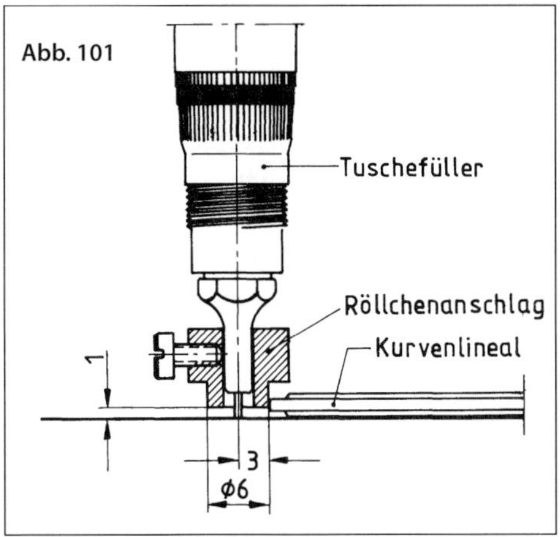

Abb. 101

gedreht, der mit einer M2-Madenschraube am Schreibkegel eines 0,18-mm-Tuschefüllers so befestigt wird (**Abb. 101**), dass das Schreibröhrchen um etwa 1 mm vorsteht. Wertvolle Hinweise zur Arbeit mit Tuschefüllern konnte ich in meinem Büchlein „Rumpfbaupraxis – Kieloben-Bauweise für Schiffsmodellrümpfe" geben. Selbstverständlich kann man jedes andere Schreibgerät (Kugelschreibermine, Fallbleistift oder Ähnliches) mit einem Röllchenanschlag modifizieren. Wichtig ist nur, dass das eigentliche Schreibelement genau zentrisch steht. Einen schief angespitzten Bleistift etwa kann man nicht verwenden.

Bei dem Röllchen finden wir das Maß 3 mm als Radius wieder. Wichtig ist, dass die Bohrung genau auf den Tuschefüller passt und dass sie und der Durchmesser von 6 mm in einer Einspannung gedreht werden.

Ein ausgewähltes Stück des Kurvenlineals wird an die Werkstückkontur angelegt. Dabei peile ich senkrecht von oben auf die Zeichenfläche, damit keine Verschiebung eintritt. Fährt man nun mit dem anschlagbestückten Tuschefüller am Kurvenlineal entlang, wird exakt 3 mm weiter außen die Wegkurve aufgezeichnet. So kann man Stück für Stück die Kurvenabschnitte verfolgen. Das Drehen selbst geschieht mit justierten Skalenringen und durch Auszählen auf den Karos des Millimeterpapiers. Dabei beachte ich nur die Kurve der Plättchenmittelpunkte. Die Kontur des Werkstücks entsteht zwangsläufig von selbst. Man kann stechen und drehen. Beim Stechen, was sinngemäß in **Abb. 102** gezeigt wird, sticht man stufenweise von außen radial jeweils bis zur Kurve herab. Es entspricht dem Prinzip, das wir schon bei Abb. 94 kennengelernt hatten. Das Drehen ist eine zickzackförmige Bewegung des Formstechstahls (**Abb. 103**). Beim „Start" steht die Stechplättchenmitte genau auf Drehmitte, jedoch in Anfahrrichtung nach außen! Je kürzer man die stufenförmigen Bewegungen macht, umso geglätteter wird die Formdrehoberfläche. Bei dem recht großen Ballengriff sollte man versuchen, die Stufenlängen und Durchmesser auf den halben Millimeter genau anzufahren. Bei wesentlich kleineren Modellteilen fertigt man die schon mehrmals erwähnte 10:1-Zeichnung und fährt um Zehntelmillimeter an.

Es macht viel Freude, Formdrehteile exakt und wie mit dem Kurvenlineal konstruiert zu drehen. Besonders dann sind die besprochenen Verfahren anzuwenden, wenn mehrere Teile

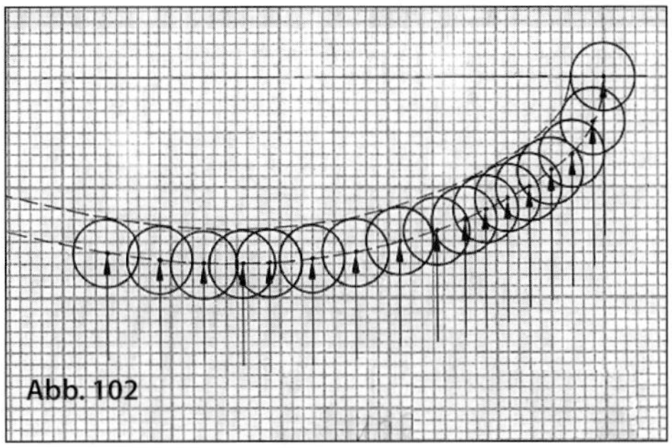

Abb. 102

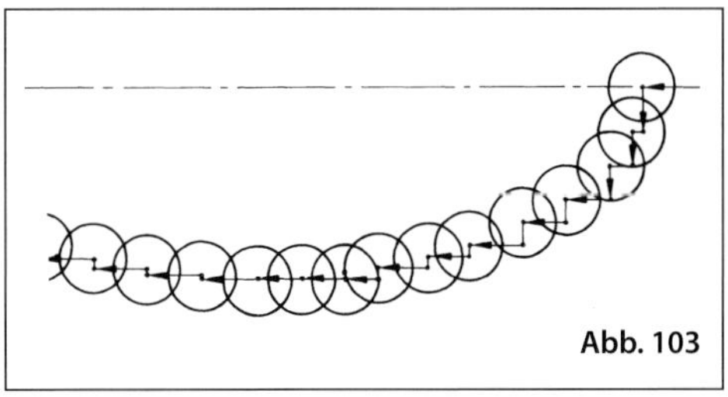

Abb. 103

herzustellen sind, aber auch schon, wenn zwei Formdrehteile sich nahe beieinander am Modell befinden, man also einen direkten Formvergleich hat. Das menschliche Auge erkennt selbst geringste Formunterschiede sehr sensibel. Halten Sie einmal zwei Hühnereier nebeneinander ...

11.12 Dreikantschaber

Nachdem das Andrehen oder Anstechen der Stufen beendet ist, werden sie mit einem scharfen Dreikantschaber „weggedrechselt". Die im Handel erhältlichen Dreikantschaber sind dafür absolut ungeeignet. Ich habe fast jede Dreikant-Nadel- und Schlüsselfeile sehr schlank als Dreikantschaber angeschliffen (**Foto 11**). Sie haben zwar kein Feilenheft als Griff, sind aber dennoch für unsere kleinen Modellteile handlicher in ihrer Anwendung. Mit diesem Werkzeug glätte ich, wenn es sein muss, gedrehte Flächen. Auch Passungsflächen kann man damit noch einmal leicht „überdrehen". Ich breche damit Kanten an Drehteilen, entgrate Bohrungskanten, säubere ebene Flächen vor Klebungen, entferne überschüssigen Kleber und Lötzinn.

Mittelgroße Formdrehteile kann man mit dem Drehstahl per Hand-Auskurbeln vordrehen und mit dem Schaber „nach Sicht" fertig drechseln. Bei sehr kleinen Teilen kann man sogar das Vordrehen ganz weglassen und die Form nur andrechseln (winzige Ballengriffe, Kugelformen, auch kleine Kegel, Kantenrundungen usw.). Mit anderen Worten: Der Dreikantschaber ist ein echtes Universal-Handwerkzeug. Nadel- und Schlüsselfeilen sind für den Zweck besonders gut geeignet, weil sie von Haus aus schön schlank und gut gehärtet sind. Das Anschleifen muss sehr sorgfältig und vorsichtig geschehen. Keinesfalls darf die vordere Spitze ausgeglüht werden. Damit die schmale Feile beim Anschleifen am Umfang der Schleifscheibe nicht verkantet, kann man sich aus einem Stück 14-mm-Seckskantmaterial eine Schleifhilfe anfertigen. Diese wird mit einer kleinen M3-Madenschraube an den Griff der Nadelfeile geklemmt, und zwar so ausgerichtet, dass die drei Feilflächen der Feile mit drei Außenflächen des Profilstücks in einer Ebene liegen. Beim Schleifen liegt dann jeweils eine Fläche des Profilstücks an der Kante der Auflage an (**Abb. 104**). Die Feile wird vorsichtig auf und ab bewegt. Besonders wenn im Bereich der empfindlichen Spitze geschliffen wird, darf diese nur sehr leicht gegen die Scheibe gedrückt werden. Drückt man zu sehr, glüht die Spitze aus, die Härte ist dann weg, und das gesamte

Foto 11: Zwei Dreikantschaber. Für viele Anwendungsfälle ist es günstig, wenn auch die Feilflächen der Dreikantfeile leicht überschliffen werden, so dass nicht mehr mit ihnen gefeilt werden kann.

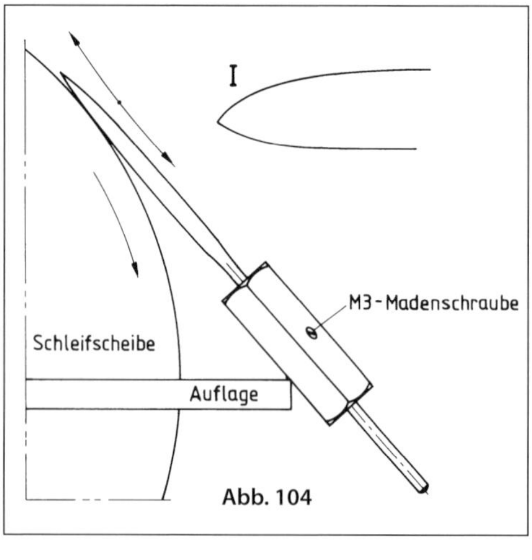

Abb. 104

blaugewordene Stück müsste stumpf weggeschliffen werden, wenn man jemals wieder mit dem Schaber richtig arbeiten wollte.

Nach dem Schleifen wird abschließend zur endgültigen Schärfung mit einem feinen Abziehstein über die drei Flächen gestrichen. Das hat nur den Sinn, dass der kaum sichtbare Grat an den Schaberkanten entfernt wird. Einen Dreikantschaber habe ich vorn besonders stumpf gerundet angeschliffen (in Abb. 104 I vergrößert dargestellt). Mit diesem Schaber schabe ich an Innenrundungen. Auch zum Entgraten von kleinen Bohrungen ist dieses Werkzeug gut zu verwenden. Es wird dabei senkrecht wie ein Senker angesetzt.

Der Gebrauch des Dreikantschabers am drehenden Werkstück ist nicht ungefährlich. Stellen Sie dazu nur relativ geringe Drehzahlen ein. Beim „Drechseln“ an kleinen Teilen stütze ich den Daumen der linken Hand auf das Werkstück und dagegen den Schaber. Er wird dabei mit der rechten Hand möglichst weit vorn und in der Draufsicht um etwa 20° schräg gehalten (**Abb. 105**). Der Querschnitt sieht dabei so aus, dass die Kante des Schabers senkrecht aufgestellt bis leicht in Drehrichtung geneigt steht (A–A in Abb. 105). Sollte dabei irgendetwas haken, wird die Spitze des Schabers vom Werkstück und vor allem von den gefährlichen Futterbacken weggedreht. Auf keinen Fall darf der Schaber entgegengesetzt angelegt werden. Ich habe mir die Mühe gemacht, auch diesen Fall, den man nie anwenden soll, in **Abb. 106** zu zeichnen – damit ich nicht missverstanden werde.

Das Bemühen soll bei der Arbeit immer dahin gehen, dass die Schaberspitze im Notfall von den Futterbacken wegschwenkt. Man soll nie zu fest drücken und den Schaber, wenn man spürt, dass er stumpf wird, frühzeitig nachschleifen. Erste Übungen macht man mit Messing. Dieses Material lässt sich sehr gut mit einem Dreikantschaber „drechseln“. Mit einigem Geschick kann man sehr schöne Rundungen, sogar Kegel

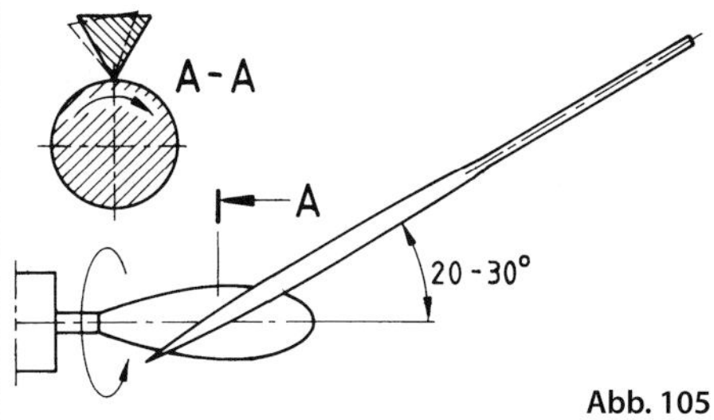

Abb. 105

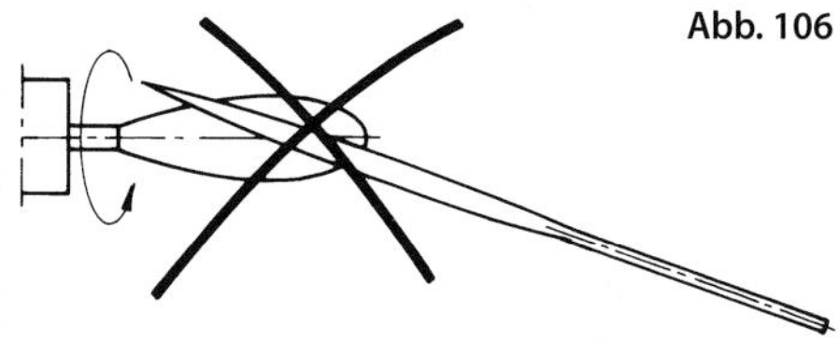
Abb. 106

anformen – und mit Leichtigkeit die Stufen des oben beschriebenen Stufen-Formdrehens zu perfekten Rundungen überarbeiten. Wenn man sich auch nicht ein einziges Mal verzählt oder verkurbelt hat, wird alles stimmen. Auch eine einzige zu kurz angedrehte Stufe tut nicht weh. Schlimmer ist es, wenn man eine Stufe zu lang angedreht hat. Dann befindet man sich mit der Stahlspitze schon innerhalb der Kontur und es hilft dann nur noch, dass man die gesamte Kontur nachsetzt – wenn das noch geht.

Oft haben angedrehte Kanten einen kaum sichtbaren Grat. Will man den Schaber wie beschrieben mit den Fingern der linken Hand stützen, kann es passieren, dass man sich an diesem Grat die Finger verletzt. Deshalb breche ich die Kanten zu allererst ganz leicht, bevor ich mit der linken Hand an das drehende Werkstück fasse.

11.13 „Gestuftes" Einstechen

Der aufmerksame Leser hat bemerkt, dass es im Abschnitt 11.10 nur um das Drehen der vorderen Kugelhälfte ging. Wie wird die hintere Hälfte fertig gestellt, im Maximalfall bis zum völligen Abstechen? Die einfache Antwort: mit einem gut geschliffenen Abstechstahl. Gehen wir wieder zum Beispiel der Kugel von Abb. 91/95. Der Obersupport wird durch Ankratzen der linken Stechstahlkante am Kugelanfang „genullt" („I" in **Abb. 107**), mit dem Quersupport zurückgezogen und nun um den Betrag Stechstahlbreite plus Kugelradius in Richtung Futter verschoben. Er steht dann mit seiner rechten Kante, die fortan Bedeutung hat, genau auf „halber Kugellänge", wenn ich dies so nennen darf („II" in Abb. 107). Wie man vorher mit der Spitze des Seitendrehstahls der gezeichneten Kontur in Stufen gefolgt ist, so folgt man jetzt der Kontur mit der rechten Schneidenecke des Stechstahls. Man zählt die Stufenlängen und Einstichtiefen wieder aus der Zeichnung heraus. Liegt einmal ein Schnittpunkt der Konturlinie zwischen zwei Millimeterstrichen, dann rundet man nach „außen". Auch der Quersupport muss in dem Moment „genullt" werden, wenn die Schneide des Stechstahls den „oberen" Durchmesser (hier Ø 8,4) des drehenden (!) Werkstücks berührt. Ich selbst arbeite so: Die Konturlinie zeichne ich mit dem Zirkel (bei Bögen) oder mit einem Kurvenlineal (bei Kurven) mit einem sehr spitzen, harten Bleistift auf Transparent-Millimeterpapier ein. Danach gehe ich entlang dieser Linie und setze mit einem 0,18-mm-Tuschefüller winzige, zu vollen Millimetern gerundete Punkte auf diese Bleistiftlinie. Die tiefschwarzen Punkte sieht man sehr deutlich und man kann so auch besser zählen.

Allmählich sticht man immer tiefer ein. Die vorgedrehte Kugel hängt zum Schluss nur noch an einem dünnen Zapfen, falls es der Plan nicht anders verlangt (**Abb. 108**). Vor dem endgültigen Abstechen wird die Fläche mit dem Schaber gerundet.

11.14 Beispiel: Gedrehte Rundhölzer

Als ein besonderes Beispiel für die Formdreharbeit möchte ich das Drehen von Rundhölzern für Segelschiffsmodelle erklären. Hierbei handelt es sich um extrem lang gestreckte Formdrehteile. Es ist allgemein bekannt, dass sich diese Rundhölzer (Masten, Stengen, Gaffeln, Bäume, Rahen usw.) nach einem oder zwei Enden hin verjüngen. Diese Verjüngung ist jedoch

Abb. 107

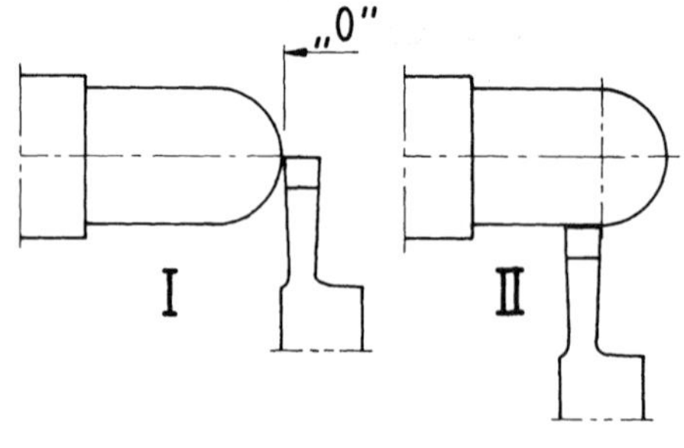

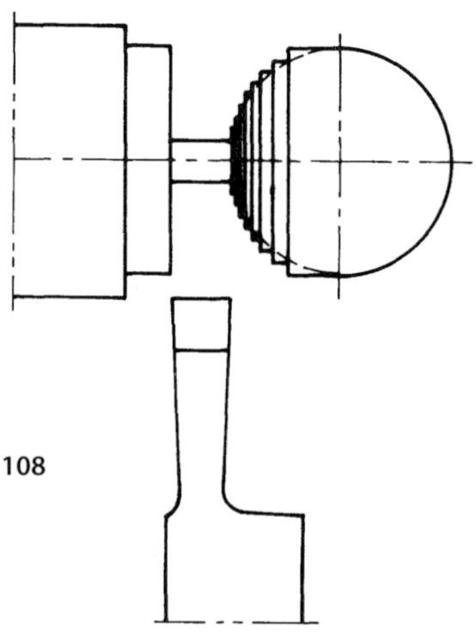

Abb. 108

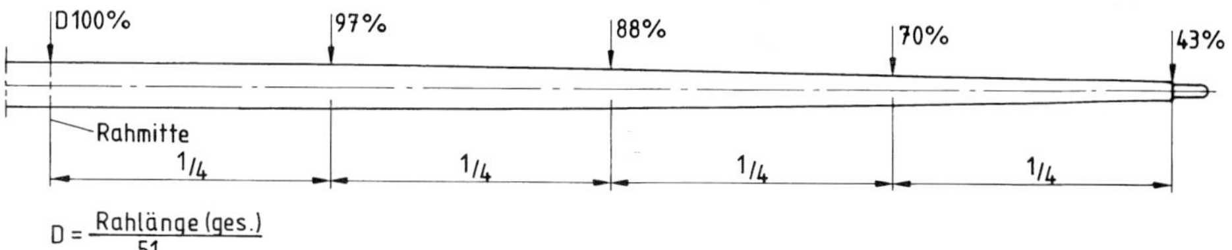

Abb. 109

nicht einfach konisch, sondern geschwungen konisch (in **Abb. 109** am Beispiel einer Rah dargestellt). In der Praxis sieht es so aus, dass das mittlere Stück einer solchen Rah über weite Strecken einen fast gleich bleibenden Durchmesser hat, weil die Gefahr eines Bruchs hier am größten ist. Zu den Enden hin nimmt diese Gefahr rasant ab. Deshalb wird das Rundholz kontinuierlich immer dünner. An einem wirklich gut gebauten Modell erkennt man das. Es genügt also nicht nur, dass man einen Vierkantstab nimmt, ihn zuerst achtkantig feilt oder sägt, um ihn dann mehr oder weniger gut rund zu feilen. Mir sträuben sich die Nackenhaare, wenn ich nur daran denke.

Kontrolliertes Formdrehen ist hier die Lösung. Schon deshalb, weil später an ganz bestimmten Stellen genau auf Innendurchmesser gedrehte Ringe (der richtige Fachausdruck ist „Bänder") aufgesteckt werden. Und diese sollen genau passen – an richtig runden Stangen. Die Durchmesser-Reduzierung wird als Kurve vor dem Drechseln der Rundholzstange in der Werft konstruiert. Aus dieser Kurvenkonstruktion kann man für jede beliebige Stelle den richtigen Durchmesser herausmessen. Für diese Zeichnung wird zum Beispiel bei einer Rah nur eine Seite gezeichnet. In Abb. 109 war dies in den tatsächlichen Proportionen dargestellt. Der größte Durchmesser (D) ist in der Rahmitte. Ihn sieht man als 100 % an. Am Rahende beträgt der Durchmesser nur noch 43 % (oder 0,43 D). An den Viertelgrenzen haben wir 97, 88 und 70 % von „D". Verbindet man diese „Höhenpunkte" erhält man eine sehr lang strakende Kurve. Würde man sie auf Millimeterpapier einzeichnen, könnte man die Längen der später zu drehenden Stufungen nicht genau genug erkennen. Deswegen wendet man einen Trick an. Die Länge der halben Rah lässt man im Modellmaßstab (hier etwas falsch als 1:1 bezeichnet!), doch alle fünf Durchmesser zeichnet man 10-fach größer ein (**Abb. 110**). Für eine Modellrah mit D = 8,9 würde man nun 89 mm

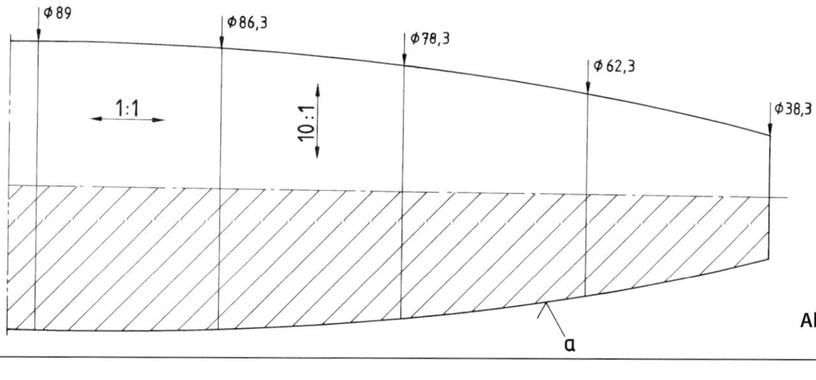

Abb. 110

benutzen. Die anderen Durchmesser errechnen sich nach den angegebenen Prozentzahlen zu: Ø 8,63 – Ø 7,83 – Ø 6,23 und Ø 3,83. In die Zeichnung würden die Durchmesser so eingetragen: Ø 89 – Ø 86,3 – Ø 78,3 – Ø 62,3 und Ø 38,3 mm.

Man könnte diese Kurve so schon wesentlich besser aus einer Millimeterpapier-Zeichnung herauslesen. Man könnte die (hier schraffierte) untere Hälfte beim Zeichnen, wie es üblich ist, sogar weglassen. Weil uns beim Drehen eigentlich nur die Durchmesser interessieren, wenden wir einen weiteren Trick an. Die untere Kurve („a" in Abb. 110) wird gerade gestreckt, die Durchmesser darauf werden als Kurve (b) abgetragen (**Abb. 111**). Die Drehachse würde nun, zeichnete man sie ein, ebenfalls als Kurve erscheinen („c" in Abb. 111). Die gefundenen Höhenpunkte werden mit einer so genannten „Straklatte" – das ist eine biegsame, nicht zu schmale PVC-Leiste oder Ähnliches – verbunden und mit Gewichten (Strakgewichten) beschwert; die so gefundene „strakende" Kurve wird mit einem spitzen Bleistift nachgezogen. Die letzte Abbildung zeigt, dass diese „Durchmesserkurve" am stärksten gekrümmt ist. Sie ist genauer – eine gute Voraussetzung für das Herauslesen der Stufenlängen aus dem Millimeter-Gitternetz.

Selbstverständlich kann man einen Rundholzstab nicht so weit aus dem Futter herausragen lassen, dass man das Andrehen der Stufen „in einer Einspannung" bewerkstelligen kann. Mein Gefühl sagt mir, dass ich den Holzstab nur das etwa Vier- bis Fünffache des Durchmessers herausragen lassen kann. Der spezielle Holz-Seitendrehstahl mit kleinerem Keilwinkel wird eingespannt. Dann muss man zuerst und am besten an einem anderen Holzstück einen Drehversuch machen. Man will dabei ermitteln, bei welchem Skalenwert des Quersupports der Durchmesser für die erste anzudrehende Stufe entsteht, jedoch in umgekehrter Anfahrrichtung! Beim Drehen von Außendurchmessern stellt man sonst in Richtung auf die Drehachse zu. Hier soll es umgekehrt geschehen. Wir wollen später für das Andrehen der einzelnen Durchmesserstufen den Drehstahl in 0,2-mm-Schritten nach außen ziehen. Wenn man das nicht so tut, müsste man für jeden größeren Durchmesser den Drehstahl weit (über den „toten Gang" hinaus) zurückziehen und jede Stufe von außen neu zustellen. Das habe ich schon so getan – entnervend –, bis ich auf die rettende Idee gekommen bin.

Man dreht die erste Stufe in ihrer aus der 10:1-Zeichnung bestimmten Länge an, zieht den Drehstahl um 0,2 mm „höher" (das sind

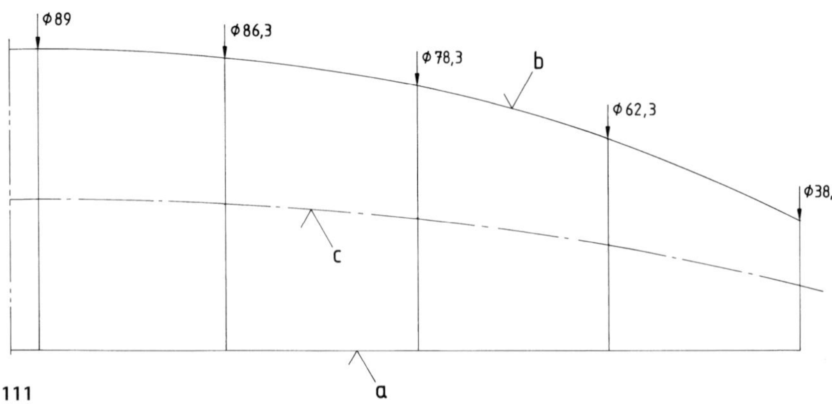

Abb. 111

0,1 mm tatsächliche Schlittenbewegung!), dreht die nächste Stufe an, zieht wieder um 0,2 mm höher usw., so lange, bis man bemerkt, dass man in die Futterbacken gefahren ist! Spaß beiseite. Wenn ich ermittele, dass ich die nächste Stufe nicht mehr in voller Länge andrehen kann, muss ich den Obersupport zurückkurbeln und den Rundholzstab wieder ein Stück aus dem Futter ziehen. Selbstverständlich ist das Spannen in einer Spannzange, einer Spannhülse (siehe Abschnitt 12.9) oder auch das Spannen eines Vierkant-Holzstabes in einer Vierkant-Spannhülse (siehe Abschnitt 12.12) viel sicherer und genauer.

Zur Rahmitte hin werden die Stufen stetig länger. Dann kommt der Punkt, dass ich nur noch eine Stufe bei einer Spannung andrehen kann – oder man zweimal den Stab aus dem Futter ziehen muss, um eine Stufe vollständig anzudrehen. Das Rahende ragt dann auch so weit „freitragend" aus dem Futter, dass ich es, um übermäßiges Schwingen zu vermeiden, mit einer Hand leicht halten muss. Den 100-%-Durchmesser (Ø 8,9) drehe ich bei der Herstellung der ersten Hälfte der Rah weit über die Rahmitte hinaus an. Das ist beim Spannen für das Drehen der anderen Seite der Rah hilfreich. Es erfolgt ebenso. Wenn die Rah fertig gedreht ist, wird sie nur noch geschmirgelt, damit die flachen Stufen verschwinden. Man benutzt dazu eine möglichst breite Feile, um die man das Schmirgelpapier legt. Besser ist ein breites Stück Flachstahl. Bei einem so dünnen Holzstab sollte man dabei mit einer Hand stützend gegenhalten. Zum Schluss habe ich stets die Schmirgelriefen in Faserrichtung längs weggeschmirgelt.

So hergestellte Rundhölzer sehen nicht nur besser aus, sie haben auch an jeder Stelle genau den richtigen Durchmesser. Die schwarz gestrichenen Rahen an meinem 1:50-Modell einer englischen Kriegsbrigg von 1860 habe ich aus Messing gedreht. Bei diesem Maßstab ist Holzmaserung ohnehin nicht mehr zu sehen. Selbstverständlich muss man Messing-, aber auch Aluminium- und Kunststoff-Rundhölzer wegen der höheren Gewichte an einem Segelschiffsmodell besonders sorgfältig befestigen.

11.15 Beispiele für „gestuftes" Formdrehen

Hier einige Beispiele verschiedener Formdrehteile aus meiner Modellbaupraxis, bei denen ich das „gestufte" Formdrehen angewendet

Foto 12: Das Radom des TS-Boot-Modells. Detailfoto von einem meiner schönsten Modelle, des VM-Torpedoschnellboots „Hans Coppy" in 1:25.

habe. Die Kuppel des Radardoms (Radom – Ø 45 mm) an meinem Torpedoschnellboot-Modell (TS-Boot-Modell) habe ich aus Gewichtsgründen aus Aluminium gedreht (**Foto 12**). Das mittlere Stück ist eine in großem Radius gewölbte Form. Die Kante ist mit einem 5-mm-Radius gerundet. **Abb. 112** zeigt die Originalzeichnung, die ich damals angefertigt hatte. Darin sind die hier unterschiedlich hohen Stufen eingezeichnet, und man kann die eingetragenen und jeweils als Gedankenstütze abgestrichenen Zahlen sehen. Es ist auch zu erkennen, dass ich den Radom, ebenfalls aus Gewichtsgründen, bei einem zweiten Arbeitsgang bis auf eine Wandstärke von 0,5 mm hohl ausgedreht habe. Innen wurden die Stufen selbstverständlich nicht gerundet. Das in der Zeichnung geschwärzte Teil ist der Boden des Radoms, der als flache Schale gedreht wurde. In einen Innenabsatz (Ø 45,2) wurde dann die

Abb. 112

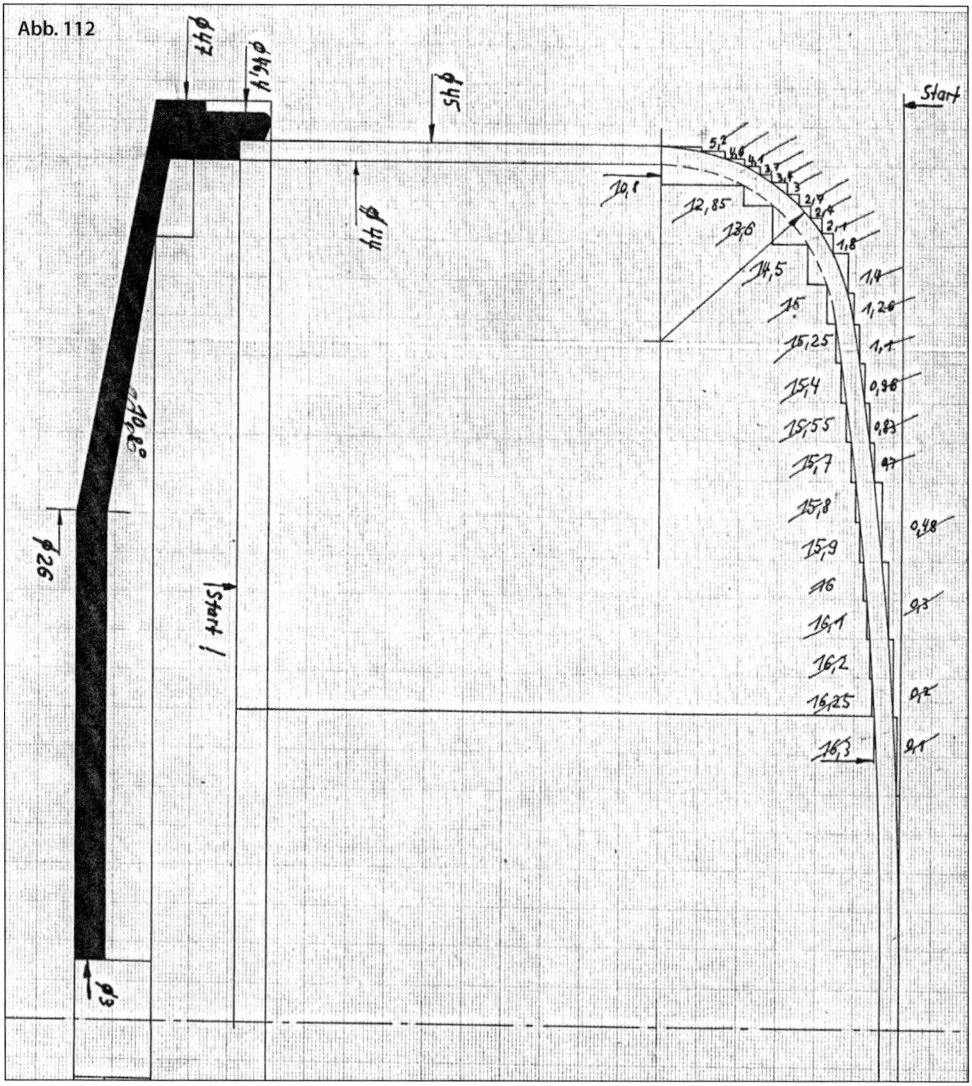

Foto 13: Die beiden Torpedorohre vor der Endmontage. Man erkennt den Bajonettverschluss aus hochglanzpoliertem Messing mit den charakteristischen Einkerbungen (vgl. Foto 37).

Kuppel eingeklebt. Einen der Torpedorohr-Verschlussdeckel am TS-Boot-Modell habe ich geöffnet dargestellt (**Foto 13**), um die interessante Technik des Bajonettverschlusses zu zeigen. Dabei sieht man nicht nur die gewölbte Außenform, sondern man muss den Deckel

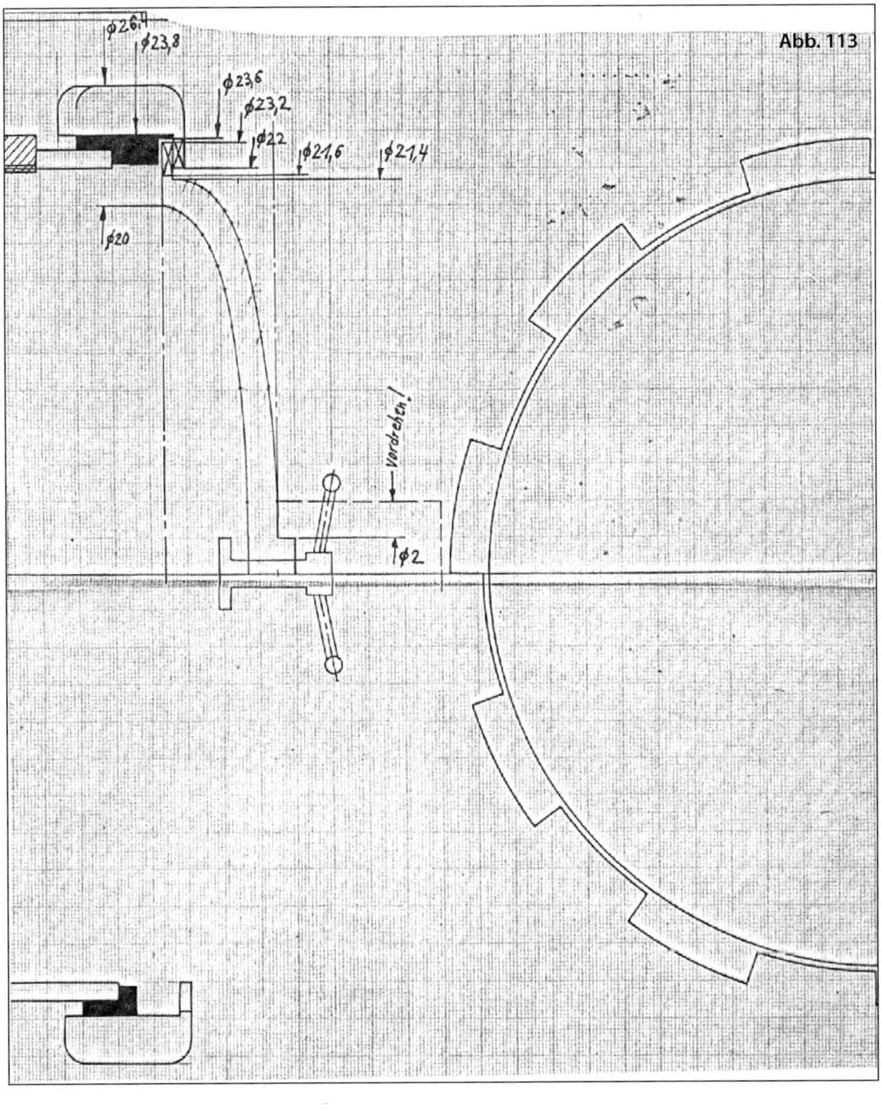

auch nach innen gewölbt hohl ausdrehen. Dazu musste ich mir ebenfalls eine 10:1-Zeichnung auf Transparent-Millimeterpapier anfertigen, um die gewünschte Wandstärke von 0,7 mm zu erreichen (**Abb. 113** zeigt das Werkstatt-Original, verkleinert auf 50 %). Auf den beiden Kurven sind deutlich die Punkte zu sehen, die ich mit den Drehstahlspitzen beim Andrehen der Stufen angefahren habe. Die beiden senkrechten Strich-Punkt-Linien sind die „Start"-Linien für den genullten Obersupport. Interessant ist der 4,5 mm lange 4-mm-Einspannzapfen an der Außenseite (mit „vordrehen!" bezeichnet). Offenbar habe ich die Innenkontur zuerst eingestochen und mit einem Dreikantschaber (Abb. 104 I) geglättet, bevor ich im zweiten Arbeitsgang die Außenkontur angedreht habe. Zuvor mussten ja auch noch die Einkerbungen für den Bajonettverschluss (siehe auf der rechten Seite der Abb. 113) in den Rand gefräst werden. Es liegt schon einige Jahre zurück.

Eine ähnliche Arbeit zeige ich ebenfalls als Ausschnitt einer Originalzeichnung (**Abb. 114**). Es handelt sich um die innen hohl gedrehten Köpfe für die Grundminen desselben Modells. Hier sieht man, dass ich die gewölbte Kuppel-

Abb. 114

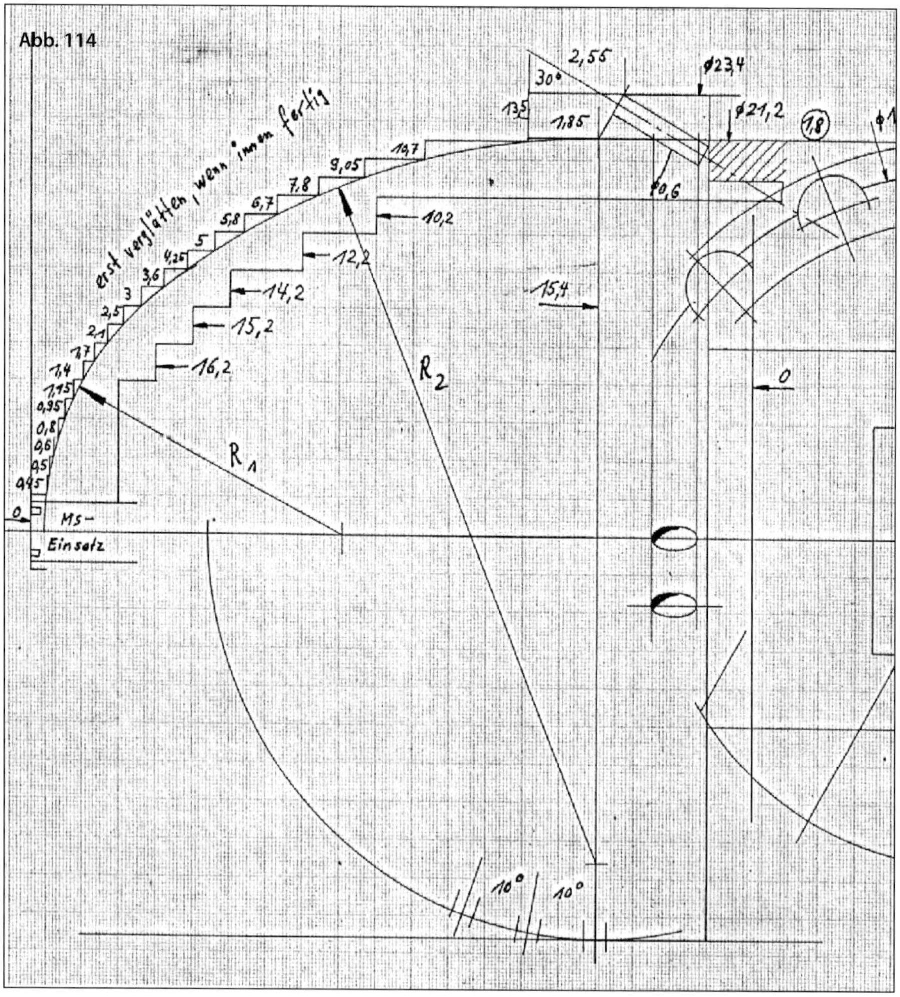

Foto 14: Ein Propeller des „Fletcher".

Foto 15: Die gestuft angedrehte Spitze der Propellernabe.

form aus zwei Radien (R1 und R2) konstruiert habe. Es wird stets nur eine Konturhälfte gezeichnet. Die Notiz „erst verglätten, wenn innen fertig" weist darauf hin, dass man außen auf den Stufen noch eine Spannmöglichkeit hat, um die Innendreharbeiten zu machen. Um die 0,6-mm-Bohrungen, 36 an der Zahl, 30° schräg in das Gehäuse bohren zu können, erhielt die Kappe zuerst einen angedrehten Rand (Ø 23,4) mit einer um 30° geneigten Planfläche. Nach dem Einbohren dieser Löcher konnte der Rand auf Ø 21,2 abgedreht werden. Dabei kamen die ovalen Öffnungen zum Vorschein, die in der Mitte der Zeichnung angedeutet sind.

Foto 14 zeigt einen der beiden 70-mm-Propeller für mein momentan im Bau befindliches US-Zerstörer-Modell. Der Propeller besteht aus zwei Messingteilen: einem Nabenteil mit den aus dem Ganzen angefrästen Propellerflunken (vgl. dazu die Zeitschrift „Schiffsmodell", Heft 5/99) und einer Nabenverlängerung. Diese hat die gestuft angedrehte Spitze (**Foto 15**) und

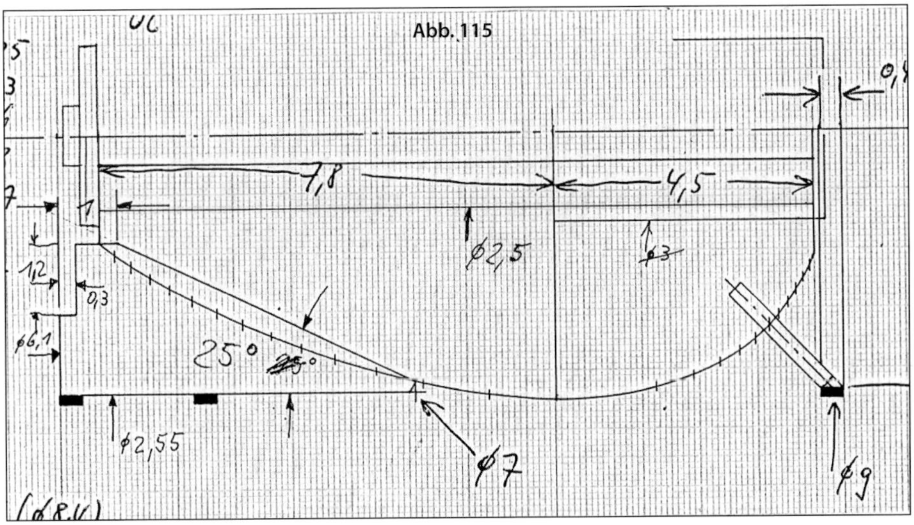

einen Zapfen, der durch das gesamte Flunkenteil reicht. Damit man später nach dem Zusammenlöten und Polieren des Propellers die Trennfuge nicht sieht, habe ich die Kanten an beiden Teilen vollkommen scharf gelassen. Der Propeller soll ja am Modell den Eindruck erwecken, dass er aus einem Teil besteht. Das ist aber bei der Technologie der Flunkenfräserei nicht möglich.

Interessant war die Herstellung der 24 tropfenförmigen Wasserbomben, die ich für das Zerstörer-Modell ebenfalls benötige. Den eigentlichen Bombenkörper habe ich in der Mitte geteilt (**Abb. 115**, Ausschnitt der Originalzeichnung). Das „Stufendrehen" wurde nur für die Herstellung der beiden Urmodelle benutzt. Nach diesen Urmodellen habe ich je einen Formstechstahl geschliffen (Lichspalt-Methode) und mit diesen dann die Teile auf den entsprechenden Durchmesser (9 mm) angestochen. Sie hatten durchgehende 2,5-mm-Bohrungen zur Aufnahme eines Zentrierstifts. Im Teilgerät wurden die 0,15 mm breiten Schlitze eingefräst bzw. die winzigen Bohrungen in das Kopfstück eingebracht. Die Flügelflächen wurden in einer Aluminium-Lötvorrichtung eingelötet,

Foto 17: „Fletcher"-Wabos ohne Farbe, auf einer Hand liegend. Die Hälften sind zusammengeklebt; jede Wasserbombe hat drei Ringe.

Foto 16: Einzelteile der „Fletcher"-Wabos. Unten links und rechts sieht man die Alu-Lötvorrichtungen, in der Mitte zwei „Becher", von denen die filigranen Ringe abgestochen wurden (Stechstahl nach Abb. 150).

Foto 18: „Fletcher"-Wabos mit Farbe.

später die feinen, nur 0,4 mm breiten Ringe mit einer Wandstärke von 0,2 mm ebenfalls in einer Lötvorrichtung aufgelötet (**Fotos 16, 17** und **18**). Die gesamte Technologie war wenig problematisch. Eine schöne Herausforderung waren jedoch die geringen Abmessungen der Teile. Nun, was im Großen denk- und machbar ist, geht auch zwei Nummern kleiner.

11.16 Formdrehen in Einzelkegeln

Kleinere Kugeln kann man durch Andrehen von 45°-Fasen vordrehen (**Abb. 116**). Der Außendurchmesser (D) wird überdreht und die „Länge" der Kugel (L) vorläufig eingestochen. Eine einfache Methode ist, dass man unter 45° die Fasen so weit andreht, bis die Länge (s) der dabei entstehenden Kegelfläche so groß wie (d) ist. Macht man das zum ersten Mal, hat man den Eindruck, dass die kleine runde Fläche (d) viel zu klein ist. Das ist eine Täuschung. Hat man es richtig gemacht, dann muss auch die verbliebene Restfläche oben (l) so lang wie (s) und (d) sein. Zum Schluss müsste man dieses Achteck mit einem Dreikantschaber nur noch zu einer Kugel abrunden. Dabei wird das schraffierte Material abgetragen.

Wer errechnen will, wie lang der 45°-Kegel anzudrehen ist (Maß „a" in **Abb. 117**), kann auch das tun. Man rechnet: a = 0,2929 × D. Das Maß (a) finden wir bei 45° gleich groß auch an der Planfläche (a1). Nach dieser Erkenntnis könnte man mit dem Quersupport vom „Ankratzen" an der Ecke 2 × a zustellen. Den richtigen Zeitpunkt des Ankratzens darf man dabei nicht verpassen. Man fährt mit der Drehstahlspitze mit dem verstellten Obersupport-Schlitten an der Werkstückecke hin und her und stellt gleichzeitig mit dem Quersupport vorsichtig so lange zu, bis die ersten sehr feinen Späne abgehoben werden. Dann wird „genullt" und man kann 2 × a zustellen, vielleicht bei einer etwas größeren Kugel in mehreren Spänen. Ein weiterer Vorschlag, wie man bei einer größeren

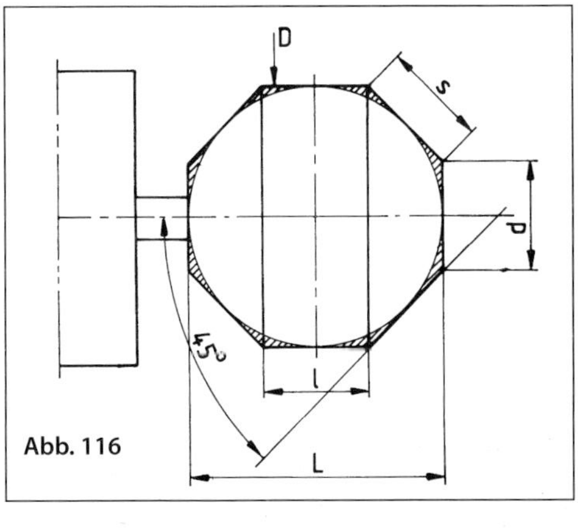

Abb. 116

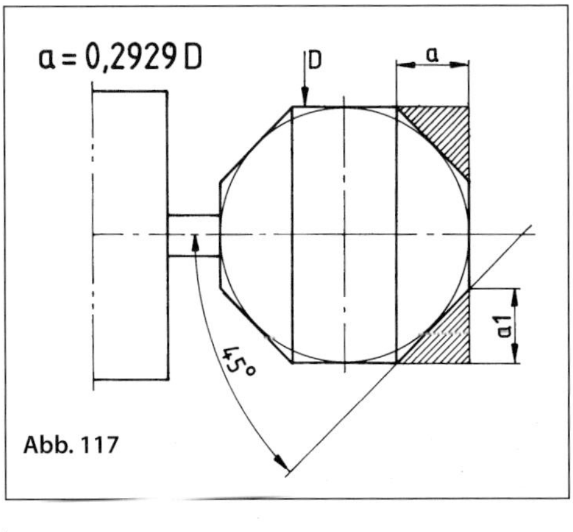

Abb. 117

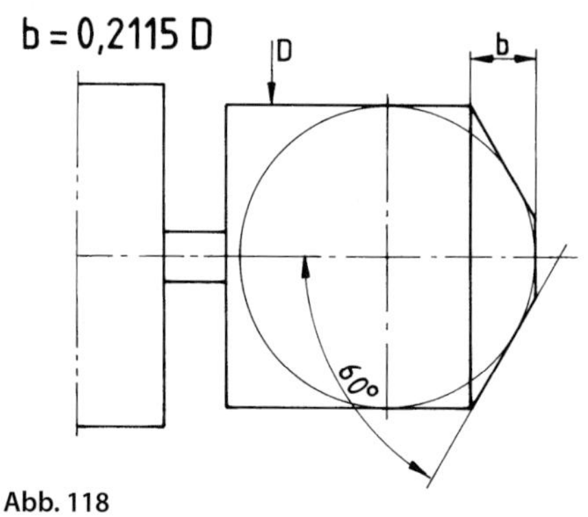

Abb. 118

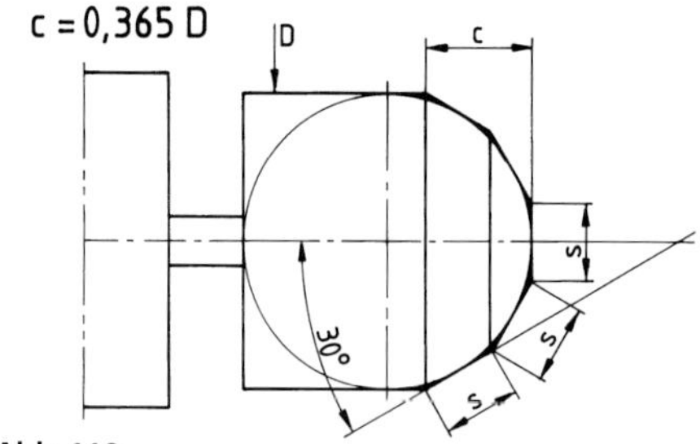

Abb. 119

Kugel vordrehen könnte, sieht zwei 30°-Fasen vor. Zuerst wird 0,2115 × D lang unter 60° eine Fase angedreht (**Abb. 118**), danach unter 30° eine zweite, jedoch 0,365 × D lang (**Abb. 119**). Am besten reißt man sich vor dem Drehen mit einem Anreißmessschieber beide Maße auf der Mantelfläche an. Mit der „Rückseite" der Kugel würde man ebenso verfahren und danach die Kugel per Dreikantschaber „fertig drehen". Das ist schon einfacher, weil vergleichsweise nur noch wenig Material abgetragen werden muss (geschwärzt in Abb. 119).

Den Gedanken der angedrehten Kegel weitergesponnen, kommt man logisch zur nächsten Fromdreh-Methode: zum Formdrehen in Einzelkegeln. Hierbei werden an die Formkontur in gleichen Winkelschritten Tangenten angelegt. In **Abb. 120** sind es 15°-Schritte, es können auch 10°- oder 20°-Schritte sein). Auch das tut man 10-fach größer auf Millimeterpapier, mit einem gut gespitzten Bleistift. Durch dieses Anlegen von Tangenten wird das Werkstück in Einzelkegel zerlegt (**Abb. 121** zeigt das Beispiel von Abb. 120), entsprechend gedreht und wieder mit dem Schaber gerundet. Aus Abb. 120 gewinnen wir die Erkenntnis, wo sich die Tangenten bei welchem Durchmesser schneiden. Die Maße „L" und „D" sowie „L1" und „D1" kann man mit dem eingestellten Messschieber am Werkstück recht gut durch Vergleiche messen.

Der erste Kegel wird bei 75°-Verstellung des Obersupports bis nach außen angedreht. Beim Andrehen des zweiten Kegels unter 60°-Verstellung wird so viel Material abgespant, dass die Kante dieser beiden Kegel genau bei (D) (und „L") liegt. Diese beiden Maße holt man sich aus der Werkstattzeichnung (Abb. 120). In dieser Weise wird das gesamte Werkstück fertig gedreht. Für die Kontrolle des entstehenden Drehteils kann man zusätzlich die gut messbaren Mantellängen der kleinen Kegel prüfen (Maß „a" in Abb. 121). Bei Herstellung einer ganzen Anzahl von gleichen Teilen spannt man

Abb. 120

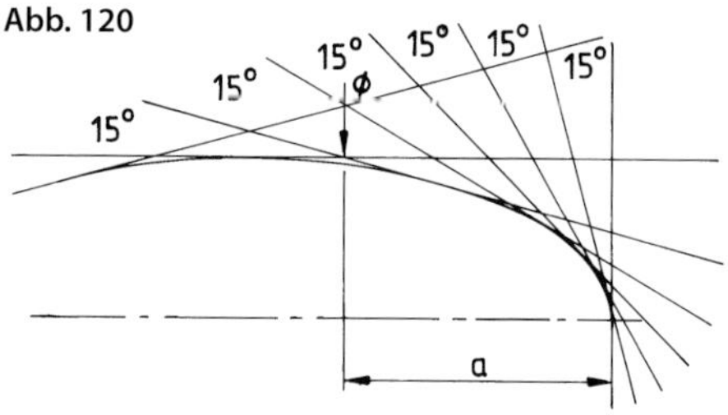

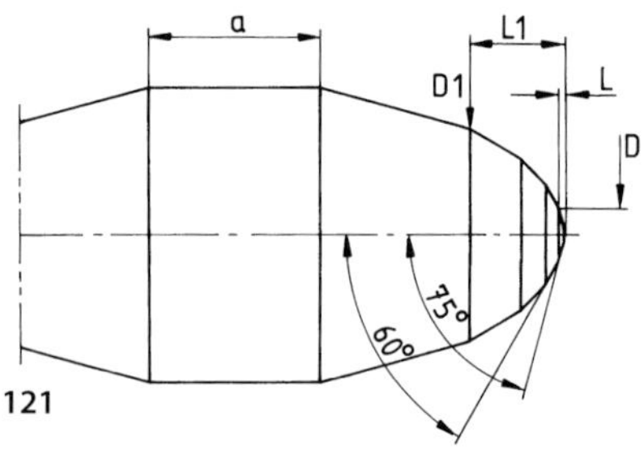

Abb. 121

nach jedem Kegel aus. Das erfordert, wie schon oft erwähnt, die Einspannung auf Spannzapfen in Spannzangen oder in anderen guten Spannmitteln. Bei der Glättung und Abrundung der Formteil-Oberfläche spart man stets den mittleren Bereich des Kegelmantels aus, es sollen ja nur die überstehenden Knicke weggenommen werden. Beim Schaben mit dem Dreikantschaber sieht man durch die Veränderung der Oberfläche immer ganz genau, wo man gerade arbeitet. Natürlich kann man Stufen und Knicke auch mit einer Feile bearbeiten, doch das wird meist nicht so schön sauber.

11.17 Formfeilen nach gehärteter Schablone

Besonders beim Modellnachbau von historischen Segelschiffen sind viele gleichartige Formdrehteile aus Holz anzufertigen, die beim Vorbild große, schwere Drechselteile sind (Reling- und Handlaufstützen, Betingpfosten usw.). All diese Bauteile stehen meist sehr eng beieinander, jede Formunregelmäßigkeit würde man sofort sehen. Nun kann man für langgestreckte Bauteile kaum einen „Insgesamt“-Stechstahl herstellen. Man könnte schon, nur bricht das Holzteil mit Sicherheit vor Erreichen der richtigen Durchmesser ab. Deshalb mache ich für solche Fälle einen etwas unkonventionellen Vorschlag: Fertigen Sie sich eine rohrartige Formfeilschablone aus gehärteten Silberstahl an! Die Holzstücke werden im Rohr-Innendurchmesser mit den Maßen (d) und (a) vorgedreht. Passend zu (d) wird aus Silberstahl ein Rohr (b) gedreht. In dieses Rohr wird die entsprechende Formkontur (e) eingefeilt oder -gefräst. Alle Kanten, besonders die Innenkanten, werden gut entgratet, die Feilschablone wird gehärtet sowie hellgelb angelassen. Nun kann man die Feilschablone bei drehendem Werkstück mit einer Hand gegen den Absatz am Holzteil halten und mit der anderen Hand mit einer Nadelfeile das überstehende Material (Raum „c“ in **Abb. 122**) herausfeilen. Man würde so untereinander Mini-Drechselteile erhalten, die sich besser als ein Ei dem anderen gleichen. Möglich ist auch, dass die Formfeilschablone in das Reitstockbohrfutter gespannt wird, wie in **Abb. 123** zu sehen. Die richtige Axialeinstellung könnte mit der Skala am Reitstock-Handrad erfolgen. **Abb. 124** zeigt das Ergebnis nach **Abb. 122.** Bei ähnlichen Feilschablonen habe ich das Material in spitzen Innenecken (a) auch schon mit einem feinen Metall-Laubsägeblatt „herausgefeilt“. Nach dem Fertigfeilen der Kontur kann

Abb. 122

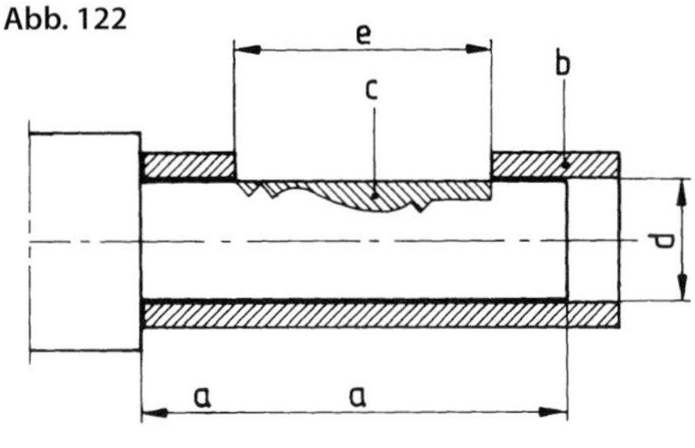

Abb. 123

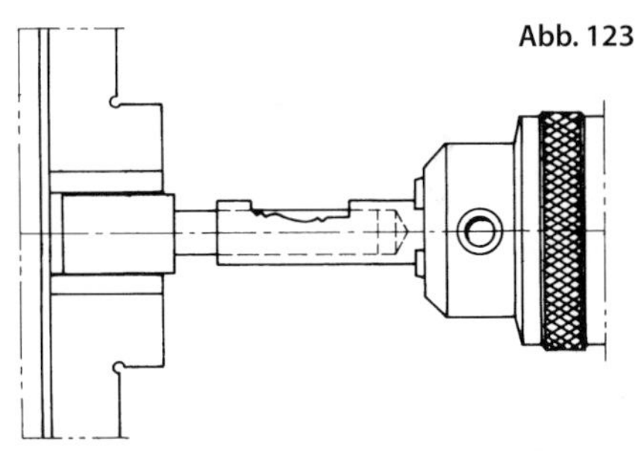

Abb. 124

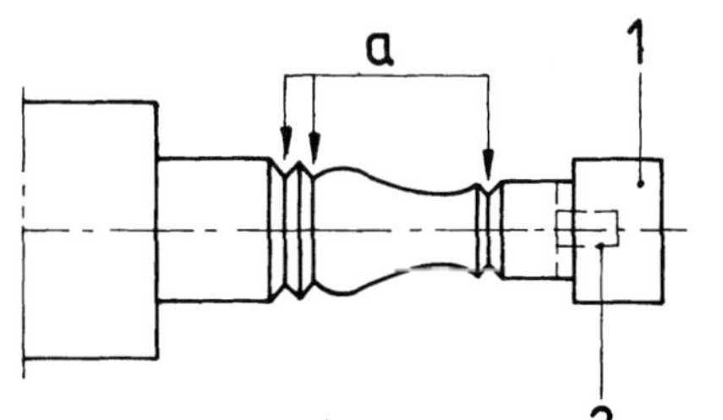

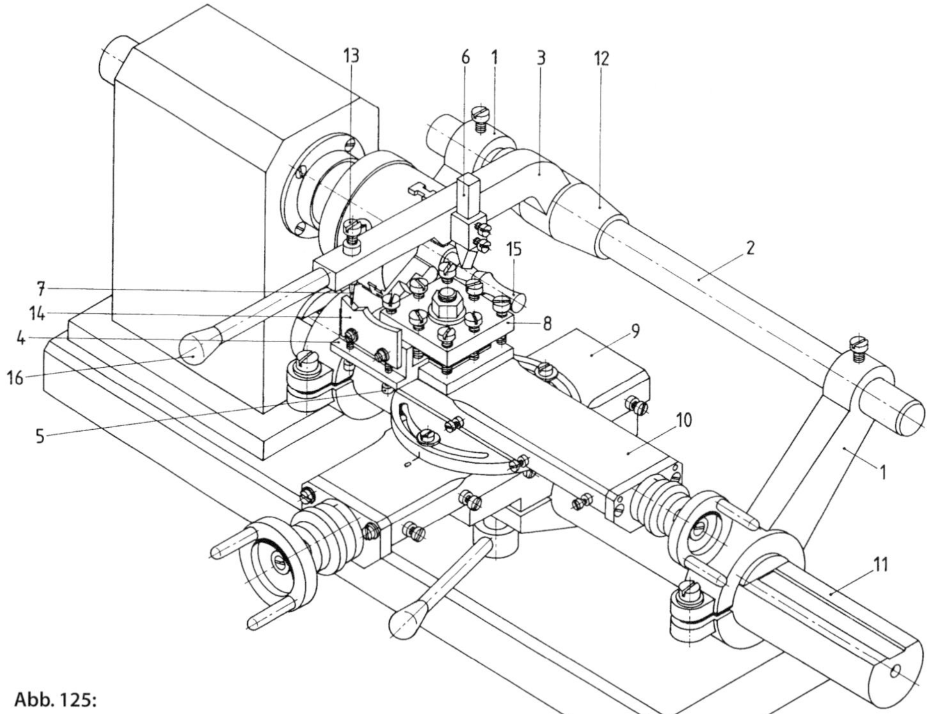

Abb. 125:
1 = zwei Tragarme; 2 = Parallelstange;
3 = Kopierarm; 4 = Schablonenträger;
5 = zwei Verstellschrauben; 6 = Spitzdrehstahl (höhen-verstellbar); 7 = Taststift; 8 = Vierstahlhalter;
9 = Quersupport; 10 = Längssupport; 11 = Maschinenwange (Maschinenbett); 12 = Gleitbuchse;
13 – Einstellschraube; 14 = Musterschablone; 15 = Werkstück; 16 – Handgriff.

der notwendige Zentrierzapfen (1) abgedreht und zu einem kleineren Montagezapfen (2) verändert werden.

In ähnlicher Weise habe ich für meine Kriegsbrigg vor Jahren (nur) vier Stück vierkantige Formstützen für die Reservestengen-Galgen mit einen Vierkantmaß von 6 mm gefeilt (**Fotos 19** und **20**). Zuerst wurde ein U-förmiger Kanal aus Silberstahl gefräst, in den die Vierkantstäbe auf Umschlag genau hineinpassen. Den Längenanschlag besorgte ein hinten quer angeschraubtes, U-förmiges Messingstück. In die Bodenseite des U-Körpers wurde über die ganze Breite positiv die verlangte Kontur eingefräst (teilweise mit kleinen Rund-Zahnarzt-

Foto 19: Die Feilvorrichtung für Vierkantsäulen bei meiner Brigg.

Foto 20: Vierkantsäulen am Briggmodell.

fräsern), die Kanten wurden entgratet, das Teil gehärtet und angelassen. In den Kanal konnte ich nun bis zum Anschlag die vorbereiteten Holzstäbe (Birnbaum) auf vierfachen Umschlag einlegen und von der Oberseite her, ähnlich wie bei Abb. 122/123, das überstehende Material wegfeilen bzw. auch mit einer Laubsäge „herausfeilen". Ich erhielt scharfkantige Super-Vierkant-Formsäulen, die ich „frei Hand" so nie zustande bekommen hätte.

11.18 Hebel-Formdrehvorrichtung (Kopierdrehen)

In **Abb. 125** sehen wir die perspektivische Zeichnung für eine Kopier-Dreheinrichtung, die man so oder ähnlich für jede Drehmaschine bauen könnte; **Abb. 126** ist die Querschnittszeichnung als Prinzipdarstellung mit gleicher Bildlegende. Ihre Kurzbeschreibung: Zwei Tragarme (1), die am Maschinenbett (11 – hier wie bei den Uhrmacherdrehstühlen eine abgeflachte Rundsäule) befestigt sind, tragen, hinten erhöht, eine recht starke Parallelstange (2). Die Achse dieser Stange liegt parallel zur Drehachse. Auf ihr gleitet in einer guten Gleitpassung eine möglichst lange Buchse (12), an der ein Kopierarm (3) befestigt ist. An der Vorderseite des

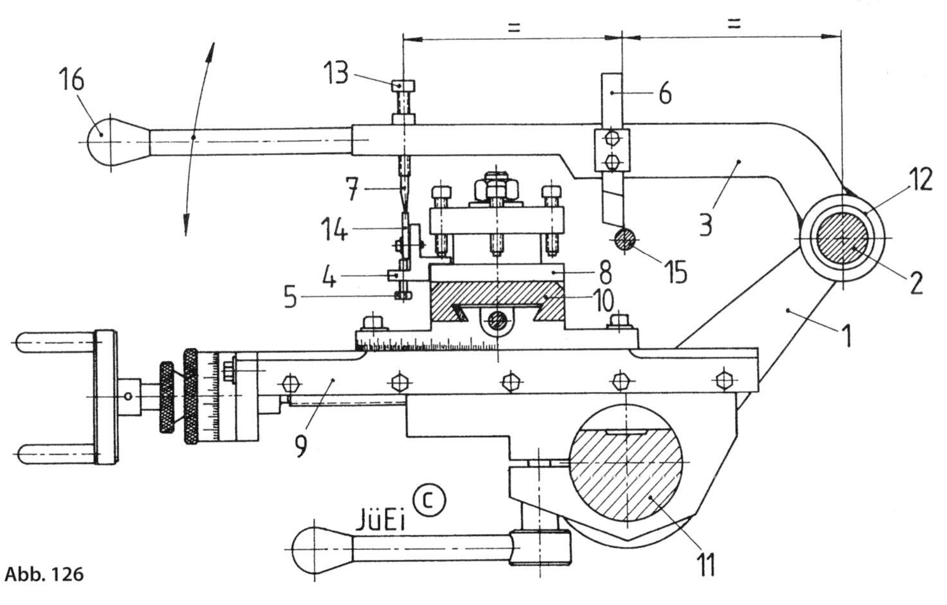

Abb. 126

Vierstahlhalters (8) ist ein Schablonenträger (4) eingespannt. An diesem wird die Musterschablone (14) aus dickerem Blech befestigt und mit zwei Verstellschrauben (5) waagerecht und in der Höhe eingerichtet. Auf die Kontur der Schablone stützt sich ein ebenfalls einstellbarer Taststift (7) auf, der am Kopierarm fest ist. Auf genau halber Strecke zwischen Parallelstange und Taststift ist der ebenfalls einstellbare Drehstahl befestigt. Die Anfertigung der Vorrichtung erscheint für eine Drehmaschine mit einer runden Wange als „Bett“ besonders einfach, weil die beiden Bohrungen in den Tragarmen per Koordinatenbohren auf einer Fräsmaschine in ihren Abständen recht einfach eingebracht werden können. Bei einer Maschine mit Prismenbett bedarf es dagegen schon weiterer Überlegungen, wie man die Parallelität erreicht. Beide Tragarme sollten dann am besten „im Block“ gefräst und gebohrt werden – als ein mögliches Beispiel (**Abb. 127**).

Wichtig für die richtige Funktion der Vorrichtung ist, dass die Kontur der Musterschablone an jeder Stelle immer die doppelte Höhe hat. Auf Grund der Hebelgesetze macht der weiter vorn sitzende Drehstahl nur die halbe Bewegung des Taststifts. In **Abb. 128** habe ich am Beispiel einer gedrechselten Säule dargestellt, wie das gemeint ist. Das Anzeichnen der Kontur auf der Blechschablone geschieht von einer gedachten Mittellinie aus (Stricht-Punkt-Linie an der Schablone). Die beiden Langlöcher ermöglichen die Einstellung des Blechstücks. Sowohl der gekonterte Taststift als auch der Drehstahl selbst sind recht spitz angedreht bzw. angeschliffen. Die Kante der Freiflächen am Drehstahl wird leicht gerundet (**Abb. 129**). Gearbeitet wird mit der Kopierdrehvorrichtung, indem die rechte Hand den

Abb. 128

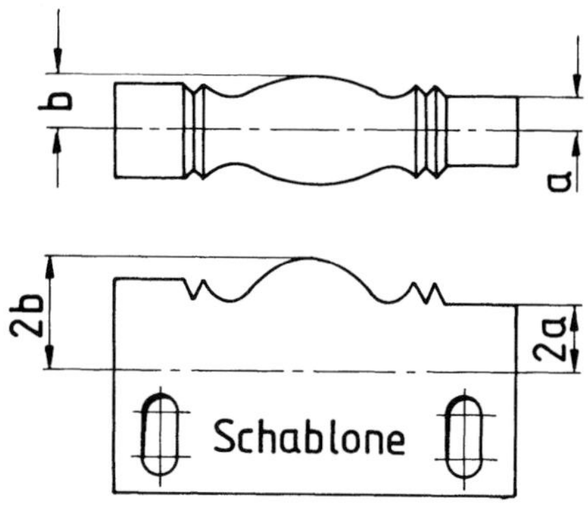

Abb. 129

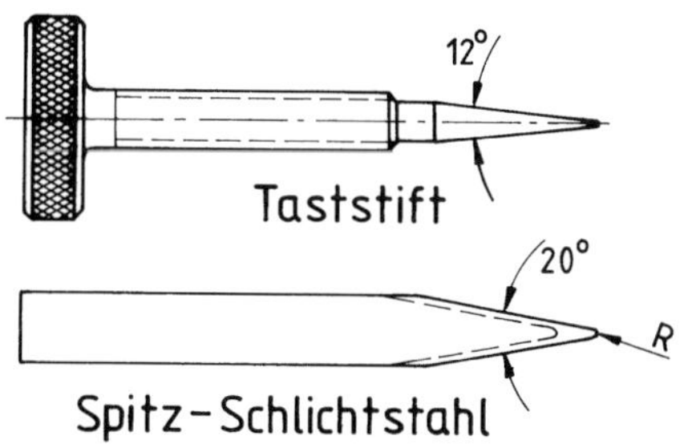

Abb. 127

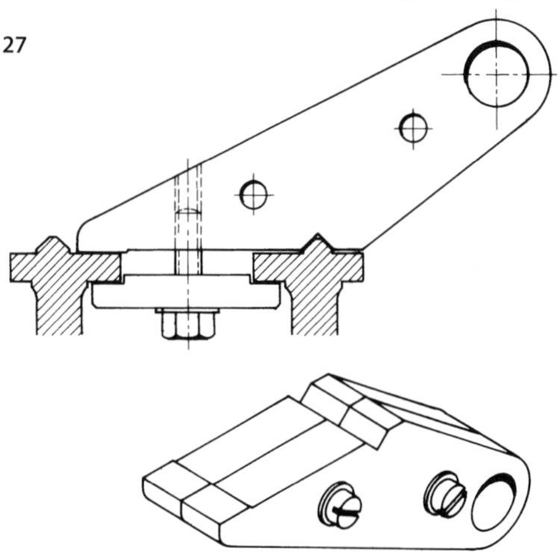

Kopierarm in der Nähe der Buchse (12) langsam seitlich verschiebt, während die linke Hand am Griff (16) den Taststift über die Schablone führt. Auf diese Weise lassen sich sehr gut Materialien wie Plastik und Holz bearbeiten. Bei Modellteilen mit relativ viel „Zerspanungsarbeit" ist es nötig, dass man mehrere Späne abhebt. Deshalb soll man den Kopierarm mit dem Drehstahl nach jedem Spandurchgang mit der Einstellschraube um einen kleinen Betrag tiefer einstellen. Vielleicht ist es für die Metallbearbeitung nötig, dass die Buchse (12) von einer mechanischen Vorschubeinrichtung, die neben der Parallelstange als Gewindespindel angeordnet ist, bewegt wird. Will man den Kopierarm an die Buchse anschweißen oder hart anlöten, so sollte die Bohrung in der Buchse erst nach dieser hitzigen Verbindung ausgerieben werden (Verzug beim Schweißen!).

12. Sondertechnologien

In diesem letzten Abschnitt möchte ich noch eine Reihe Arbeitsmethoden, Tricks und Kniffe vorstellen, die sich bei mir im Laufe der Zeit bei konkreten Aufgaben, manchmal mehr durch Zufall oder auch durch Abwandlung bestimmter Arbeitsverfahren in der Industrie, „angesammelt“ haben. Die Anfertigung besonders schwieriger Modellteile schiebe ich oft eine Weile „gedanklich vor mir her“. An einem großen, aufwändigen Modell baue ich stets einige Jahre. In dieser langen Zeit steigt die Qualität des Modellbaus und der Fertigkeiten selbst bei mir noch an. Es ist daher verständlich, dass ich sehr komplizierte Bauteile für das Modell erst zum Ende hin anfertige – falls es möglich ist.

In einigen Fällen komme ich auf mehrere Lösungen, wie man etwas machen kann. Dann wird es besonders interessant (um ein Haar hätte ich stressig gesagt), weil ich mich nun für die bessere Variante entscheiden muss. Solange es sich um reine Drehteile handelt, die fertig gedreht und so, wie sie sind, an das Modell angebaut werden, ist es noch einfach. Sehr oft geht es aber um Teile, bei denen das Drehen nur der erste, relativ einfache Arbeitsgang ist. Also muss man von Anfang an weitergehende technische Überlegungen anstellen. Oft bereitet eine besondere Vorrichtung, etwa eine Lötvorrichtung oder ein Formstechstahl, wesentlich mehr Arbeit, als es die paar Teile tun, die damit in wenigen Minuten angefertigt werden. Das berührt mich aber kaum. An erster Stelle steht bei mir stets die Qualität, denn ich will Bestmögliches leisten, gleichgültig wie lang die „Umwege“ dahin sind. Das ist mein Modellbau, so und nicht anders will ich ihn. Und das sieht man meinen Modellen an, behaupte ich einmal so ganz und gar unvoreingenommen.

12.1 Drehen mit dem „Seiten-Abstechdrehstahl“

Mit einem richtig gerasteten Vierstahlhalter (siehe Abschnitt 4.12 in Band 1) hat man die Möglichkeit, bei Massenteilen mehrere Drehstähle in einem Werkzeugwechsel mit „Wiederholgenauigkeit“ nach Skala zum Einsatz zu bringen. Bei besonders kleinen Teilen lohnt sich der ständige Wechsel von Seitendreh- und Abstechstahl kaum. Das ist oft mit viel Kurbelei an den Supportspindeln verbunden. Ich bin vor vielen Jahren beim Abstechen von schmalen Ringen von einem Messingrohr mehr durch Zufall dahintergekommen, dass man mit einem ausreichend breiten und genügend frei geschliffenen Stechstahl durchaus auch lang drehen kann. Ich habe damals vor dem Abstechen der Ringe mit dem Stechstahl den Außendurchmesser leicht überdreht. Und was man bei kleinen Aufgaben leicht tun kann, ist unter bestimmten Vorkehrungen auch in größerem Ausmaß zu machen. Also habe ich mir einen besonders breiten (oder kürzeren, je nach Betrachtungsweise) Nutenstechstahl angeschliffen. Die gewonnene Breite konnte ich fast ohne Einbuße der Stabilität dafür benutzen,

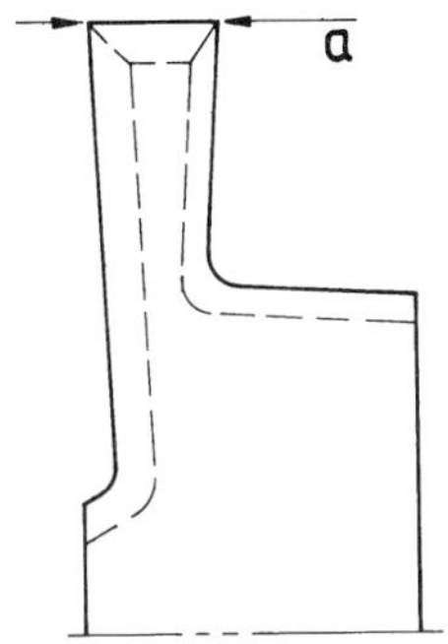

Abb. 130

die seitlichen Freiwinkel nach unten (vor allem an der linken Stechstahlseite) etwas großzügiger anzuschleifen, d. h. um etwa drei bis fünf Grad anstelle von ein bis zwei Grad. Dadurch wird der Stechstahl „seitendrehfähig". **Abb. 130** zeigt ein solches Exemplar. Der Freiwinkel an der linken Seite ist in der Draufsicht weit in den Schaft hinein angeschliffen, damit man mit dem Stahl sogar in ausreichendem Maße etwas plan drehen kann. Auf **Foto 21** sieht man in extremer Nahaufnahme ein gedrehtes Teil nach Abb. 178 (Band 1)! Der Seitenstechstahl lugt hinter der Klemmschraube hervor; rechts das obligatorisch mitfotografierte Streichholz. Auch sieht man wieder, wie relativ groß der Rohmaterialdurchmesser ist (hier 4 mm). Die Länge ist angedreht, das Teil muss noch abgestochen werden.

Foto 21: Ein Teil drehen nach Abb. 178 (Band 1).

Die vorn quer liegende Hauptschneide muss genau rechtwinklig angeschliffen (vgl. Abb. 91b in Band 1) und gerade sein. Das erreicht man, indem man beim Schleifen dieser Freifläche den Stahl an der Schleifscheibe leicht hin und her bewegt (**Abb. 131**). Kontrollieren kann man den geraden Anschliff beim vorsichtigen Anstechen eines gezogenen Materialstücks. Sobald der Stahl das Material berührt, muss er auf seiner vollen Breite schneiden (vgl. Abb. 199 in

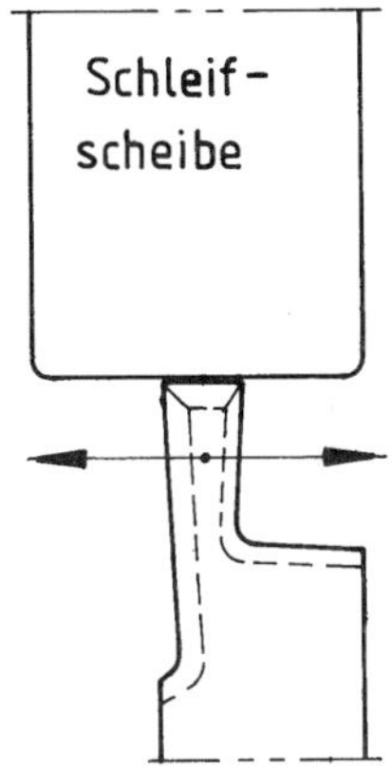

Abb. 131

Band 1). In diesem Idealzustand wäre er für das nun folgende Drehen bestens eingerichtet. Falls nicht, löst man die Schrauben des Stahlhalters etwas und klopft den Stahl am Schaft mit „Hundertstel-Schlägen" entsprechend zurecht. Beim nächsten Stechversuch an einer anderen Stelle des Materials sieht es vielleicht schon besser aus.

Wenn man mit einem so eingerichteten Stahl durch Langdrehen an der Mantelfläche Späne abhebt, dann entstehen superglatte Flächen. Der Fachmann nennt das Breitschlichten. Die Hauptschneide wäre bei seitlicher Fahrt eines Stechstahls seine linke Seite, und die vorn quer liegende Schneide ist nun Nebenschneide. Wenn aber die Nebenschneide keinen Freiwinkel in der Draufsicht hat, dann entstehen auch nicht die feinen Rillen, die wir bei Abb. 168 bis 170 (Band 1) als „Rautiefe" kennengelernt hatten. Das ist die Ursache für die guten Flächen bei seitlicher Bewegung mit einem Stechstahl.

Die Schneide (Maß „a“ in Abb. 130) soll möglichst ein glattes Millimetermaß haben (3,0, 2,0 oder 1,0 mm), weil man damit besser rechnen kann, oder auch 0,5-mm-Maße: 2,5 und 1,5 mm. Bei einer Schneidenbreite von weniger als 1 mm schleift man sie in 0,1-mm-Stufen an, d. h. mit einer Breite von 0,9 – 0,8 – 0,7 mm usw. Der „Seitenabstechstahl“, mit dem ich auf dem Uhrmacherdrehstuhl drehe, hat stets eine Breite von genau 0,7 mm, bei nur etwa 2,5 mm Schneidenteillänge. Zum Beispiel wäre eine Breite von 0,73 mm sehr ungünstig. Wie soll man mit den 0,03 mm rechnen?

Drehen wir gedanklich ein kleines Beispielteil aus Messing, wie in **Abb. 132** dargestellt. Es ist zur Eingewöhnung noch relativ groß. Der Seiten-Abstechstahl hat eine Breite von genau 2 mm; er ist 5 mm lang angeschliffen. Die 8-mm-Materialstange wird 15 mm aus dem Futter ragend eingespannt. Dann folgen der Reihe nach mit dem gleichen Stahl die Arbeitsgänge:

- Plandrehen; dabei wird der Obersupport „genullt“.
- Zentrieren, 1,5 mm vorbohren, 2 mm fertig bohren (oder: 1,8 mm vorbohren und 2 mm reiben).
- Jetzt muss bei einem kurzen, vielleicht nur 3 mm langen Langdrehspan der Quersupport justiert werden. Beim Erreichen von Ø 7 wird die Supportskala auf „0“ gestellt.

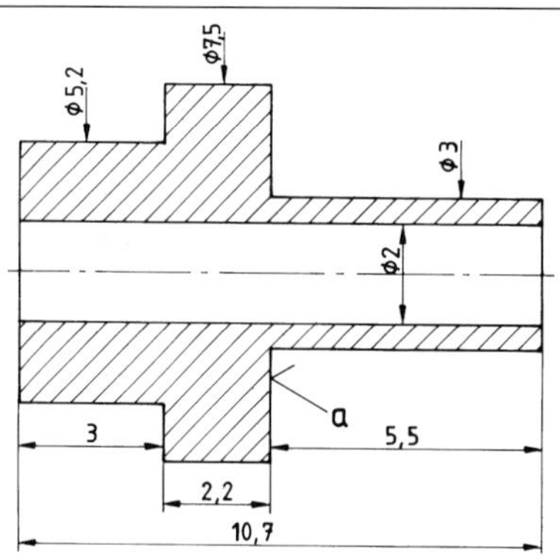

Abb. 132

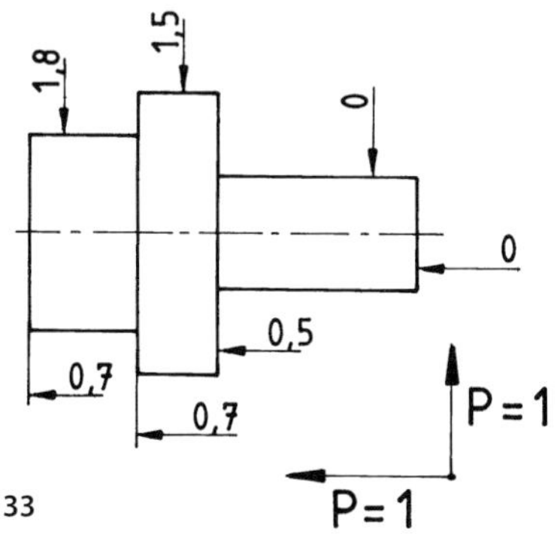

Abb. 133

- Es werden weitere 4 mm mit dem Quersupport zugestellt, so dass der erste Absatz Ø 3 × 5,5 durch Langdrehen angedreht werden kann.
- Eine so genannte Anfahrskizze (**Abb. 133**), noch ohne Zahlen, liegt als einfache Handskizze bereit. An die Pfeile werden später die Skalenwerte geschrieben, die für das Erreichen der jeweiligen Durchmesser und Längen angefahren werden müssen. Bei komplizierten Teilen kann man sich die zahlreichen Werte nicht merken. Vorerst ist nur die „0“ am Pfeil für die vordere Planfläche eingetragen. Ich gehe für das Beispiel von Spindelsteigungen (P) von 1 mm in beiden Supporten aus. Am ersten Absatz müssten die Werte 0,5 und 0 für den Durchmesser eingetragen werden. 0,5 deshalb, weil man fünfeinhalb Umdrehungen mit der Supportkurbel machen muss. Bei längeren Teilen mache ich zusätzlich den Vermerk „5×“ an den Absatz. Von Ø 7 bis Ø 3 müsste die Spindel genau um zwei Umdrehungen zugestellt werden.
- Jetzt wird der Stahl langsam nach außen über den Wert Ø 8 herausgezogen, dadurch die Absatzplanfläche („a“ in Abb. 132) plan gedreht.

- Mit dem Quersupport wird nun auf den Skalenwert 1,5 zugestellt.
- In dieser Zustellung wird der Durchmesser von 7,5 mm per Langdrehen überdreht, vorerst die geforderten 2,2 mm, daran anschließend noch genau 2 mm (das ist die Stahlbreite!). Dieses Überdrehen für das Maß Ø 7,5 wird ohne Unterbrechung 4,2 mm (2,2 + 2 = 4,2) lang ausgeführt.
- Man kurbelt dazu viermal bis 0,5 und dann noch um 0,2 mm weiter, also bis 0,7. Dieser Wert wird nun ebenfalls in die Anfahrskizze eingetragen; die Pfeilrichtung ebenfalls wie bei den Planflächen ← 0 und ← 0,5 von rechts nach links. Dies zeigt mir gleichzeitig die entsprechende Anfahrrichtung an. Würde ich 0,7 → so eintragen, würde das bedeuten, dass der Drehstahl aus der anderen Richtung an die Planfläche heranfährt. Auch hier könnte man als Gedankenstütze „4×" hinschreiben.

Das Werkstück sieht inzwischen wie in **Abb. 134** aus. Jetzt kann auf das Maß Ø 5,2 heruntergestochen werden: Ø 7,5 – 5,2 = 2,3 mm. Vom Skalenwert 1,5 (entspricht Ø 7,5) müssen also 2,3 mm zugestellt werden

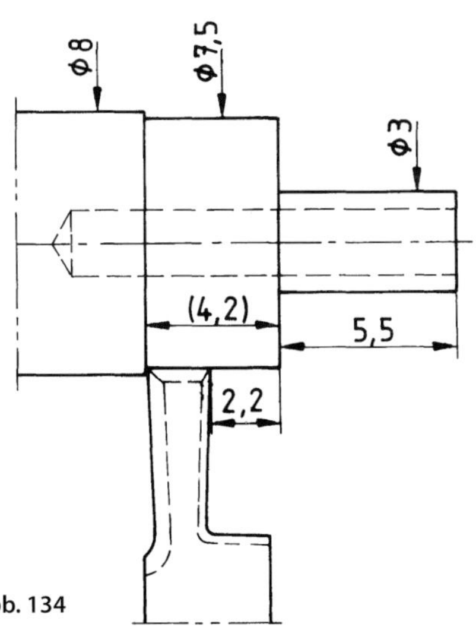

Abb. 134

(alles das unter der anfänglichen Voraussetzung, dass die Quersupportspindel eine Steigung von 1 mm hat!). Das ist eine komplette Umdrehung plus 0,3 mm. Der Skalenwert für das Erreichen von Ø 5,2 wäre also 1,8.

- Man sticht auf 1,8 herab und trägt gleichzeitig diese Zahl in die Anfahrskizze ein. Nun muss noch der hintere Absatz 3 mm lang angedreht werden. Dazu kurbelt man den Obersupport vom Skalenwert, auf dem er gerade steht (0,7), genau um drei Umdrehungen (= 3 mm) weiter. Das Werkstück sieht danach wie in **Abb. 135** aus. Es muss nur noch abgestochen werden.

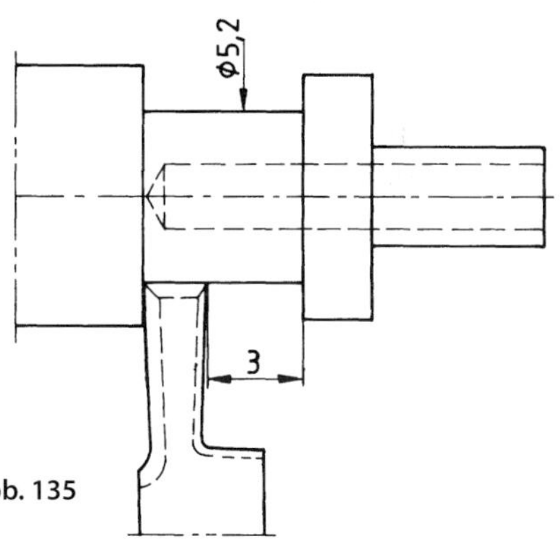

Abb. 135

- Für das Abstechen müsste man theoretisch noch 3,2 mm zustellen (Ø 5,2 – 2 = 3,2 mm). Wir stechen vorerst nur etwa 2 mm tiefer und ziehen den Stahl sogar etwas zurück. Es ist nicht gut für eine Drehstahlschneide, wenn sie minutenlang an einer Fläche ohne Zustellung herumschleift.
- Jetzt werden alle Kanten gebrochen (Dreikantschaber, Feile).
- Restliches Abstechen.
- Zum Schluss wird das Werkstück (werden die Werkstücke) auf den Ø 3 gespannt, die hintere Bohrungskante wird entgratet.

Um dieses Drehen eines Werkstücks mit einem Seitenabstechstahl zu begreifen, empfehle ich das Training an einem ähnlichen Werkstück.

Bei anderen Support-Spindel-Steigungen muss man natürlich anders rechnen. Man muss sich dazu stets vor Augen halten, dass die linke Stechstahlkante immer „vordere“, die rechte Kante immer „hintere“ Planflächen herstellt. In **Abb. 136** habe ich zur endgültigen Klarstellung noch einmal den Bewegungsablauf eines bestimmten Punkts auf dem Drehstahl für das Teil nach Abb. 132 dargestellt. Auffällig ist der mit (a) bezeichnete lange Weg, um die nur kurze Werkstückkante (b) anzudrehen. Dieser Weg muss so lang sein, weil hier ein Wechsel der Stechstahlseiten stattfindet.

Anders ist es, wenn dieser Wechsel innerhalb einer „Breitnut“ gemacht wird. Zur Verdeutlichung eine kleine Skizze (**Abb. 137**). Hier ist der „Innenweg“ des Stechstahls (c) wesentlich kürzer als die Breite der gedrehten Nut (d),

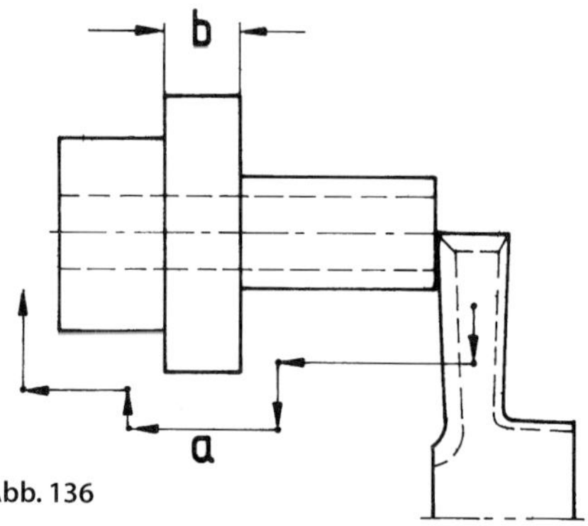

Abb. 136

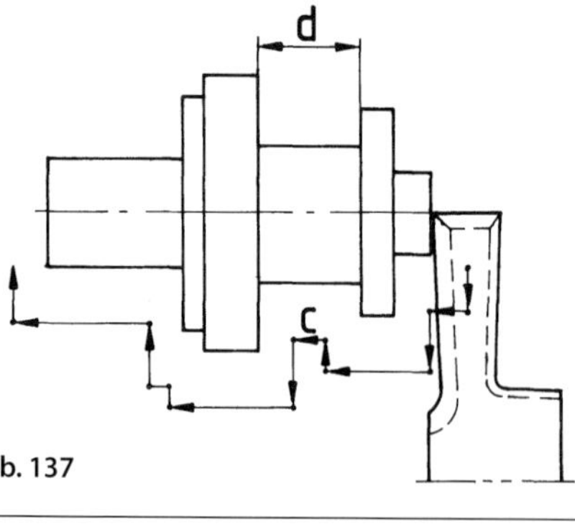

Abb. 137

nämlich exakt um die Breite des Stechstahls. Beim Ausstechen von Nutbreiten muss also der seitliche Fahrweg um die Breite des Stechstahl reduziert werden.

Es ist logisch, dass beim Einstechen einer genau 2 mm breiten Nut der Stahl nur auf die entsprechende Tiefe eingestochen und anschließend sofort zurückgezogen wird. Sind Nuten am Modellteil, die schmaler sind, als der Stechstahl breit ist, dann muss das Teil in Hälften zerlegt werden (siehe Abschnitt 12.6). Ich hatte schon Nutbreiten von 0,2 mm herzustellen. So schmal kann man einen Stechstahl beim besten Willen nicht anschleifen.

Hat man einmal eine Anfahrskizze angefertigt und sich die dazu nötigen Drehstahlbewegungen eingeprägt, kann man sie für zahlreiche Wiederholteile benutzen, um diese vollkommen gleich anzufertigen. Die Arbeit läuft sodann, völlig ohne zu messen (!), wie bei einem Drehautomaten ab. Schnell hat man eine größere Anzahl Teile gedreht. Bei winzigen Teilen ist Messen oft kaum oder nur sehr erschwert durchzuführen. Mehr noch, man kann bei den folgenden Teilen die Anfahrwerte noch geringfügig solange ändern, bis alle Maße wie gewünscht erscheinen. Diese ersten so genannten „Einrichtteile“ soll man von den späteren „Serienteilen“ getrennt halten, damit sie nicht mit diesen verwechselt werden. Ich gehe sogar so weit, dass ich bei einem einmal justierten Quersupport oft tagelang den Skalenring nicht verdrehe, um damit mehrere verschiedene Drehteile oder Drehteilserien herzustellen. Grundvoraussetzung für dieses Arbeitsverfahren ist natürlich ein auf exaktes zylindrisches Drehen eingerichteter Obersupport, weil alle Bewegungen des Drehstahls nur durch die Schlitten des Kreuzsupports bei geklemmtem Bettschlitten ausgeführt werden.

Hat man die Tischdrehmaschine auf diese Weise zu einem „Beinahe-Drehautomaten“ eingerichtet, dann fällt es auch nicht schwer, einige zusätzliche Teile zu drehen. Wie viele ich mehr drehe, hängt in erster Linie davon ab, wie arbeitsintensiv und gefahrbefrachtet sie weiterbearbeitet werden. Drehteile, die man so, wie sie gedreht wurden, nur irgendwo gefahrlos anklebt, stelle ich in der geforderten Stückzahl her. Überzählige Teile drehe ich, wenn bei späteren Arbeitsgängen noch viel schief gehen kann oder die Gefahr besteht, dass besonders winzige Teile verloren gehen.

Für das Drehen von kleineren Modellteilen fertige ich in der Regel zwei Skizzen an: eine maßstäbliche, unbemaßte 10:1-Zeichnung (oder 5:1 bei größeren Sachen, oder auch 2:1 bei sehr großen Modellteilen) und eine bemaßte Frei-Hand-Werkstattskizze. Letztere verwende ich bei Bedarf gleichzeitig als Anfahrskizze. Das Fallbeispiel von Abb. 132 und 133 würde bei mir, auf das unbedingt Notwendige reduziert, so wie in **Abb. 138** aussehen, die ich hier im Original zum Druck gegeben habe. Ja, so schlimm sehen bei mir Handskizzen aus. Kreise berühren die Drehflächen. In diese schreibe ich die Skalen-Anfahrwerte für die einzelnen Durchmesser, damit ich sie nie mit den Durchmesser-Maßzahlen verwechsele. Bei komplizierten Drehteilen schraffiere ich zur besseren Übersicht nur den oberen Teil der Schnittdarstellung.

Abb. 138

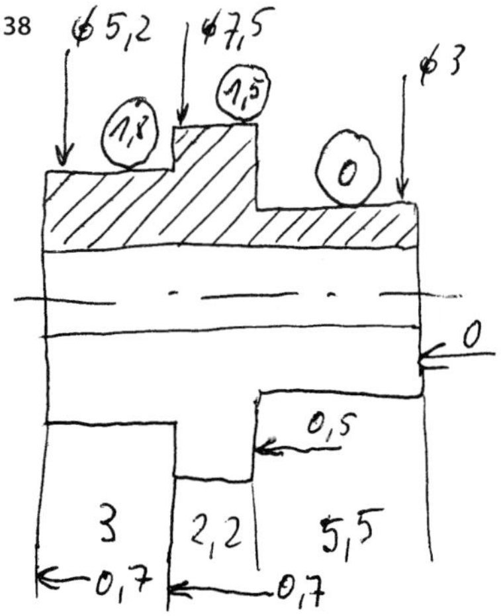

Abb. 139

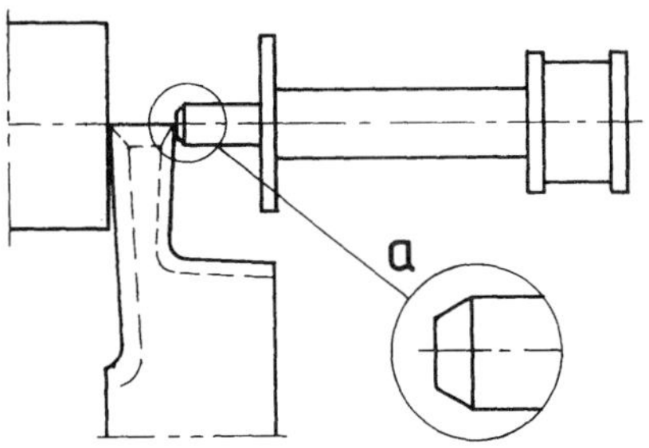

Viele kleinere Modellteile erhalten sofort einen Montagezapfen mit angedreht (**Abb. 139**). Das hat den Vorteil, dass er mit dem Teil gut verbunden ist und gleich mit rund läuft. Oft hat er nur einen Durchmesser von 0,8 oder 1 mm. Die Teile können mit dem Zapfen zum Beispiel in eine Blechwand eingesteckt und von der Innenseite her verlötet werden, ohne dass sie verrutschen. In diesem Fall muss der Zapfen nicht sehr lang sein. Anders ist es, wenn der Zapfen von innen verklebt oder vergossen werden soll. Dann sollte er schon eine entsprechende Länge und auch einen etwas größeren Durchmesser haben. Wie auch immer, vor dem endgültigen Abstechen bekommt der Zapfen eine Suchfase angearbeitet („a“ in Abb. 139). Die Suchfase, sie kann beinahe eine 60°-Spitze sein, ist bei der Montage oft eine gute Hilfe. Scharfkantig belassene Zapfen bekommt man manchmal nur durch Zufall in eine Bohrung hinein.

Apropos, Bohrung. Ich mache die Bohrung im Gegenstück meist um 0,1 bis 0,3 mm größer, wenn nicht die Forderung einer genauen Zentrierung dagegenspricht. Ist die Bohrung zu eng, wird der Kleber oft völlig weggeschoben – und tritt oben unschön aus. Überhaupt ist es besser, wenn man den Kleber in die Bohrung gibt. Er wird dann von dem eingesteckten Zapfen nur tiefer eingeschoben, kann oben kaum austreten. Bei einer Sacklochbohrung wird nur eine Seite der Bohrungswandung mit Kleber versehen. So kann durch den Luftspalt an der anderen Seite die verdrängte Luft aus der Bohrung entweichen. Nachdem der Zapfen ganz eingeführt ist, verdrehe ich ihn mehrmals, so dass sich der Kleber rundum verteilt.

Wenn man dagegen einen rundum mit Kleber bestrichenen Zapfen in eine Sachklochbohrung einführt, dann wirkt er wie ein dicht schließender Kolben. Die unter dem Zapfen verdichtete Luft wird das Teil wieder anheben. Wenn man das nicht rechtzeitig bemerkt, kann es zu einer Fehlklebung in zu hoher Lage des Teils kommen! Übrigens prüfe ich jeden Zapfen, bevor ich den Kleber aufstreiche. Es ist „peinlich", wenn man erst beim Montageversuch mit Kleber merkt, dass die Bohrung doch zu klein ist.

12.2 „Doppelend-Andrehverfahren"

Schon mehrfach habe ich vom „Doppelend-Andrehverfahren" gesprochen. Was ist das? Es ist die Möglichkeit, bei Serienteilen die eingerichtete Drehmaschine ohne Werkzeugwechsel und mit einem Minimum an Messtätigkeit für wirklich alle Teile zu benutzen. An kurze Materialstücke werden beidseitig Teile angedreht, durch Fräsen weiterbearbeitet und zum Schluss abgestochen. So steche ich zum Beispiel bei geforderten 30 Modellteilen 15 Materialstücke ab – theoretisch, praktisch einige mehr, wenn es sich um komplizierte Sachen handelt. **Abb. 140** macht klar, wie lang die Gesamtlänge (a) der Materialstücke sein muss. (Sp) ist die Spannlänge nach dem Abstechen des ersten Teils. Sie muss ausreichend groß sein. Auch ein Überstand (ü) muss gegeben sein, damit der Stechstahl nicht zu nahe an den Futterbacken steht. (R) ist das Maß für die Länge des Reststücks (wenigstens 2 × D), (W) die Werkstücklänge. Vor Beginn der Dreharbeit wird das Materialstück mit dem Maß W + ü + Stechstahlbreite (b) aus dem Futter ragend eingespannt. Die Reststücke werden später für andere Drehteile

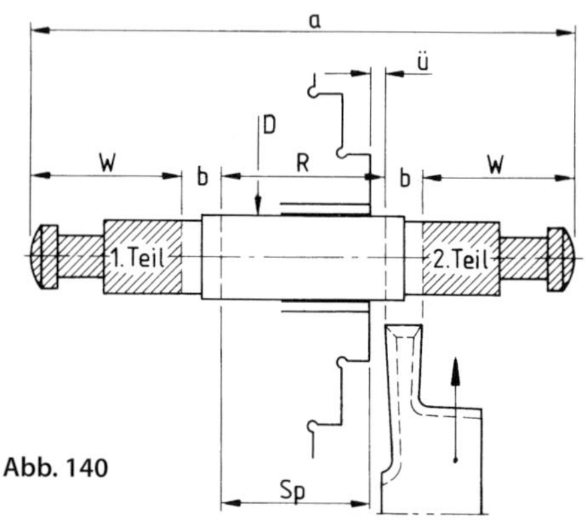

Abb. 140

genutzt. Als Beispiele für Anwendungsfälle sahen wir die Abb. 63 (Band 1), 63 und 78 (Band 2) oder auch das Foto 10. Das „Doppelend-Andrehen" benutze ich sehr oft.

Wenn die Doppelstücke zwischendurch ausgespannt werden, um vielleicht Anfräsungen auszuführen, muss anschließend der Drehstahl wieder an einer Planfläche axial ausgerichtet werden. Das mache ich nicht immer durch das schon so oft von mir erwähnte „Ankratzen". Entweder sind die Absätze viel zu klein, so dass man kaum etwas sieht, oder ich will sie nicht beschädigen. Dann richte ich nach Sicht ein. **Abb. 141** zeigt, wie das geht. Die Hauptschneide des Stechstahls wird mit dem

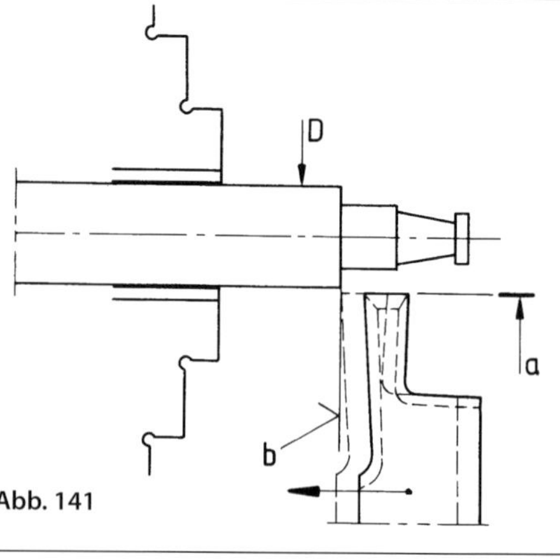

Abb. 141

Quersuppport nahe an den Durchmesser (D) herangefahren (Stopp bei „a"). Dann wird der Stahl vorsichtig nach links an die gedachte Linie (b) als Verlängerung der hinteren Planfläche gekurbelt. Das geht meist ganz ohne Berührung des Werkstücks und ohne Ankratzen auf den Zehntelmillimeter genau. Dabei dreht sich das Teil natürlich – für den Fall, dass man doch irgendwo anstößt. Würde man das bei einem stehendem Teil tun, würde der Drehstahl in der Halterung unmerklich verschoben.

Foto 22: Eine Kopflupe.

Bei diesem Einrichten sehe ich mit einer starken Lesebrille oder bei sehr kleinen Teilen mit der Kopflupe (**Foto 22**) senkrecht von oben auf Drehstahl und Werkstück. Wenn dabei „im Hintergrund" auf dem Maschinenbett Drehspäne liegen, ist das nicht sehr günstig. Daher lege ich auf das Maschinenbett ein weißes Stück Papier. So kann man Einrichtungen viel deutlicher sehen. Man kann sogar für das Drehen von besonders komplizierten Teilen eine hinter dem Modellteil schräg stehende weiße Fläche positionieren. An der Schräge werden die Späne abgleiten und man hat immer gute Sicht.

12.3 Extrem lange und dünne Drehteile

Mit einem gut angeschliffenen Seitendrehstahl kann man ein Materialstück mit recht großem Durchmesser mit einem Span kürzen. Man soll dabei mit der Drehstahlspitze nie über die Drehmitte hinausfahren. Besser ist es, wenn der Drehstahl dabei vor der Mitte steht. Fast jeder Dreher hat es schon erlebt: Die Drehstahlspitze steht leicht vor der Drehmitte, die Späne fließen vielleicht gut ab, und schon bleibt in der Mitte ein langes, dünnes Stäbchen stehen. Früher oder später bricht es ab, weil die Späne es einfach abknicken.

Diese Tatsache habe ich schon hunderte Male bewusst genutzt, um besonders dünne und lange Modellteile zu drehen, die anders nie zu machen wären. Nie ist zu viel gesagt. Es geht in einem gewissem Maß mit Reitstock-Unterstützung nach **Abb. 142**. Das Stück mit der Zentrierbohrung (a) müsste anschließend noch abgetrennt werden. Die Art und Weise nach Abb. 142 ist eine Möglichkeit. Ich muss gestehen, dass ich sie beim Modellbau noch nie angewendet habe, nur während meiner Berufstätigkeit. Schon deshalb, weil diese Sache ihre Grenzen hat. Je länger das dünne Stück ist und je näher man dem kleinen Durchmesser kommt, umso mehr entwickelt das „Stäbchen" die Fähigkeit, sich in der Mitte wegzubiegen. Am Ende habe ich einen Stab mit dünnen Enden und dickerem Mittelstück. Schnell beiseite da-

Abb. 142

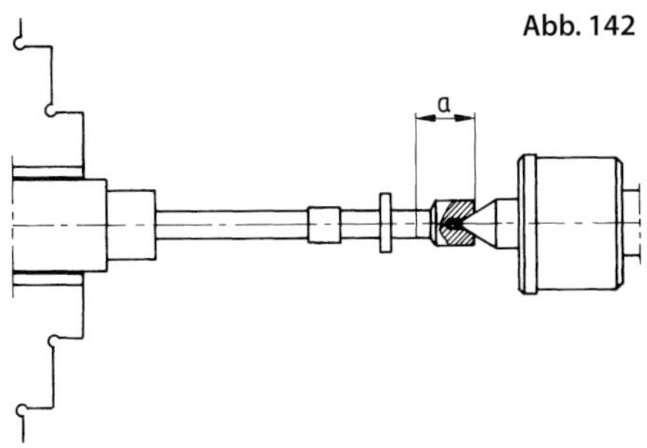

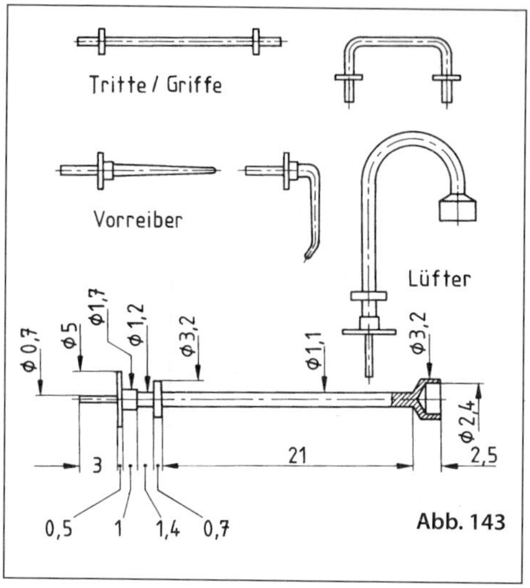

Abb. 143

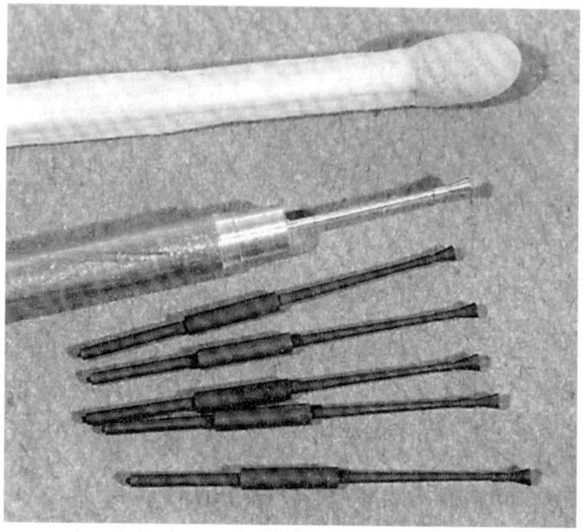
Foto 23: Rohre für 40-mm-BOFORS-Waffen im Maßstab 1:250 (!) für Kartonmodelle. Die Maschineneinrichtung für die einzelnen Arbeitsgänge (Winkeleinrichtung des Obersupports usw.) lohnt so richtig nur bei größeren Stückzahlen (um die 100 Stück und mehr). Das konische Rohr hat am äußeren Ende nur 0,3 mm Durchmesser. Hierbei ist „das Ende der Fahnenstange" beinahe erreicht.

mit! Ich halte mich meist an das Verfahren, das ich nun vorstellen möchte. Dabei entstehen oft Modellteile – so klein, dass man kaum glaubt, dass sie gedreht sind (**Abb. 143** und **Foto 23** und **23a**). Für das Drehen verwende ich sogar überwiegend den „Seiten-Abstechstahl", den wir in Abb. 130 gerade kennengelernt hatten. Grundbedingung ist auch hier wieder, dass der Obersupport ganz besonders gut auf zylindrisches Drehen eingerichtet ist. Wenn ich ein „Stäbchen", Ø 0,4 × 20 lang, andrehen will – das ist tatsächlich kein Problem –, darf es nicht sein, dass sich der Drehdurchmesser auf den 20 mm um 0,2 mm verändert. Das würde man bei diesen geringen Dimensionen sehr deutlich sehen. Also sind bei den Drehversuchen für das Zylinder-Einrichten „Hundertstel-Schläge" nötig. Im Abschnitt 4.10 (Band 1) hatte ich diesen Drehversuch ausführlich erklärt. Dazu an dieser Stelle noch ein kleiner Hinweis. Es ist nicht nötig, dass man den Probezapfen als Messfläche in einem Stück überdrehen muss. Man kann in der Mitte mit dem gleichen Seitenstahl einen breiten Freistich grob und mit großem Vorschub einstechen (**Abb. 144**). Die eigentlichen Probespänchen hebt man dann nur noch bei (D) und (D') mit langsamem Vorschub ab. Den

Abb. 144

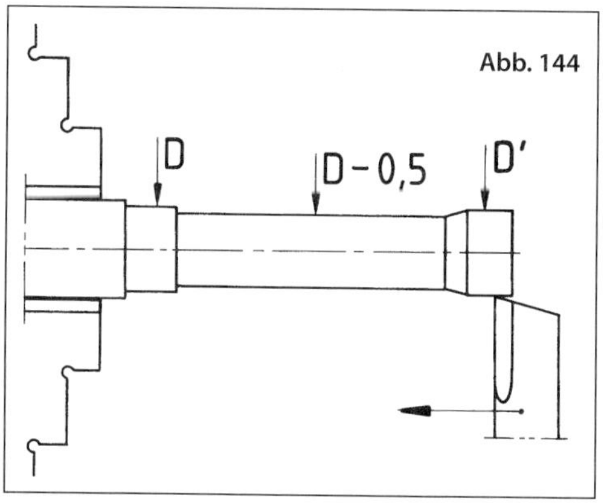

Mittelbereich kann man schnell überkurbeln. Miteinander verglichen werden ebenfalls nur die Maße (D) und (D').

Was geschieht, wenn ich per konventionellem Drehen mit mehreren Spänen und Messvorgängen einen Zapfen, Ø 0,4 × 20 mm lang, an ein Werkstück andrehen will? Selbst, wenn ich ein 10-mm-Materialstück voraussetze, wird sich der Zapfen spätestens bei Ø 5 × 20 so stark

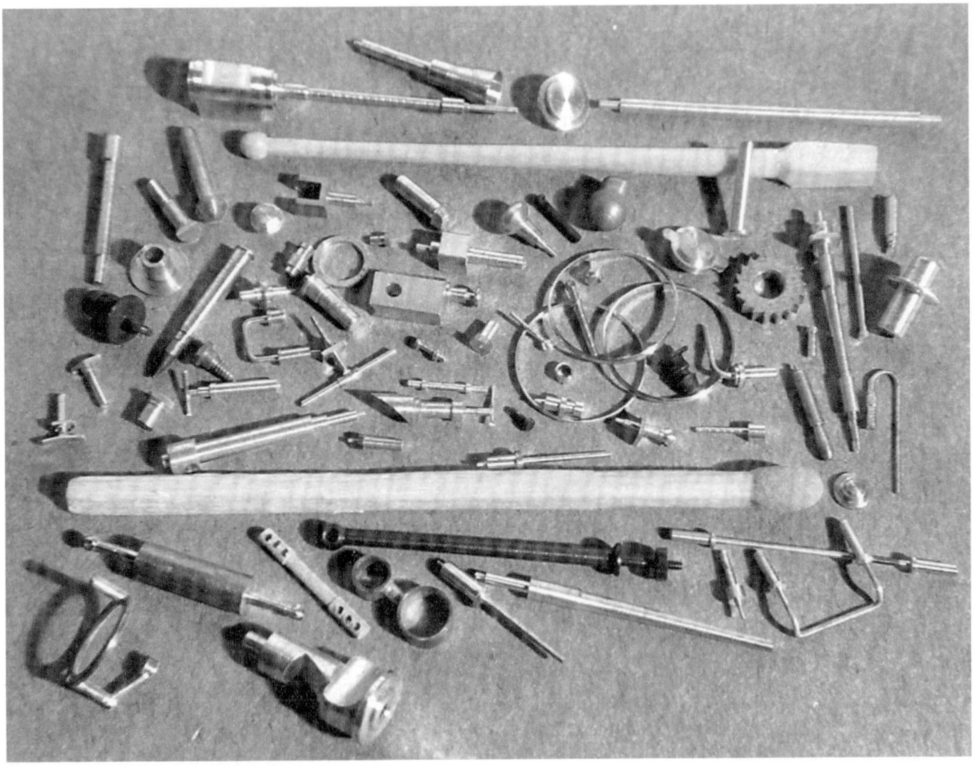

Foto 23a: Hier sind nicht etwa Späne um ein Streichholz versammelt, sondern überzählige Miniatur-Drehteile aus meiner Modellbaupraxis. Wenn die in diesem Buch gegebenen Hinweise allesamt beachtet werden, dann ist die Herstellung solch kleiner Teile für jedermann problemlos.

wegbiegen, dass eine sinnvolle Spanabnahme kaum noch möglich ist. Mit Sicherheit bricht das Stück bei Ø 3 ab. Man kann es so nicht machen. Um bei dem Beispiel mit Ø 0,4 × 20 zu bleiben. Zuerst wird das 4-mm-Materialstück um 11 mm aus dem Futter ausragend eingespannt. Dann erfolgt, wie stets in solchen Fällen, das Justieren der Quersupport-Skala. Sie wissen inzwischen, was damit gemeint ist: Der Skalenring wird so eingestellt, dass beim Hindrehen auf einen vollen Millimeterwert am Werkstück ebenfalls ein Durchmesserwert entsteht, der einem vollen Millimeter entspricht. Mit einem richtig justierten Quersupport kann man nur durch Einstellen an der Skala jeden Durchmesser drehen – völlig ohne Messen. Es lohnt sich, auch das an Probestücken zu testen. Wenn der Drehstahl richtig scharf ist, wird er jeden „Befehl" des Skalenrings in einen richtigen Durchmesser am Werkstück umsetzen.

Den ersten Teil des Absatzes Ø 0,4 × 10 kann man bei einem Rohteildurchmesser von 4 mm mit zwei Spänen andrehen. Die theoretische Spantiefe ist 1,8 mm (4 – 0,4 : 2 : 2 = 0,9 mm), also nicht zu viel. Ich rede hier ausdrücklich vom Bearbeiten von Drehmessing. Bei lang spanenden Werkstoffen ist ein etwas anderes Zerspanen nötig. Hier besteht immer die Gefahr, dass der sehr hartnäckige Spänefluss den dünnen Draht, mehr ist es nicht, wegdrückt.

Abb. 145 zeigt die Arbeitsschritte für das Andrehen der ersten 10-mm-Länge. Man sieht, dass zuerst 5 mm Länge durch Vordrehen auf Ø 2 und anschließend mit einem zweiten Span auf Ø 0,4 gebracht werden, dann wird der Rest ebenfalls auf Ø 2 vorgedreht und dann auf Ø 0,4 vollendet. Sehr sinnvoll ist es – ich mache es immer so –, wenn man die Rückwärtsfahrt des Drehstahls nach dem Andrehen des ersten Absatzes dazu verwendet, den Quersupport sofort etwas zuzustellen. Dadurch wird der Zapfen leicht konisch (**Abb. 146**). Diese Tatsache hat beim folgenden Abdrehen auf Ø 0,4 den großen Vorteil, dass ganz vorn, dort wo der Hebelarm (für ein potenzielles Wegdrücken) am längsten ist (immerhin 5 mm), die geringste Spantiefe vorherrscht. Sie nimmt während des Langdrehens über jene 5 mm stetig zu. Das darf sie, weil der Hebelarm im gleichen Maße kürzer wird. So gesehen kann man sogar versuchen, die gesamte 10-mm-Länge des ersten Teils als 2-mm-Zapfen anzudrehen, bei der Rückwärtsfahrt konisch bis etwa auf Ø 1 zuzustellen und zum Schluss in einem Span das Maß Ø 0,4 herzustellen.

Abb. 145

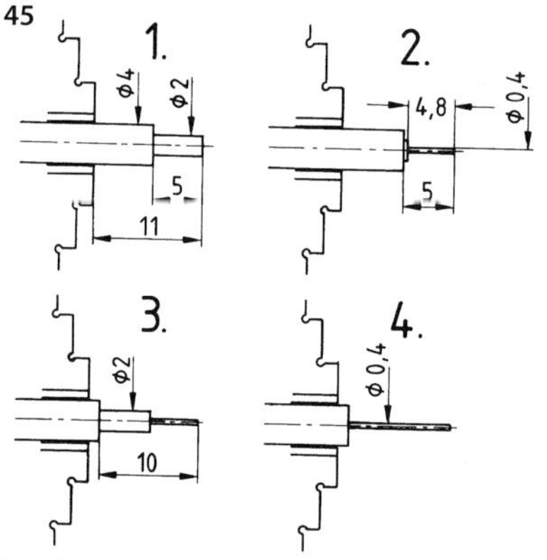

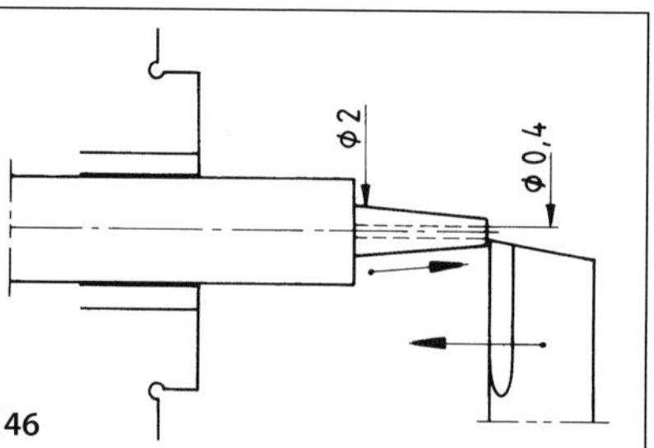

Abb. 146

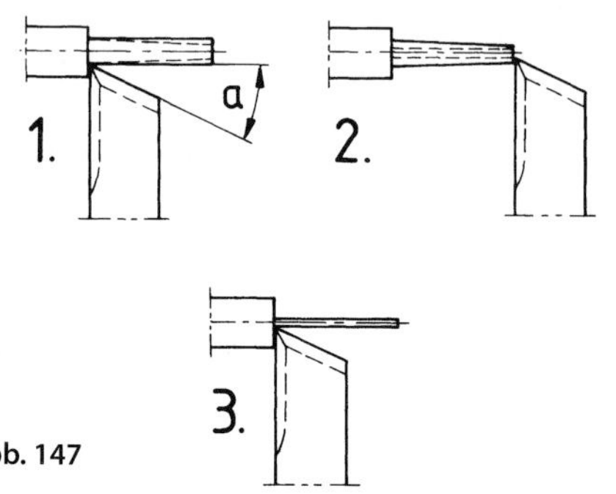

Abb. 147

Diesen Ablauf zeigt maßstäblich Abb. 147. Für das Zustellen bei Rückwärtsfahrt ist es günstig, wenn der Seitendrehstahl an der Nebenschneide überdeutlich frei geschliffen ist („a" in **Abb. 147**). Beim Zurückkurbeln schneidet die schräg stehende Nebenschneide. Somit wird die Querkraft, die auch den konischen Zapfen leicht wegdrückt, etwas vergrößert. Andererseits darf der Zapfen bei der Rückwärtsfahrt weggedrückt werden, es ist ja kein „Fertigspan". Beim letzten Fertigspan kommt wieder nur die rechtwinklig stehende, völlig querkraftfreie Hauptschneide zum Eingriff.

Auch dieses Andrehen von längeren Zapfen muss man üben. Man kann erklären was man will, Übung macht auch hier den Meister. Auch mir passiert es hin und wieder, dass ich es zum Beispiel mit der Länge der Zapfen übertreibe oder mit dem Zustellen bei Rückwärtsfahrt – und schon ist ein Zapfen abgebrochen. Hinterher weiß man, was man verkehrt gemacht hat. Sehr schnell entwickelt man ein gutes Gefühl für Machbares.

Bei einem richtig eingestellten Obersupport sind die Durchmessermaße über die Länge des Zapfens auf den Hundertstelmillimeter gleich. Man kann das Andrehen dünner Zapfen ins Extreme steigern. Ich hatte für das 1:25-TS-Boot-Modell eine etwa 200 mm lange Peitschenantenne anzufertigen, wie man sie häufig auf modernen Kampfschiffen findet. Diese Antenne war beim Vorbild aus fünf verschieden starken Alu-Rohrstücken zusammengeschraubt. Zwischen den Teilstücken gibt es jeweils kurze, dickere Verbindungsstücke. Damit die richtigen Dimensionen beim Modellnachbau erreicht werden, habe ich die Durchmesser ausnahmsweise in den auch sonst sehr detaillierten Modellplan (Modellplan „TS-Boot 'Hans Coppi'") eingetragen (**Abb. 148**). Ich habe die gesamte Antenne mit den Verdickungen aus einem Stück und natürlich aus Drehmessing gedreht. Die Alternative wäre gewesen, die Verbindungsstücke einzeln mit den entsprechenden Bohrungen herzustellen und die eigentlichen Stabstücke aus Draht einzukleben.

Verwendet wurde 4-mm-Drehmessing, als Spannmittel eine Spannzange. Zuerst habe ich die erste, 37 mm lange Teilstrecke mit Ø 0,32 angedreht. Der Durchmesser 0,3 mm ist übrigens nach meinen Erfahrungen so ziemlich die untere Grenze des Machbaren. Natürlich habe ich die erste Teilstrecke in mehreren (vielleicht vier) Teilstücken gedreht. Wenn die Spannzange gut rund läuft, sieht man die Übergänge der Teilstücke nicht! Für das Andrehen des ersten Verbindungsstücks (Ø 0,6) wurde der Quersupport reichlich über den „toten Gang" hinaus zurückgezogen und für Ø 0,6 neu zugestellt. Das Verbindungsstück ist nur 4 mm lang. Man zieht deshalb den Messingstab um etwa 6 mm weiter aus der Zange und dreht den 0,6-mm-Zapfen mit dem Maß 4 mm plus Stechstahlbreite an. Dann stellt man 0,16 mm zu und kommt so auf den Durchmesser 0,44 mm des zweiten Rohr-Teilstücks.

Unter Umständen kann man das Drehen eines extrem langen Modellteils durch stückweises Herausziehen und Andrehen auch bei Backenfutter-Spannung ausführen. Nicht jeder hat eine Zangeneinrichtung. Dann darf man jedoch die Materialstange beim Herausziehen nicht verdrehen. Der eventuell vorhandene Rundlauffehler des Futters wird sich so über das gesamte Werkstück hinweg gleichmäßig fortsetzen und es entstehen dadurch keine Exzenter-Absätze. So habe ich auch schon gedreht. Es klappt wunderbar.

Spätestens beim Andrehen des dritten Rohrstücks beginnt das lange, dünne Stäbchen umherzuschleudern. Dabei kann es sich sogar verbiegen oder abbrechen. Deshalb muss man es halten, unterstützen. Das geht am einfachsten mit den Fingern. Doch die benötigt man eigentlich für die Bedienung der Obersupport-Kurbel. Man kann beim Uhrmacherdrehstuhl die Pinole des Reitstocks nach vorn schieben und so die „Peitsche" bändigen oder – meine dritte Anregung – in das Reitstock-Bohrfutter ein entsprechend langes, dünnes Rohr einspannen und sie somit sichern. In dieser Weise wird die Antenne bis auf Ø 0,8 und bis zum letzten konisch-zylindrischen Zapfen gedreht. Immer wird bei den einzelnen Teilstücken das konische Zurückkurbeln angewendet, das ich in Abb. 147 erklärt habe.

Bei den Relingstützen nach Abb. 79/80 wurden nach dem jeweiligen Anstechen der Radiusformen die langen Mittelstücke ebenfalls nach dem eben beschriebenen Verfahren gedreht, immer im Taktsystem.

Bei der Herstellung und Montage sehr kleiner Drehteile benötigt man eine gut gepflegte Spitzpinzette. Ich habe die Erfahrung gemacht, dass Pinzetten aus Edelstahl zu weich sind, sie verbiegen zu schnell. Sie haben zwar den Vor-

Abb. 148

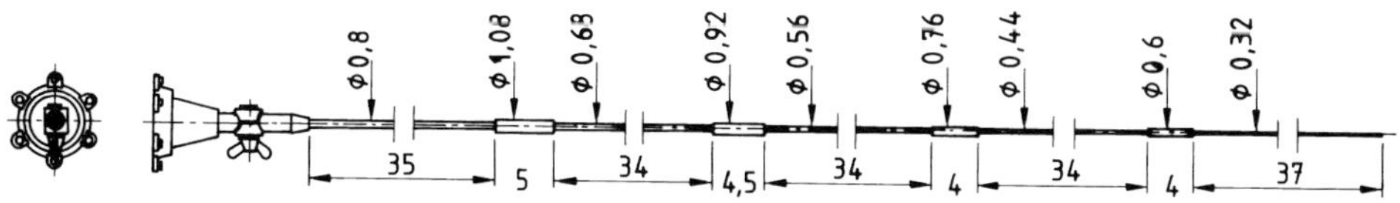

teil, dass sie beim Weichlöten, also bei der Arbeit mit Lötsäure nicht rosten und antimagnetisch sind. Wenn man jedoch andere Pinzetten aus Federstahl nach dem Löten immer gut mit Spiritus abwäscht und trocken reibt, kommt man besser mit ihnen zurecht. Und sie „stehen" besser, auch beim kräftigen Zugreifen.

Die Spitze der Pinzette (auch als Kornzange bezeichnet) wird im geschlossenen Zustand zurechtgefeilt oder vorsichtig geschliffen; zuerst auf gleiche Länge der beiden Greifspitzen, dann werden die Seiten der Spitzen gleich gearbeitet (immer noch geschlossen!). Zum Schluss werden die Dicken der Spitzen gerundet auf gleiche Stärke gefeilt. Mit einer gut hergerichteten Spitzpinzette muss man ohne Probleme einen 0,3-mm-Draht oder ein Modellteil mit einem nur 0,3 mm langen Zapfen von einer ebenen Fläche aufheben bzw. sicher halten können.

Abb. 149

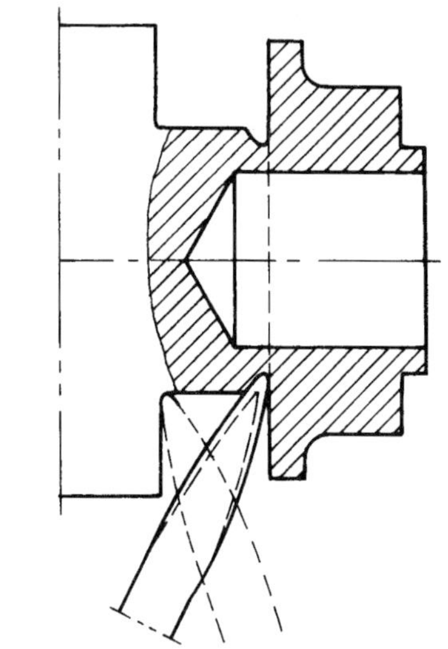

12.4 Drehen mit Spitzschlichtstahl

Sehr erfolgreich drehe ich in letzter Zeit sehr kleine Modellteile mit einem Spitzschlichtstahl fertig (Doppelend-Andrehverfahren, Anfahrskizze) und steche sie auch mit diesem ab. Diesen Spezialdrehstahl habe ich nicht erfunden. Als ich als junger Mann in der Dreherlehre war (das Drehen mit Hartmetall-Drehstählen war längst gang und gäbe), gab es bei uns in der Werkzeugbau-Abteilung noch einen „Dreher der alten Schule" namens Max Hay. Er bearbeitete sogar Werkzeugstähle mit selbst geschmiedeten Drehstählen, die so ähnlich wie überlange Fingernägel aussahen. Die Spitzen waren sehr schlank angeformt, danach natürlich sparsam scharf geschliffen und an der Spitze leicht gerundet. Mit diesen „Drehzehen" hat Hays Max lang gedreht, Werkstücke ausgebohrt und diese sogar durch wechselseitiges Hin- und Herschwenken abgestochen (**Abb. 149**).

An Hays Drehstähle habe ich mich neulich erinnert und mir für den Uhrmacherdrehstuhl

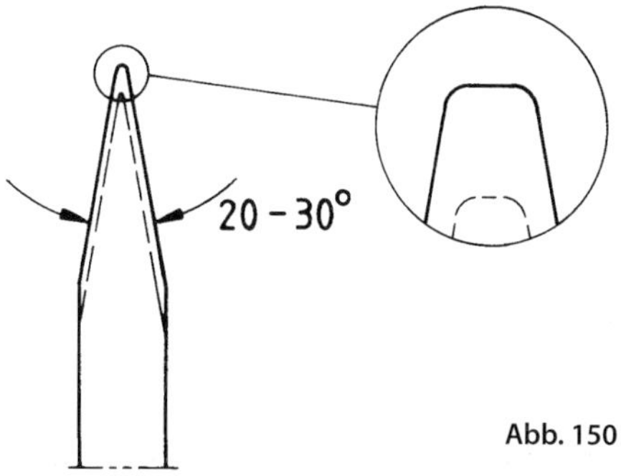

Abb. 150

einen besonders langen und spitzen Stahl geschliffen. Sein Spitzenwinkel ist etwa 30°, es geht aber auch noch schlanker. Die Freiwinkel nach unten werden, wie üblich, auf etwa 5° angeschliffen. Wichtig sind der ganz geringe Anschliff einer Fase vorn an der Spitze und deren leichte Abrundung mit einem Abziehstein zu den Seiten hin (**Abb. 150**). Beides muss so gering erfolgen, dass es mit bloßem Auge kaum sichtbar ist.

Wenn man mit einem solchen Drehstahl kleine Teile mit diversen Absätzen dreht, die jeweils nur wenige Zehntelmillimeter hoch sind, erkennt man mit bloßem Auge nicht, dass die

Planflächen der Absätze eigentlich schräg stehen (**Abb. 151**). Die Späne fließen gut ab. Sogar Abstechen auf die üblichen Durchmesser bis etwa Ø 4 ist gut machbar. Wenn man Ringe und Rohre absticht, gibt es an der Innenkante wenig Grat – vorausgesetzt, die Innenbohrung läuft gut rund.

Etwas problematisch ist die Einhaltung von Längen. Wo fängt ein Zapfen an? Bei (a) oder (a') in **Abb. 152**? Und wo ist das Ende, bei (b) oder (b')? Ist (c1), (c2), (c3) oder (c4) seine Länge? Das müsste man von Fall zu Fall entscheiden. Ich möchte nochmals betonen, dass dieser Drehstahl nur für extrem kleine Modellteile benutzt wird. Schon oft habe ich in der Vergangenheit kleine Hebel mit Kugelgriffen mit einem Spitzschlichtstahl gedreht. Auch hierfür lohnt die Anfertigung einer Vergrößerungsskizze, damit man das wichtige Maß (a) in **Abb. 153** herausfindet. Bevor der Hebel hinten mit dem kleinen Zapfen abgestochen wird, muss man die Kugel mit einem Dreikantschaber runden. Dazu wird das schraffierte Material ab-

Abb. 151

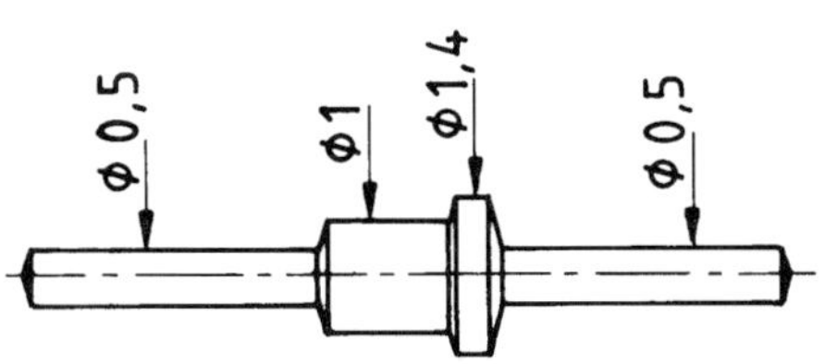

Abb. 152

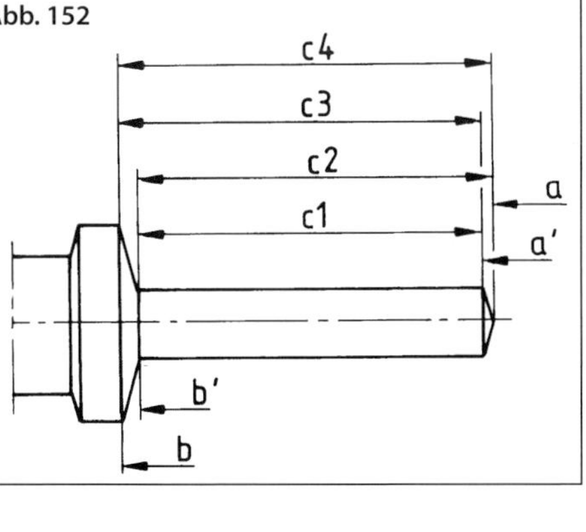

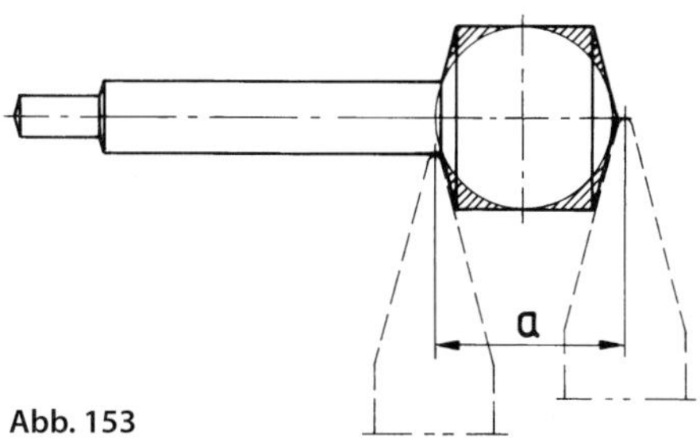

Abb. 153

getragen. Das geht sehr gut. Die vordere flache Spitze wird mit einer Nadelfeile weggenommen. Auf diese Weise ist es mir schon gelungen, Kugelgriffe mit nur 0,5 mm Durchmesser sauber zu drehen.

12.5 Hohle Modellteile

Ich möchte nun gezielt meine Kollegen im Schiffsmodellbau ansprechen, speziell die Vertreter der Sparte Fahrmodelle. Wenn man sich Vorführungen auf dem Wasser ansieht, dann fällt zweierlei auf: Viele Modelle legen sich bei der Kurvenfahrt oft beängstigend auf die Seite, kippen fast um – manchmal nicht nur beinahe, sondern tatsächlich. Zum anderen sind sie kurz vor dem Untergang. Diese Misslichkeiten werden oft völlig falsch als „schlechte Fahreigenschaften" interpretiert. In Wirklichkeit sind die Modelle so schwer gebaut, dass der Konstruktions-Tiefgang weit überschritten wird. Beschriftungen am Überwasserrumpf sind kaum noch zu lesen. Ich erinnere mich vage an ein entsprechendes, sehr sinnvolles Bewertungskriterium in den Wettbewerbsvorschriften des DDR-Schiffsmodellbaus. Danach durften die Fahrmodelle nur bis zu 10 % tiefer, als es die Wasserlinie verlangt, eintauchen. Spricht man mit dem Modellbauer und fragt danach, wie er denn den schönen, runden Schornstein gebaut hat, kommt als Antwort: Na ja, ein Stück Aluminium und gedreht halt. Kein Wort von Ausbohren oder Ausdrehen. Noch Fragen, Kienzle?

Nicht nur die Erbauer von Flug- und Schiffsmodellen sollten mit jedem Gramm regelrecht geizen. Jedes überschüssige Gramm an einem Funktionsmodell muss durch Energieaufwendung bewegt, angehoben, beschleunigt und abgebremst werden. Bei vielen Arten von Modellen gibt es erhebliche Probleme mit der Stabilität, wenn Massen an ungünstigen Stellen angeordnet sind. Mit etwas Aufwand kann man an den meisten Modellteilen jedoch so viel Gewicht einsparen, dass sie kaum noch etwas wiegen. Wir wollen uns auf die Drehteile beschränken. Diese kann man sehr gut so ausführen, dass sie zum Beispiel von einer „unsichtbaren" Planfläche ausgebohrt oder -gedreht werden. **Abb. 154** zeigt ein Beispiel. Das eigentliche Modellteil (1) – es könnte eine größere Decksluke sein – würde ich so drehen (Kurztechnologie):

- Plandrehen, Zentrieren, Vorbohren, Aufbohren, Ausdrehen auf „di",
  „D" überdrehen,
- Vertiefung „V" einstechen,
- „D1" überdrehen,
- Abstechen mit etwas Überlänge „L",
- Spannen auf „D" in einer Klemmbuchse nach Abb. 141 (Band 1),
- Plandrehen auf Länge „L1",
- dabei Andrehen des Absatzes (A) mit dem Durchmesser (A'),
- Andrehen der gerundeten Formkontur mit dem gleichem Seitenstahl per „gestuftem" Formdrehen (siehe Abschnitt 11.10),
- „Verdrechseln" der Form mit dem Dreikantschaber (siehe Abschnitt 11.12).

Immer sollte man bei Drehteilen das Bohren und Ausdrehen zuerst ausführen, so wie man generell alle „schweren" Zerspanungen (Bohren mit großen Bohrern, Schruppdrehen usw.) vor den Fertig-Arbeitsgängen tun soll.

Für die Montage an der Grundfläche („G", ein Deck zum Beispiel) wird ein einfaches Zentrierstück (Z) mit einem Zentrierzapfen (Zz) gedreht. Dieses Teil „Z" wird zuerst angeklebt. Den Kleber verwendet man nur rund um den kleinen Zapfen (Zz). Beim Aufkleben des Modellteils (1) gebe ich dünnflüssigen 2-K-Kleber in die Innenwandung der Bohrung, jedoch etwas vom unteren Rand entfernt. Nach dem Aufstülpen des Teils auf Teil „Z" läuft der Kleber nach unten und hält auf dieses Weise das Teil, ohne dass jemals überschüssiger Kleber an der Fläche (G) austritt.

Bei anderen Teilen, die keine unsichtbare Rück- oder Unterseite haben, wird es etwas aufwändiger. Meist ist eine kleine Skizze erforderlich. Ich verwende gern das Beispiel der Rettungsflöße (**Abb. 155**). Das Gehäuse ist in drei Teile zerlegt. Die Herstellung der Kappen (1) entspricht in etwa der des Teils in Abb. 154. Wichtig ist, dass die beiden Zentrierdurchmesser, auf die später das Mittelstück (2) aufgesteckt wird, genau gleich sind. Dieses wird gebohrt und so auf den Zentrierdurchmesser ausgedreht, das man eine Kappe leicht einstecken kann. Dann wird der große Außen-

Abb. 154

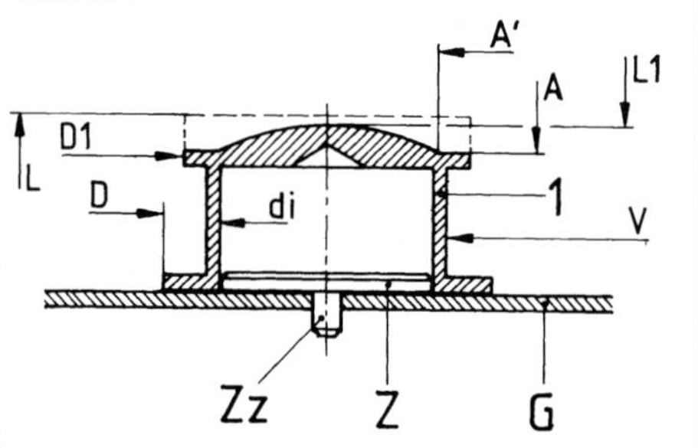

Abb. 155

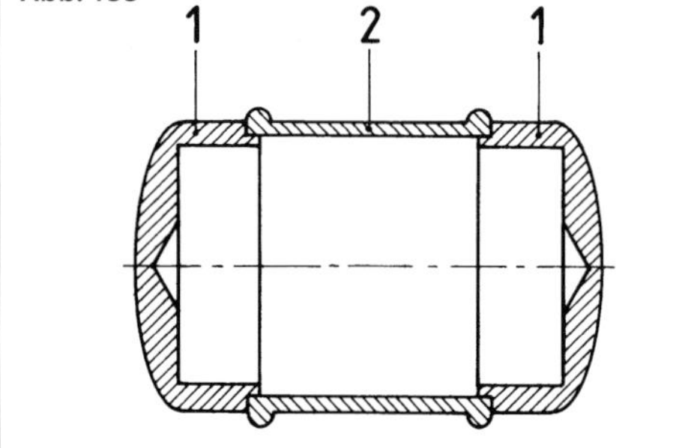

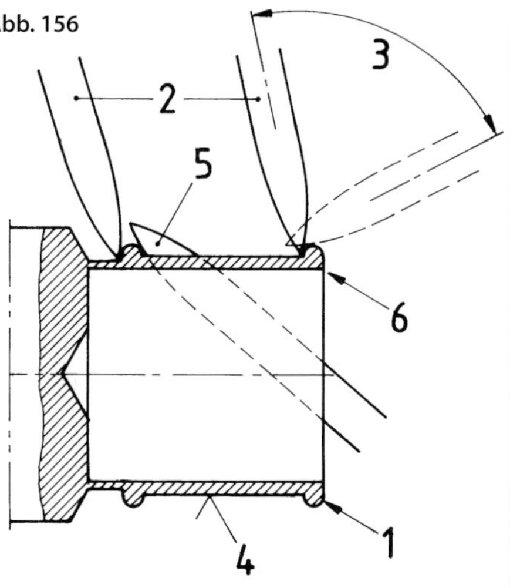

Abb. 156

durchmesser überdreht, die mittlere Breitnut eingestochen und die Länge von (2) – das ist wichtig! – vorgestochen. Bevor man endgültig absticht, müssen die beiden „Außensicken" mit dem Dreikantschaber angedrechselt werden (es sei denn, man verwendet einen Stechstahl nach Abb. 85a). Das bereitet an der vorderen Rundung („1" in **Abb. 156**) die geringsten Probleme. Für das Anarbeiten der beiden hinteren Rundungen muss der Schaber mit der Spitze sehr steil gestellt werden (2). Hierbei wird die Spitze vom Daumen der linken Hand gestützt und der Schaber umhergeschwenkt (3). Bei diesem Schwenken achtet man sehr darauf, dass die Spitze des Schabers nicht die schon fertige Grundfläche des Einstichs (4) beschädigt. Die Vorderkante der hinteren Sicke wird rundgeschabt, indem man den Schaber von hinten auf der Unterseite gegen die Kante hält („5", ebenfalls nur seine Spitze). Eine Fläche des Schabers liegt dabei auf (4) auf. Weil die Zähne der Nadelfeile fast vollständig weggeschliffen sind, können sie die Einstiche (4) nicht beschädigen. Nach dem Runden wird die vordere Innenkante (6) noch leicht gebrochen und das Teil dann ganz abgestochen. Die hintere Innenkante würde ich mit dem Schaber per Hand entgraten. Wenn man alles richtig gemacht hat, kann man nun die drei Teile trocken zusammenfügen und durch Beigabe von einigen Tröpfchen Sekundenkleber mit einem feinen Draht kleben. (Den sinnvollen Umgang mit Sekundenklebern habe ich ausführlich auf den Seiten 93–95 im vth-Buch „Rumpfbaupraxis – Kiel-oben-Bauweise für Schiffsmodellrümpfe" beschrieben)

12.6 „Zerlegte" Modellteile

Nicht nur das Einsparen von Gewicht kann der Grund dafür sein, ein Stück zu teilen. Meist sind es technische Gründe, die dazu zwingen. Im Abschnitt „Seitenabstechstahl" hatte ich im Zusammenhang mit einer 0,2-mm-Nut ein Beispiel angedeutet. **Abb. 157** zeigt ein solches Modellteil; es könnte ein Sockel für eine Decksmaschine sein. Die tiefe Nut von 0,2 mm Breite kann man nicht einstechen, weil es kaum möglich ist, einen so schmalen Stechstahl anzuschleifen. Bei einer Breite von 0,4 bis 0,5 mm ist selbst bei mir „das Ende der Fahnenstange erreicht". Die beiden Teile sind dagegen völlig problem-

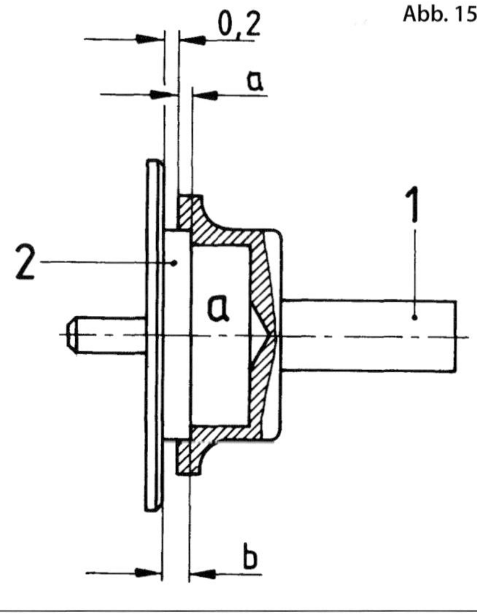

Abb. 157

los zu drehen. Wenn man die Maße (a) – Eindrehtiefe in Teil 1 – und (b) – Zapfenlänge am Teil 2 – auf den Zehntelmillimeter genau einhält und zudem den Zapfen am Teil 2 leicht anfast, wird beim Zusammenstecken genau eine Nut von 0,2 mm entstehen.

Warum habe ich vom Anfasen der Zapfenkante gesprochen? Jeder Drehstahl sollte an der senkrechten Kante der Freifläche leicht gefast sein, ein Schruppdrehstahl hat sogar eine starke Anfasung. Wenn ich mit einem stark angefasten Eckbohrstahl einen Innenabsatz ausdrehe, bleibt die Innenecke stets gerundet (**Abb. 158a**). Kommt da hinein ein im Durchmesser gut passendes Gegenstück, kann es niemals bis zum Absatzgrund aufsitzen. Es sitzt mit seiner scharfen Kante auf der Innenrundung auf (**Abb. 158b**). Abhilfe gibt es nur, wenn man an die Bolzenvorderkante eine 45°-Fase oder Rundung anarbeitet, die gleich oder größer ist als die in der Innenecke. **Abb. 158c** zeigt das genau. Jetzt kann der Bolzen an der Innenplanfläche richtig ansitzen. Für das Aufteilen eines Modellteils in mehrere Einzelstücke sollte man sich eine 10:1-Zeichnung (am günstigsten auf Millimeterpapier) anfertigen. Bei der Festlegung der Trennfuge ist man sehr frei. Entscheidend ist, wie die Fertigung der Einzelstücke bezüglich Rundlauf und Spannmöglichkeit bewerkstelligt werden kann.

Ein weiteres Beispiel, das in eine ähnliche Richtung geht: Ein recht hoher Gerätesockel soll am gegossenen Gerätefuß vier Einfräsungen mit kleinen Bohrungen für Schraubenkopf-Imitate erhalten (**Abb. 159**). Wenn man dieses Teil aus einem Stück macht, kann man die Einfräsungen und Bohrungen so weit unten nur mit größten Schwierigkeiten machen. Ein Weg wäre, dass man sich überlange Fräs-, Zentrier- und Bohrwerkzeuge macht. Viel zu aufwändig! Einfacher ist es auch hier, zwei Teile (ein Fuß- und ein rohrartiges Säulenteil) anzufertigen. So kann man die Einarbeitungen im Fußteil mit normalen Werkzeugen im Teilgerät ausführen

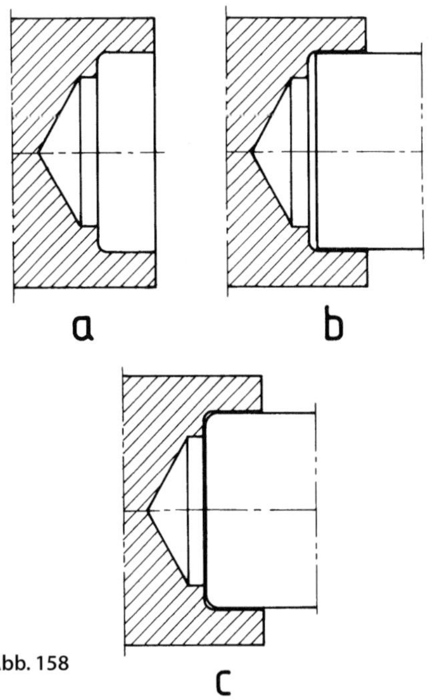

Abb. 158

Abb. 159
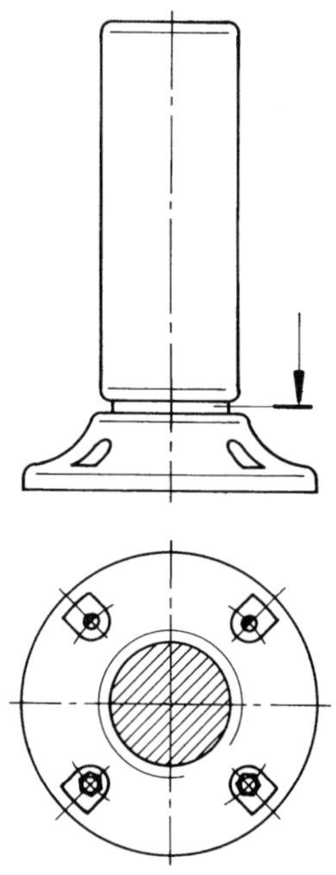

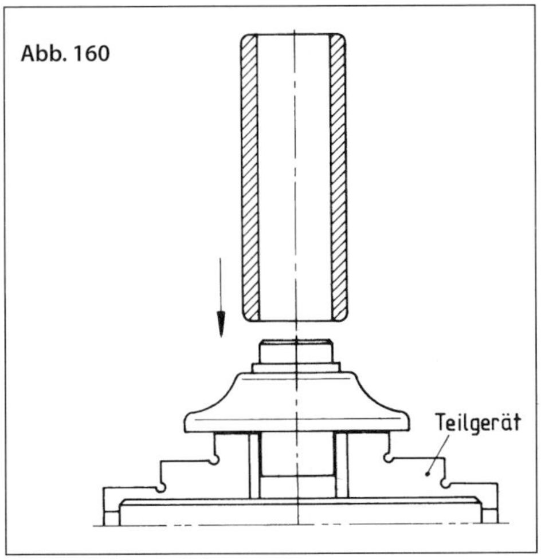

Abb. 160

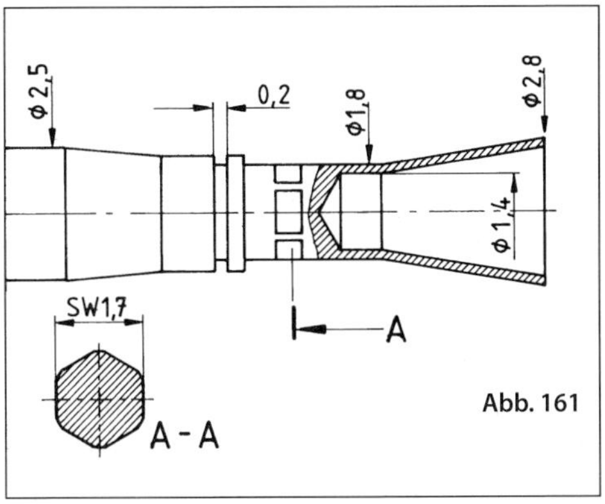

Abb. 161

(**Abb. 160**). Noch ein aktuelles Beispiel aus jüngster Zeit: Die Rohre der 40-mm-Flugabwehrwaffen für mein Zerstörermodell haben ziemlich weit vorn für das Festschrauben der Mündungsfeuerdämpfer auf dem Umfang eingefräste Sechskant-Schlüsselflächen (**Abb. 161**). So weit, so gut. Aber die Maße! Der Durchmesser ist an dieser Stelle 1,8 mm, die eingefrästen Schlüsselflächen sind nur 0,4 mm breit. Man könnte dafür einen 0,4-mm-Vollhartmetall-Fingerfräser kaufen, etwa bei der Firma Pfeiffer. Solche Fräser gibt es bis Ø 0,25 mm! Sie sind aber sehr teuer, zu teuer für die paar Rohre.

Weil ich auch den 0,2 mm breiten Einstich unbedingt darstellen wollte, habe ich die Rohrenden in drei Teile zerlegt; **Abb. 162** zeigt, wie. Der 0,2-mm-Einstich ergab sich durch den 0,2 mm langen Absatz am Mittelstück. Vor dem Abstechen dieses Teils habe ich im Teilgerät vorn die Sechskantflächen 0,4 mm lang angefräst. Der lange Zapfen am Trichterstück fügt dann alle drei Teile zentriert zusammen. Den dünnwandigen Trichter habe ich natürlich bei einer Obersupport-Verstellung (9°) zuerst außen gedreht und dann mit einem schlank angeschliffenen Eckbohrstahl (vorn nur 1 mm breit!) ausgedreht. **Foto 24** zeigt die Rohrenden noch ohne Farbe.

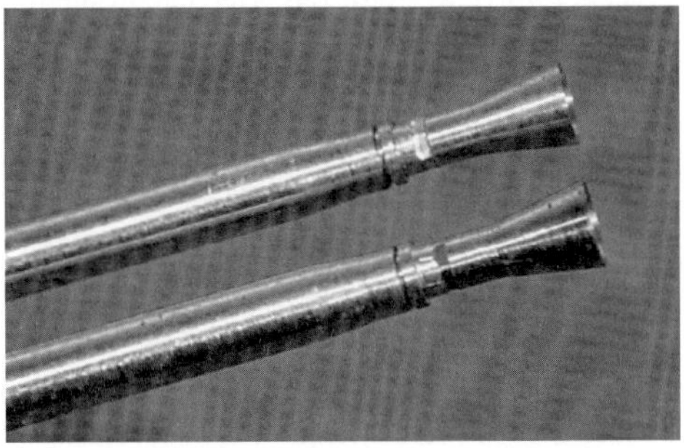

Foto 24: Die vorderen Enden der 40-mm-Rohre beim „Fletcher“.

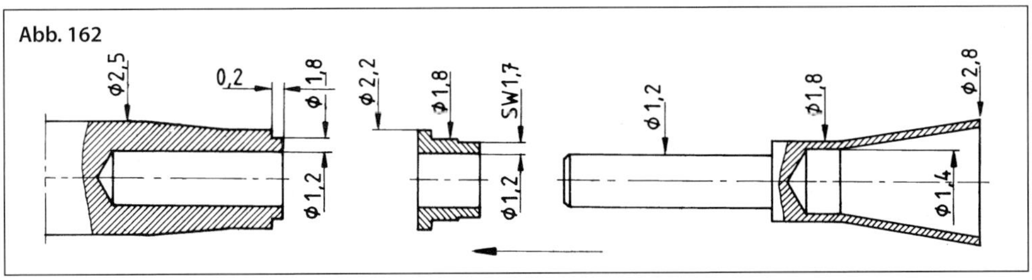

Abb. 162

Das eben vorgestellte Beispiel zeigt deutlich, welcher Miniatur-Modellbau nur durch etwas „Technologie" möglich wird. Das soll nicht heißen, dass man das nur bei solch kleinen Dingen so machen soll. Im Gegenteil, das, was für die Herstellung besonders kleiner Modellteile nötig ist, lässt sich auch auf größere anwenden – oder umgekehrt: mit genauerem Hinsehen, natürlich feineren Werkzeugen, etwas mehr Konzentration und mit einem Klarblick für Zehntel-Dimensionen, die man sich nur aus einer 10:1-Zeichnung holen kann. Ich kann diesen Rat nicht oft genug geben. Wer keine Vergrößerungszeichnung anfertigen will, kann seinen Detailmodellbau nicht nachhaltig verbessern! Ich sehe jedenfalls keinen Weg dazu.

12.7 Miniatur-Zentrierbohrer

Die Möglichkeiten auch der kleinsten im Handel erhältlichen Zentrierbohrer sind beschränkt. Für extrem kleine Bohrungen von weniger als 1 mm Durchmesser kann man mit ihnen nicht so sicher vorzentrieren, dass der nachfolgende Spiralbohrer einen genau zentrischen Anlauf hat. Man muss einen normalen Zentrierbohrer (Größe beinahe gleichgültig) durch einen Eigen-Anschliff an der Spitze verändern.

Der Zentrierbohrer wird in die Spannzange gespannt, notfalls im gut laufenden Backenfutter. In einen Proxxon-Bohrschleifer wird eine kleine Schleifscheibe gespannt und der Bohrer in den Halter nach Abb. 31 (Band 1). Der Halter wird in den Stahlhalter so eingespannt, dass die Stirn der Schleifscheibe um etwa 45° schräg steht (**Abb. 163**). In diesem Zustand wird mit dem Obersupport dreimal bis zu einem bestimmten Skalenwert in Richtung Futter gefahren (a). Dabei wird die Spitze des Zentrierbohrers zu einer dreikantigen Pyramide umgeschliffen. Wie die eigentlichen Schneiden des Zentrierbohrers dabei stehen, ist völlig gleichgültig. Das Vorschieben des Obersupports wird erst beendet, wenn der Kopf der Pyramide „nadelspitz" ist. Für die Dreier-Teilung kann man sich in etwa an den Futterbacken orientieren. Sie muss nicht auf das Grad genau stimmen.

Den so veränderten Zentrierbohrer sollte man nicht mehr für das Bohren von normalen Zentrierbohrungen mit 60°-Bohrung verwenden, die Schneidengeometrie stimmt dafür nicht mehr richtig! Mit diesem Bohrer werden nur noch sehr feine Körnungen, wenige Zehntelmillimeter tief, in Planfächen eingebohrt. Von Bohren muss man noch sprechen, denn das Werkstück dreht sich. In extremer Vergrößerung ist die Zentrierung als eine spitze Vertiefung zu sehen, in welcher der kleine Spiralbohrer sofort mit den Hauptschneiden anschneidet (**Abb. 164**). Der für den Rundlauf schädliche Einfluss der Querschneide (sowohl am Zentrierbohrer als auch am Spiralbohrer) ist ausgeschaltet.

Weil ich an der Fräsmaschine oftmals tief liegende Zentrierungen und Bohrungen anzubringen habe, für welche die Baulänge eines normalen Zentrierbohrers nicht ausreicht, der Durchmesser des Schafts jedoch andererseits

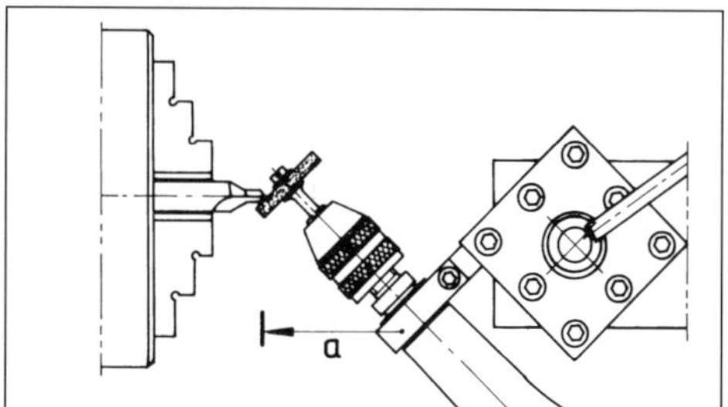

Abb. 163

Abb. 164

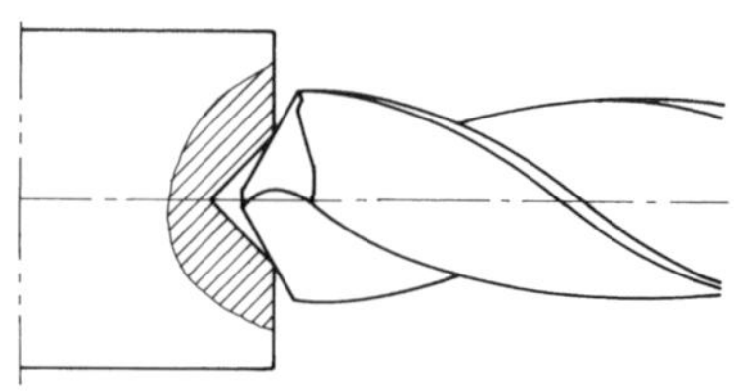

Abb. 165

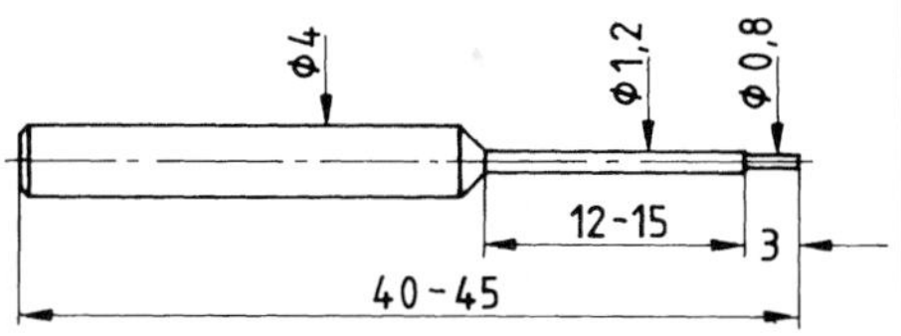

viel zu groß ist, habe ich mir einen überlangen Zentrierbohrer aus 4-mm-Silberstahl angefertigt. **Abb. 165** ist die Maßzeichnung für den gedrehten Rohling. Nach dem Drehen wird die vordere Spitze (Ø 0,8 × 3 lang) mit dem Gaslötbrenner auf Rotglut erhitzt und durch blitzschnelles Tauchen in kaltes Wasser gehärtet. Nach dem Härten kann man das Teil anlassen, muss es aber nicht, wenn sich die Rotglut wirklich nur auf dem vordersten, 3 mm langen Stück ausgebreitet hat. Danach wird der 4-mm-Schaft in die Spannzange gespannt und das Anschleifen einer Pyramide, wie in Abb. 163 dargestellt, durchgeführt. Es kann durchaus auch eine vierkantige Pyramide sein, sie arbeitet genauso gut. Auch mit diesem Zentrierbohrer arbeite ich gelegentlich auf dem Uhrmacherdrehstuhl. Natürlich muss man einen so dünnen Zentrierbohrer sehr vorsichtig handhaben, er ist schnell verbogen. Der gesamte lange Schaft (Ø 1,2 × 12–15 mm) bleibt ja weich. Auf **Foto 25** erkennt man die angeschliffene Spitze.

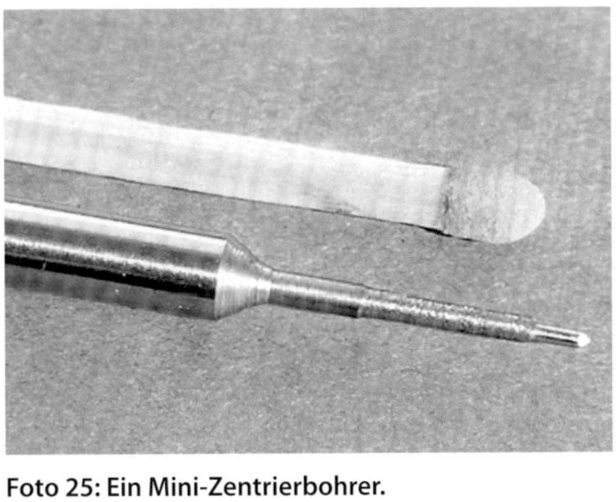

Foto 25: Ein Mini-Zentrierbohrer.

Unnötig zu sagen, dass das Zentrieren mit solch ausgeprägten Spezialwerkzeugen eine gut fluchtende Reitstockpinole und einen ziemlich genau zentrischen Bohrfutterschaft bedingen. Schon wenn die Pyramidenspitze geringfügig neben dem Zentrum an der Werkstückplanfläche auftrifft, besteht die Gefahr, dass die Zentrierung außer Mitte eingestochen wird. Daher soll man die Pinole sehr langsam nach vorn kurbeln. Nur dann hat die Spitze durch ihre Fähigkeit zur Selbstzentrierung Gelegenheit, geringe Rundlauffehler auszugleichen.

12.8 Spannzapfen

Serienteile möchte man zwischen den einzelnen Arbeitsgängen ohne Rundlaufeinbuße ausspannen können, auch aus einem Backenfutter, das vielleicht nicht genau rund läuft. An die Werkstücke werden deshalb Spannzapfen angedreht. Nicht immer ist dieser Zapfen, wie bei Abb. 123 (Band 1), in das Werkstück integrierbar. Meist wird er nach Fertigstellung des Teils ganz abgedreht oder -gestochen. Bei Integration in die Werkstückkontur kann Materiallänge einspart werden. Den Durchmesser eines solchen Spannzapfens macht man möglichst groß. Ein Zapfen in den Proportionen nach **Abb. 166** wäre viel zu dünn. Unter Umständen geht das noch gut, wenn man mit Spitzenunterstützung arbeitet. Besser (und materialsparender) wäre

Abb. 166

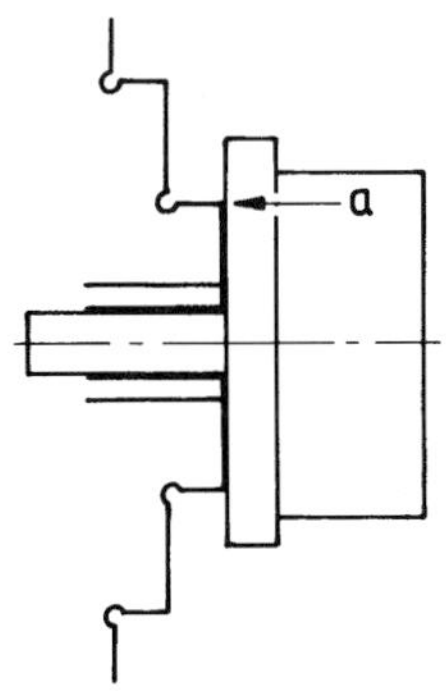

die Form nach **Abb. 167**. Die Bundhöhe (c) soll nur als Anlage an die Futterbacken dienen. Dadurch kann die Länge des Zapfens stark reduziert werden. Mit (b) habe ich die Werkstücklänge bezeichnet. Die Absatzlänge (a) muss daher so groß sein, dass man beim Überdrehen für den großen Durchmesser mit dem Drehstahl nicht in die Futterbacken fährt, die Gesamt-Werkstücklänge aber dennoch mit einem Span erfasst. Wenn man ein Werkstück nach Abb. 166 an einem relativ dünnen Zapfen spannen muss, dann soll man es zumindest beim Festdrehen mit genügend Kraft axial gegen die Futterbacken drücken. Wenn man einen Spalt lässt, liegt der Kipp-Punkt bei Belastung bei (a) in **Abb. 168**, ohne Spalt jedoch wird das Werkstück bis auf einen größeren Durchmesser von den Futterbacken gestützt („a" in Abb. 166). Vor dem Ausspannen gibt man auf den Zapfen einen Körnerschlag, und zwar in der Mitte zwischen zwei Futterbacken, die man sich merkt oder markiert (Abb. 48 in Band 1). So hat man später Gelegenheit, das Werkstück für eine neue Maschineneinrichtung genauso wieder einzuspannen. Es läuft danach meist wieder erstaunlich gut rund. Noch ein Hinweis in dem Zusammenhang: Will man den gleichen Zapfen, aus welchen Gründen auch immer, auch in einer Spannzange spannen, dann sollte man die Umgebung des Körnerschlags mit einer Nadelfeile überfeilen. Durch den Körnerschlag wird kraterartig Material aufgeworfen, das den Rundlauf des Zapfens in einer Zange empfindlich stören würde. Es schadet nicht, wenn man dabei sogar leicht „unter die Fläche" feilt – natürlich nur rund um die Körnung.

Abb. 167

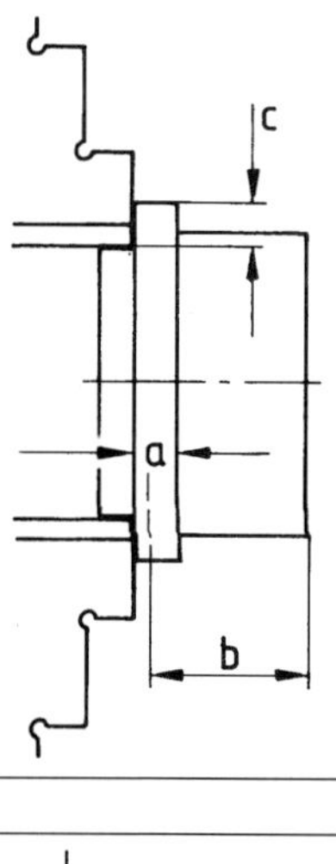

Abb. 168

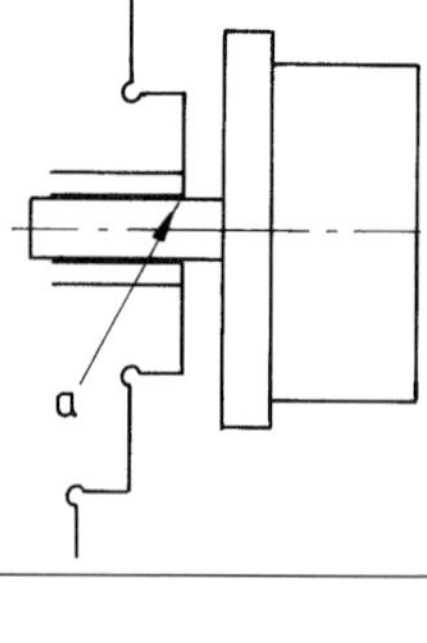

12.9 Spannhülsen-Spannung

Schon mehrfach habe ich von der klugen Variante mit den Spannhülsen gesprochen: Ein rundes Material- oder Werkstück wird so in ein nicht gut rund laufendes Backenfutter gespannt, dass es dennoch ausreichend rund läuft. Hier noch einmal ausführlich das Vorgehen für ein Materialstück mit 18 mm Durchmesser. Für andere Durchmesser müssten die Maße proportional geändert werden:

- An ein 22-mm-Materialstück wird eine Spannstufe Ø 20 angedreht. Sie hat die Länge der Futterbacken, wenn das Maß Ø 20 innerhalb des Futterdurchlasses liegt. Ist der Futterdurchlass kleiner als Ø 20, so dreht man die Länge dieser Spannstufe um 1 mm kürzer, als die Backen vor dem Futtergehäuse herausragen.
- Die Hülse wird mit einem kurzen Rand (1 bis 1,5 mm sind ausreichend) abgestochen.
- Dann spannt man das Teil mit Ø 20 in die Futterbacken, der Rand liegt an den Backen an. Das Futter wird nur „handfest" angezogen.

- An einer markierten Futterbacke wird ein Körnerschlag auf den Rand gegeben.
- Zentrieren, vorbohren, ausdrehen mit Bettschlittenfahrt (!) auf Ø 18. Das Materialstück hat darin einen leichten Schiebesitz.
- Die Bohrungsvorderkante wird angefast.
- Nun kann das Werkstück eingesteckt und durch weiteres Festziehen mit dem Futterschlüssel gespannt werden.

Man kann auch eine Serie von Teilen spannen. Niemals jedoch darf die Spannhülse im Futter verdreht werden. Auch nach längerer Zeit kann man die Hülse wieder für das Spannen von 18-mm-Stücken verwenden. Wohl bemerkt, für 18-mm-Stücke. Versuche ich, in der Hülse ein 17,5-mm-Werkstück zu spannen, so kann ich das sicher tun, es läuft bestimmt auch gut rund. Doch die Hülse wird dabei so weit verbogen, zu einem dreieckigen Rohr verformt, dass man nie wieder ein 18-mm-Stück hineinbekommt. Die Hülsen sind, wenn man so will, ein Spannzangen-Ersatz.

12.10 Halbgeschlitzte Klemmbuchse

Die Herrichtung der geschlitzten Klemmbuchse entspricht in etwa der eben besprochenen Spannhülse. Der Unterschied liegt in der Wandstärke (sie ist wesentlich größer), darin dass an einer Stelle ein Schlitz eingesägt und entgratet wird (dadurch federt die Buchse in geringem Maß) und in der Anwendung. Man kann mit dieser Buchse Vierkantmaterial ins Dreibackenfutter (**Abb. 169**) oder auch Sechskant- und Rechteckmaterial ins Vierbackenfutter spannen – sicher und zentrisch. Für das Ausdrehen des Innendurchmessers möchte man das so genannte Eckenmaß des Profils wissen. Bei Vier- und Sechskantmaterial ist die Ermittlung sehr einfach. Bei Quadratstäben wird die Schlüsselweite (SW) mit 1,414 multipliziert; bei regelmäßigen Sechskantstäben mit 1,155 (Achtkantstäbe: SW × 1,082!). Bei Rechteckstäben müssen wir eine Formel bemühen. Sie lautet:

Abb. 169

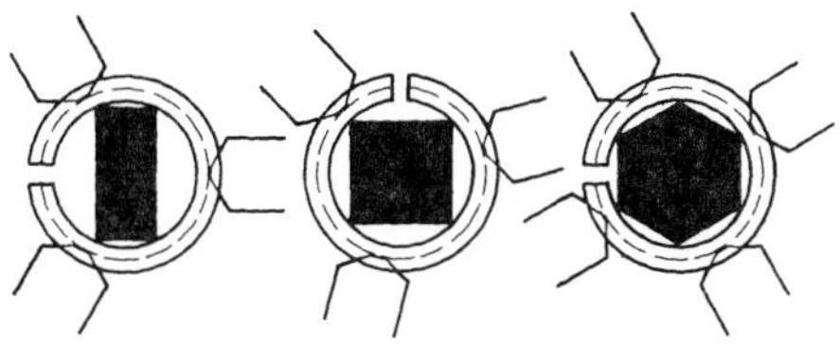

$d = \sqrt{a^2 + b^2}$

d = Eckenmaß

a, b = Seitenlängen

Ein Rechenbeispiel: Für einen Rechteckstab mit den Maßen 16,4 × 9,5 mm ist der Innendurchmesser (d) für die Klemmbuchse zu errechnen:

$d = \sqrt{a^2 + b^2} = \sqrt{9{,}5^2 + 16{,}4^2} = \sqrt{90{,}25 + 268{,}96} = \sqrt{359{,}21} = 18{,}95$ mm.

Der Innendurchmesser wäre demnach ≈ 19 mm.

12.11 Geteilte Spannhülse

Ein halb fertig gestelltes Teil mit Rand oder Bund an einem Ende muss aus einem bestimmten Grund zur Fertigbearbeitung an der Randseite gespannt werden. Was tun? Man fertigt zu dem Zweck eine geteilte Spannhülse an. Ein Beispiel zeigt uns **Abb. 170**. Die hintere Wandstärke (a) ist zu gering, um das Teil hier sicher zu spannen. Die Hülse muss wegen des gerundet überstehenden Bunds in zwei Hälften gesägt (und entgratet) werden. So kann man die Hälten für das Spannen jeweils auf das Werkstück stülpen. Der Einstich in der Hülse ist deutlich breiter und hat einen größeren Durchmesser als der Bund am Werkstück. Nur die beiden Durchmesser (D) und (d) entsprechen den Maßen am Werkstück. Beim Spannen wird axial in Richtung Futter gedrückt (← A), damit das Werkstück hinten und die Spannhülse an

hin fertig gedreht. Das letzte, etwas tiefer liegende Stück ist nicht mehr konisch, sondern zylindrisch. Damit der Spannzapfen abgestochen und das Bodenende mit dem Brooktauknauf angedreht werden kann, mussten die Rohre noch mehrmals an der konischen Seite gespannt werden. Das ist aber wegen der zierlich angestochenen Außensicken nicht richtig möglich – ein typischer Fall für eine geteilte Spannhülse. Auf **Foto 27** ist sie bei dem in der Mitte liegenden Rohr zu sehen. Dieses habe ich beim Fotografieren in eine Hülsenhälfte

Abb. 170

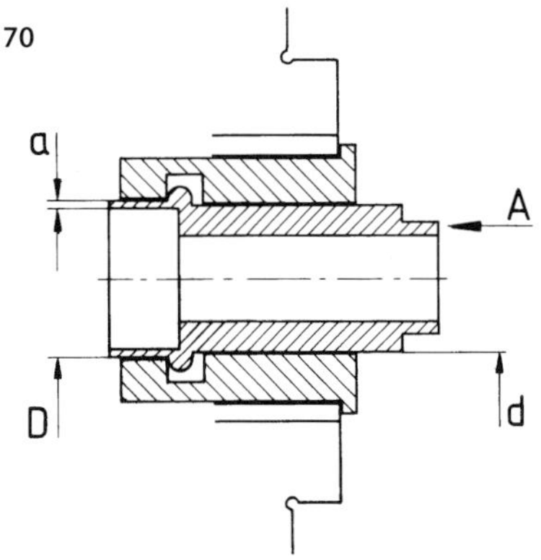

den Futterbacken anliegt. **Foto 26** zeigt einen ähnlichen Fall, die Herstellung eines winzig kleinen Elektromotors. Hier musste nach dem Andrehen der ersten Seite und nach dem Anfräsen der „Füße" (Fräsen im Teilgerät) die zweite Seite fertig gedreht werden. Die geteilte Spannhülse klemmt den Motorwinzling nur auf dem zylindrischen Mittelstück, die Füße haben in der Ausdrehung genügend Platz. Damit die Spannhülse in der Spannzange nicht verkantet, ist sie reichlich lang bemessen.

Und schließlich noch ein weiteres schönes Beispiel: Zehn Kanonenrohre waren in Zapfenspannung von der dünnen Seite her bis oben

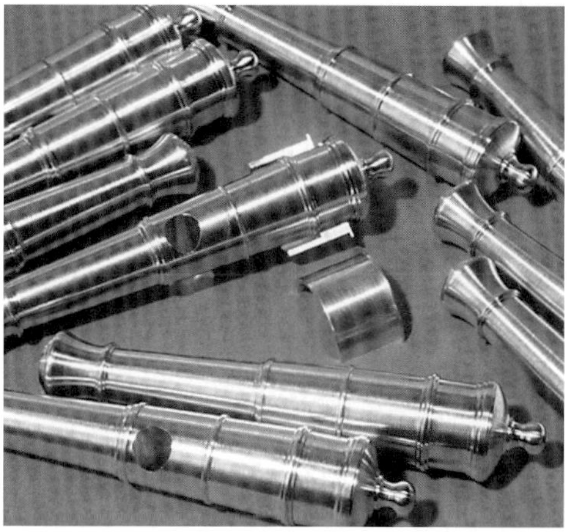

Foto 27: Kanonenrohre und eine geteilte Spannhülse.

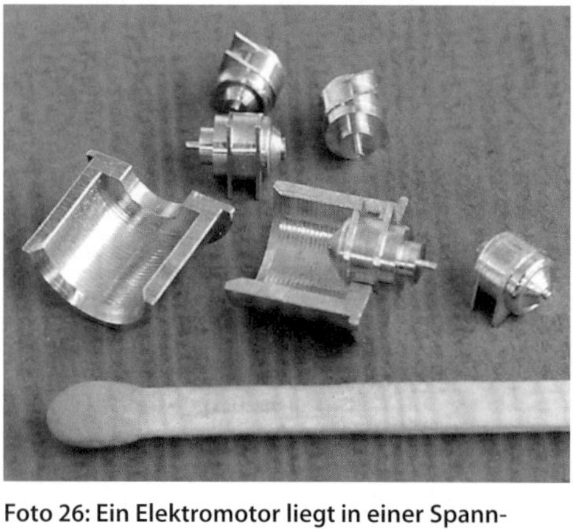

Foto 26: Ein Elektromotor liegt in einer Spannhülsen-Hälfte.

Foto 27a: Rohrenden werden gedreht.

eingelegt. So sieht man schön, dass die Hülse das Rohr auf dem letzten zylindrischen Stück „fasst". Auch diese Hülse hat einen schmalen Anlagebund und ist etwas länger als nötig. Somit konnte ich die nachfolgenden Arbeitsgänge ohne Messen „nach Skala" abarbeiten und die Rohrenden fertig stellen (Foto 27a).

Abb. 172

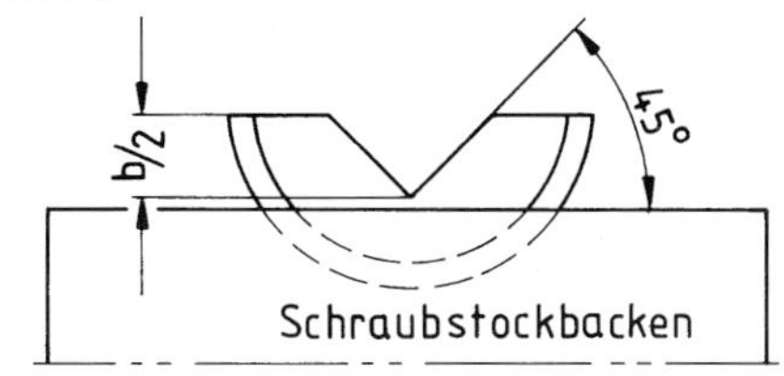

12.12 Geteilte Vierkantspannhülse

Diese Spannhülse könnte ein Vierbackenfutter-Ersatz sein. Ich habe sie in der Vergangenheit schon mehrmals angefertigt, als ich noch kein Vierbackenfutter hatte und dennoch gesägte Vierkant-Holzleisten zentrisch zu spannen waren (siehe Abschnitt 11.14). Innen- und Außenmaße einer Vierkantspannhülse legt man in einer Skizze fest (**Abb. 171**). (a) ist die „Schlüsselweite" der Vierkantleiste. Die Breite (b) der mit einem Winkel von 45° einzufräsenden Prismakanäle muss so bemessen sein, dass bei geklemmter Leiste zwischen den Hälften noch ein Spalt (c) verbleibt. Die Länge (L) der Hülse soll möglichst groß ausfallen. Selbstverständlich müssen die 45°-Kanäle exakt parallel eingefräst werden. Am besten erreicht man das so: Die Planfläche (d) wird mit dem möglichst großen Durchmesser (D) in einer Einspannung gedreht. Beim Einspannen der aufgesägten Hälften im Maschinenschraubstock

Abb. 171

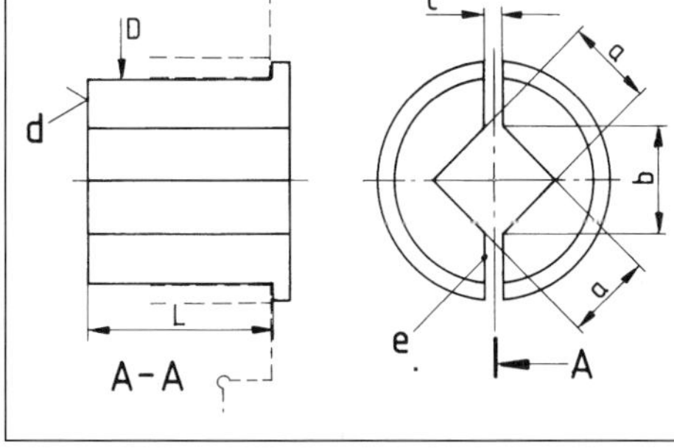

Foto 28: Eine geteilte Vierkant-Spannhülse.

der Fräsmaschine (die Flächen (e) müssen überfräst werden) legt man die Planfläche (d) an die feste Schraubstockbacke an (**Abb. 172**).

Stimmt diese Spannhülse genau, kann man einen Vierkantstab stückweise herausziehen und zu einem Rundstab drehen. Beim Spannen auf den schmalen Spannflächen der Futtterbacken stimmen die Übergänge oft nicht, weil die Backen wegen der Ungleichförmigkeit des Holzes verschieden tief in das Holz gedrückt werden. Foto 28 zeigt die beiden Hälften einer Vierkantspannhülse. Man erkennt ihre Länge und den Anlagebund.

12.13 „Aufgelötete" Drehteile

Neulich hatte ich für 1:50-Maschinenwaffen-Modelle fünf Zahnsegmente aus Messing anzufertigen. **Foto 29** zeigt vier Stück noch ohne Farbe und vor dem Anbau an die Waffengehäuse. Die Kurz-Technologie:

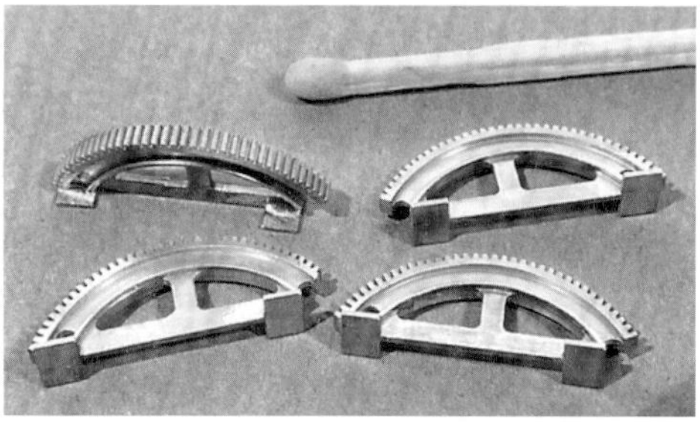

Foto 29: Vier Zahnsegmente der 40-mm-Waffen.

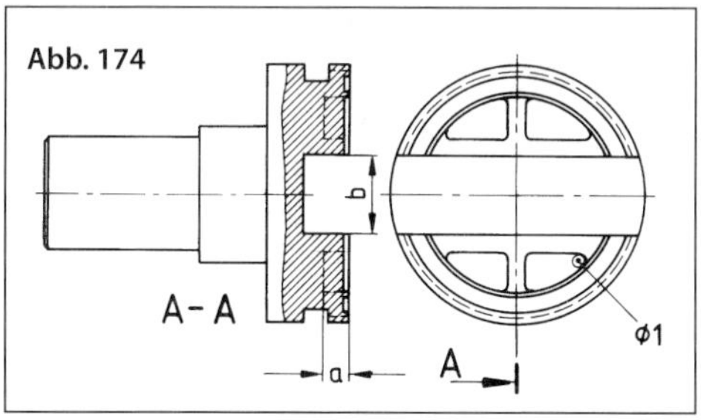

Foto 30: Drei Zahnsegmente mit Quernut und Einfräsungen.

- Plandrehen, Überdrehen auf den Außendurchmesser;
- Einstechen der Radial-Nut (Vor-Einstich) und Eindrehen der Vertiefungen in der Planfläche (**Abb. 173**);
- Einfräsen der Verzahnung mit einem Eigenbau-Modulfräser (Ø 8!) aus Silberstahl (Zahntiefe = „Zt" in Abb. 173);
- ausreichend tiefes Fräsen der Quernut (b) (4-mm-Fräser) und der Durchbrüche („a" in Abb. **174**; **Foto 30**) auf einem Rundtisch mit einem 1-mm-Fingerfräser;
- danach Abstechen der Rohlinge auf eine Breite von 1,8 mm; je zwei Teile fallen ab.

Zum Schluss mussten die halbmondartigen Teile noch auf die Fertigbreite von 1,6 mm überdreht und die Eindrehungen in der anderen Seite eingestochen werden. Das ist bei der Form der Teile sehr schwierig, weil sie nicht richtig gespannt werden können und zudem sehr klein sind. Und hier komme ich zum Kern. Ich habe ein Zapfenteil aus Messing gedreht (**Abb. 175**). Dieses stellt man möglichst so her, dass es wenig Masse hat. In dem Fall betrifft es den Durchmesser (6 mm) und die Dicke der Platte von nur 1,5 mm. Wären diese Maße größer, müsste

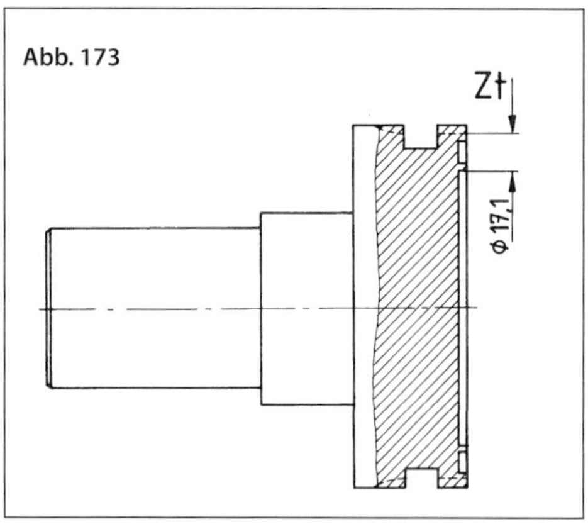

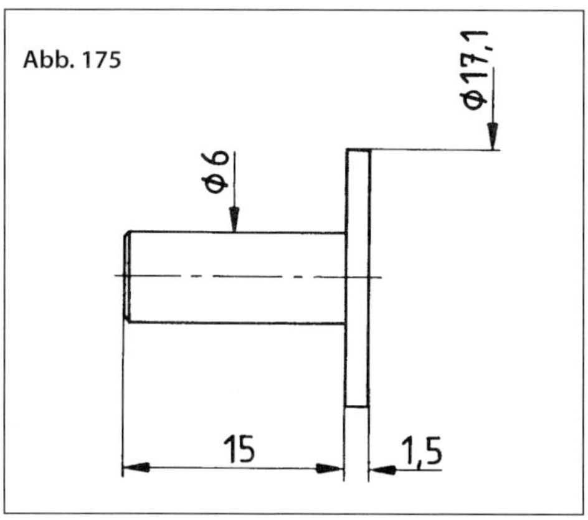

man beim Auf- und Ablöten der Teile zu viel Energie aufwenden. Das Maß Ø 17,1 entspricht genau dem Durchmesser der inneren Ausdrehung (vgl. Abb. 173). Die vordere Planfläche des Zapfenteils wurde leicht verzinnt, darauf ein inzwischen entgratetes Segment-Teil gelegt, das Ganze mit dem Gaslötbrenner erwärmt und somit angelötet. In diesem Zustand konnte das Teil mit Ø 6 in die Spannzange gespannt werden. Nun war es ein Leichtes, die Dicke 1,6 mm und die Eindrehungen der zweiten Seite fertig zu stellen (**Abb. 176** und **Foto 31**). Danach wird die Sache wieder erwärmt und das Segment abgeschüttelt. Das wenige überschüssige Lötzinn habe ich danach mit dem Dreikantschaber abgeschabt. Der kaum sichtbare Grat an den Zähnen wurde mit einer kleinen rotierenden Drahtbürste abgearbeitet. Natürlich habe ich nicht einfach drauflos gearbeitet, sondern auch hier wieder von Anfang an alles gut durchdacht.

Abb. 176

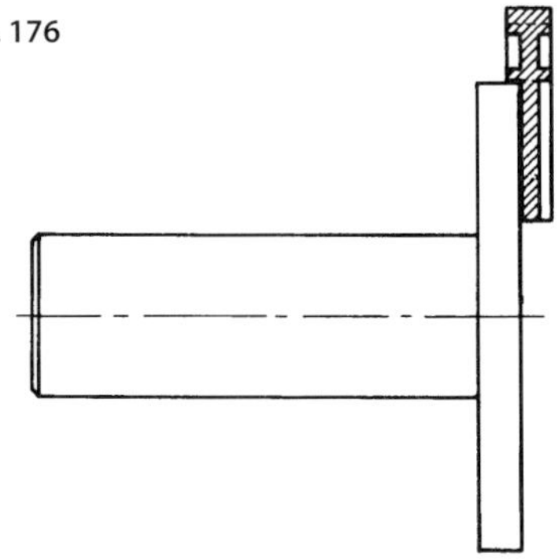

Foto 31: Ein aufgelötetes Zahnsegment.

Abb. 177

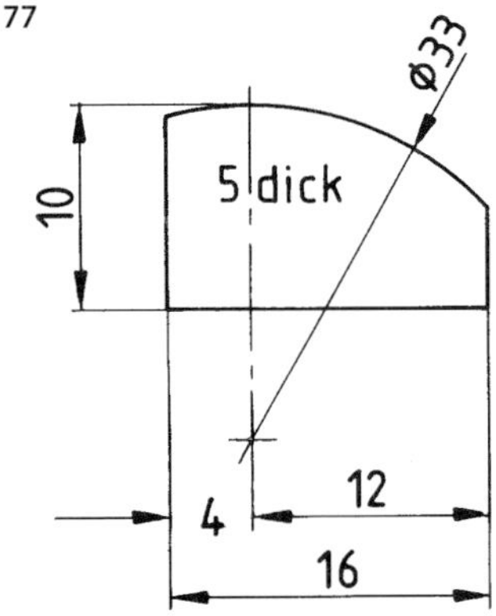

Eine ähnliche Anwendung wäre, wenn man eine Anzahl Teile nach Abb. 177 herstellen müsste. Grundlage könnte ein 12×5-mm-Messingstab sein. Er wird zuerst in 18 mm lange Stücke geschnitten und auf Länge gefräst. Diese Stücke würde ich auf ein ähnliches Zapfenteil, wie in Abb. 175 vorgestellt, auflöten. Die Planfläche dieses Teils erhält eine Anlegestufe (a) angefräst. Damit die Zeichnungsmaße „4" bzw. „12" sicher gestellt werden, muss ein Anlegezapfen an entsprechender Stelle eingebohrt und mit einer Mutter gehalten werden. Die Konstruktion der Planfläche sieht wie in Abb. 178 aus. Das erste Teil (gestrichelt) wird aufgelötet, das Ganze in

Abb. 178

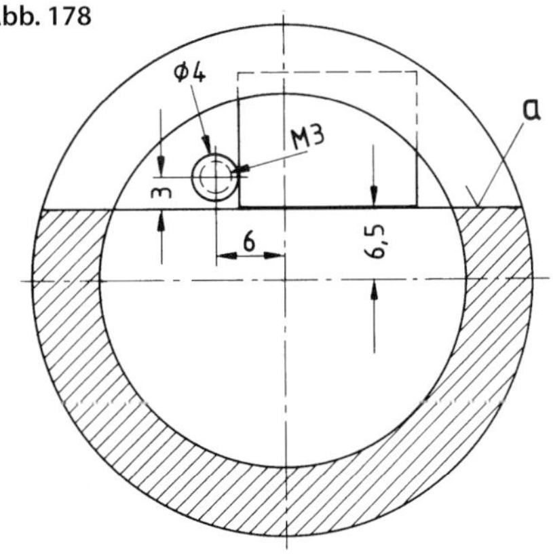

die Maschine gespannt und auf Ø 33 überdreht. Damit man dabei überhaupt Maße abnehmen kann, wird auch das Material am Zapfenteil in geringem Maß tief mit weggedreht (schraffiert dargestellt). Die Rundung kommt so sehr schön an die Werkstücke, besser als man es jemals feilen könnte. Die folgenden Teile werden beim Anlöten immer wieder an den 4-mm-Zapfen angelegt. Ähnliche Beispiele, auch für das Drehen von Innenradien, könnte man beliebig fortsetzen.

Den Gedanken aufgelöteter Teile fortgesetzt, kommt man zu aufgeklebten oder auch aufgekitteten Teilen. Bekannt ist zum Beispiel die Schlagempfindlichkeit der Klebeverbindungen von Sekundenklebern. Oder man klebt großflächige Teile mit doppelseitigem Klebeband an. Es lohnt sich sicher, einmal in der Richtung Versuche anzustellen, nichts ist verboten ...

12.14 Drehteile, die nicht „gedreht" wirken

Kennen Sie das so genannte Reifendrehen der Spielzeugmacher aus dem Vogtland? Geschickte Drechsler drehen große, profilierte Holzreifen in Hirnholz. Nach dem Abstechen werden die Reifen mit einem Messer wie beim Aufschneiden einer Torte in zahlreiche, gleich breite Stücke zerhackt. Erst dabei erkennt man die Querschnitts-Profilform des Reifens: in der Regel Tiere. Sie werden dann noch durch das geschickte Anschnitzen von Fasen und eine entsprechende Bemalung zu schönem Holzspielzeug weiterverarbeitet (**Abb. 179**). Diese Technik kann man durchaus für den Modellbau abwandeln, zum Beispiel für dünne, blechartige Teile, die in größeren Stückzahlen benötigt werden und für die man nicht das Blech-Ätzverfahren bemühen möchte oder kann. Auch dazu ein Beispiel aus meinem jüngsten Schaffen.

Ich hatte 30 Bleche nach **Abb. 180** anzufertigen. Ich habe einen „Reifen" nach **Abb. 181** mit der geforderten Kontur gedreht. Das ist recht einfach. Danach wurden im Teilgerät der Fräsmaschine in 10°-Schritten jeweils zwei Schlitze mit einer Metallkreissäge 11 mm tief so eingesägt, dass die 0,4-mm-Teilbreite 36-mal entstand (**Abb. 182**). In dieser Abbildung sieht man einen Teil der Planfläche mit den

Abb. 179

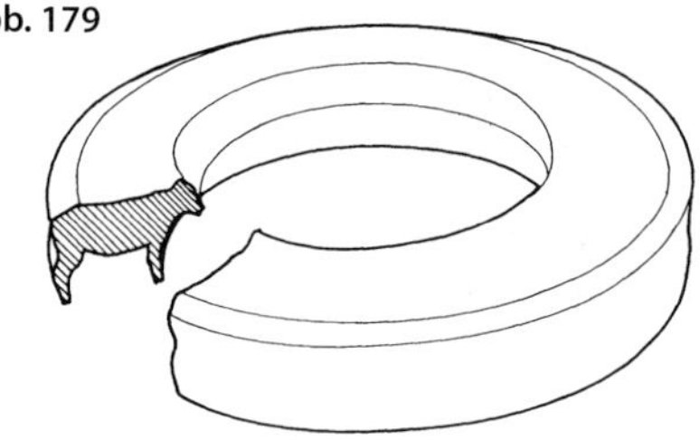

Abb. 180

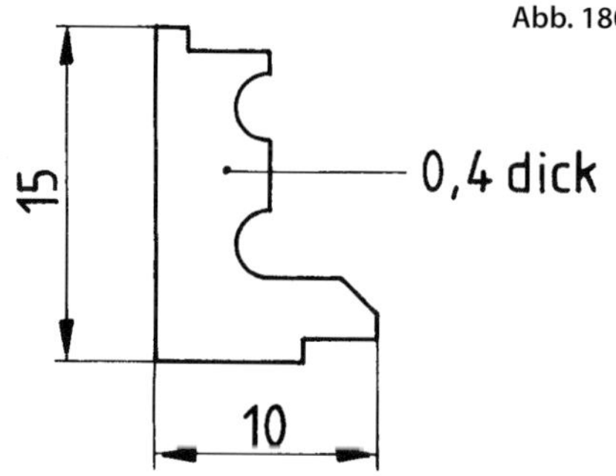

Abb. 181

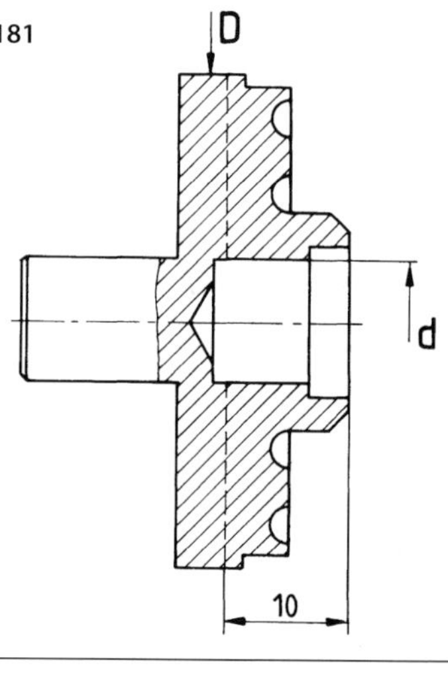

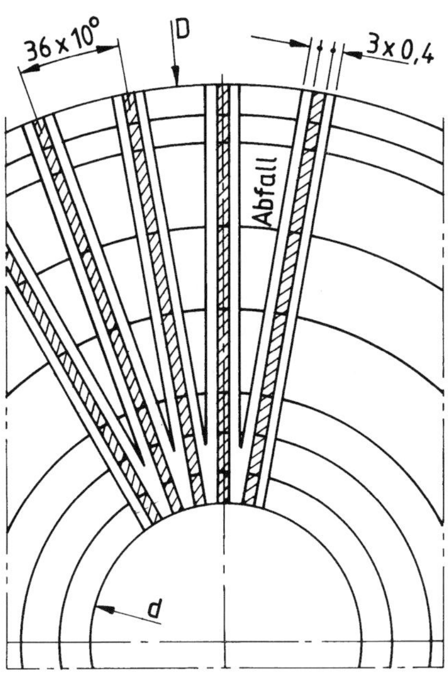

Abb. 182

ersten zehn eingesägten Schlitzen für fünf Teile (schraffiert). Selbstverständlich werden die Schlitze nicht wechselseitig, sondern zuerst alle „linken“ und nach entsprechendem Versatz alle „rechten“ gesägt.

Zu errechnen war der Innendurchmesser des „Reifens“ („d“ in Abb. 181). Das ist einfach: Werkstückdicke (0,4) plus Dicke der Metallkreissäge (0,4) = 0,8 mm plus 0,1 mm „Sicherheit“ = 0,9 mm. 0,9 × 36 = 32,4 mm. Der Umfang von (d) ist rund 32 mm. 32 : 3,14 (π) = 10,19. „d“ ist rund 10,2 mm, „D“ folglich 10,2 + (2 × 15) = 40,2 mm.

Zum Schluss wurde das geschlitzte Reifenteil wieder ins Backenfutter gespannt und die Teile wurden 10 mm lang abgestochen. Es ist klug, wenn man das Backenfutter dabei in geeigneter Weise abdeckt, denn die Teile und die tortenstückähnlichen Abfallteile lösen sich schlagartig im gleichen Moment und fliegen im Hobbyraum umher. Bei einer Dicke von nur 0,4 mm erkennt man am Werkstückteil nicht, dass die Kanten eigentlich gerundet sind. Je dicker die Stücke zu machen sind, desto größer müsste man den Innendurchmesser (d) halten. Damit geht natürlich ein Mehrverbrauch an Material einher. Entscheidend wäre dann die geforderte Stückzahl. Im obigen Beispiel hatte ich sechs Teile mehr als benötigt, das ist gut so. Eine Alternative wäre Fräsen eines Profils und Absägen der Stücke (siehe mein Fachbuch „Fräsen mit der Drehmaschine“) – oder das Ätzen. Aber bei 0,4 mm Dicke? Und bei den unsauberen „ausgefransten“ Kanten, die beim Blechätzen entstehen? Nein Danke! Geätzt wird nur, wenn nichts anderes mehr geht.

Und noch ein Beispiel: Für meine 1:50-Kriegsbrigg waren zahlreiche Klampen aus Messing anzufertigen. Beim Vorbild sind das Gussteile. Ich habe Rohlinge gedreht. Diese wurden am Zapfen (Z) in das Teilgerät gespannt und gemäß **Abb. 183** mit einem an der Stirn auf Rundung angeschliffenen Fingerfräser zu Klampen vervollständigt. Mit einem Dreikantschaber habe ich danach alle scharfen Kanten gerundet, so dass der „Gusscharakter“

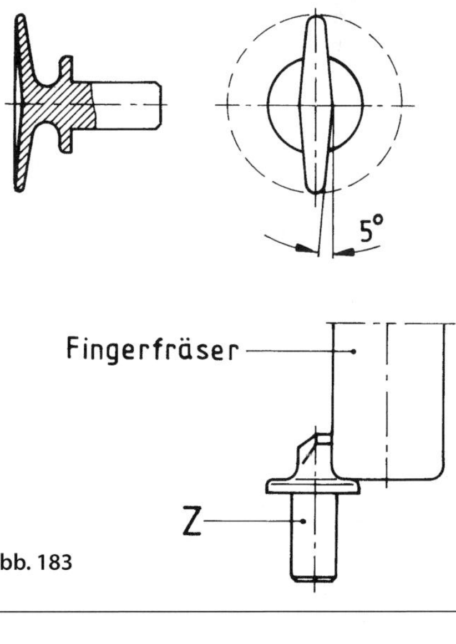

Abb. 183

entstand. Zum Schluss wurde noch der zu lange Zapfen abgesägt. Herrliche Teile! Es lohnt sich, beim Modellbau auch einmal zu überlegen, ob man bestimmte Sachen nicht auch „drehen" kann. Viel Spaß dabei.

12.15 „Kammleisten"

Jeder Schiffsmodellbauer kennt die Rastbleche für Korbmuttern-Verschlüsse, die an verschiedenen Öffnungen der Schiffe angebracht sind (**Abb. 184**). Sie werden wegen ihrer Einheitlichkeit oft in großen Mengen benötigt. Ich säge diese Blechteile stets – auf der Drehmaschine. Wir wollen gedanklich solche Bleche für den Maßstab 1:20 anfertigen. In den Stahlhalter wird ein ganzes Paket kleiner, rechteckiger 0,3-mm-Messingbleche gespannt. Unter dem Blechestapel liegt ein dickeres 2-mm-Messingblech oder ein Stück Pertinax. In die Arbeitsspindel ist ein gut rund laufender Kreissägedorn mit einer 0,6-mm-Metallkreissäge gespannt (zur Anfertigung eines Kreissägedorns siehe Abschnitt 12.22). Nun wird zuerst die Vorderkante als „Start" gerade überfräst. Das geschieht in 0,5-mm-Schritten mit dem Obersupport (**Abb. 185**). Mit dem Quersupport fährt man jeweils bis zum gleichen Skalenwert („0") nach oben. 0,6-mm-Schritte sollten es nicht sein, damit man die Übergänge vorn am Paket nicht sieht.

Abb. 184

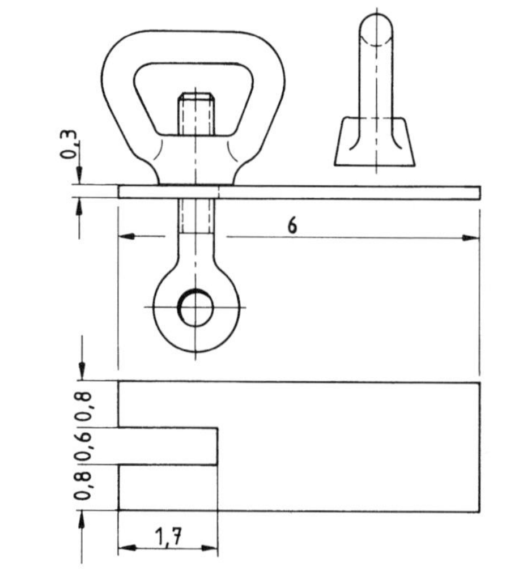

Abb. 185

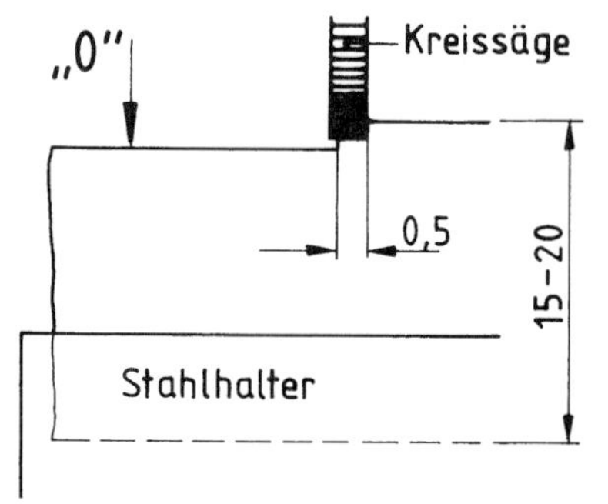

Abb. 186

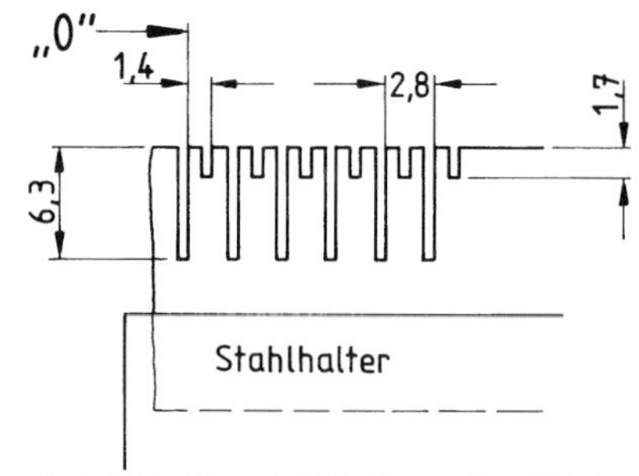

Ist das über die gesamte Länge des Blechpakets geschehen, kann man mit dem Einsägen der Einschnitte beginnen, zunächst mit den tieferen. Ihre Länge beträgt 6 mm zuzüglich der Breite einer Metall-Laubsäge (0,3 mm); sie bestimmen später die Teillänge. Ein „Startschnitt" wird eingesägt und nun auch die Skala des Obersupports genullt (**Abb. 186**). Für das Einsägen des zweiten Schnitts fährt man den Obersupport genau um 2,8 mm vor (2,2 mm Teilbreite plus 0,6 mm Breite der Kreissäge) usw. Hat man das über die gesamte Länge getan, fährt man die Säge weit hinter den „Start" zurück (toter Gang!) und geht zuerst wieder in

Anfahrrichtung bis zum „Start“. Nun stellt man für den ersten kurzen Einschnitt 1,4 mm mit dem Obersupport zu (0,8 + 0,6 mm). Der erste Schnitt wird 1,7 mm tief eingesägt. Von nun ab geht es wieder in 2,8-mm-Schritten weiter, jeweils 1,7 mm tief.

Man könnte es auch anders machen. Man bewegt die Säge nur in 1,4-mm-Schritten seitlich und sägt im Wechsel 1,7 und 6,3 mm tief ein. Das ist vielleicht einfacher. Nach dem Einsägen können die Bleche ausgespannt werden. Vor dem Absägen am hinteren Ende der 6,3-mm-Schnitte mit einer 0,3 mm breiten Metall-Laubsäge würde ich die Teile noch mit einer rotierenden Drahtbürste entgraten. Ein Tipp für das sichere Sägen von Blech mit einer Metall-Laubsäge: Halten Sie die Säge möglichst in einem flachen Winkel zum Blech. Über die Be- und Verarbeitung von Messingblech konnte ich in meinem umfangreichen Beitrag „Messingblech im Modellbau“ in Heft 10 bis 12/98 von „Schiffsmodell“ viel Wissenswertes sagen. Die Anzahl der so erzeugten Teile kann man im Voraus durch die Anzahl der Bleche in etwa vorausberechnen. Auch hier erkennt man später nicht, dass die vorderen Kanten bei einigen Teilen eigentlich leicht schräg stehen. **Foto 32** zeigt solche Teile. Selbstverständlich kann und soll man auch diese Technologie für andere, ähnliche Modellteile übernehmen.

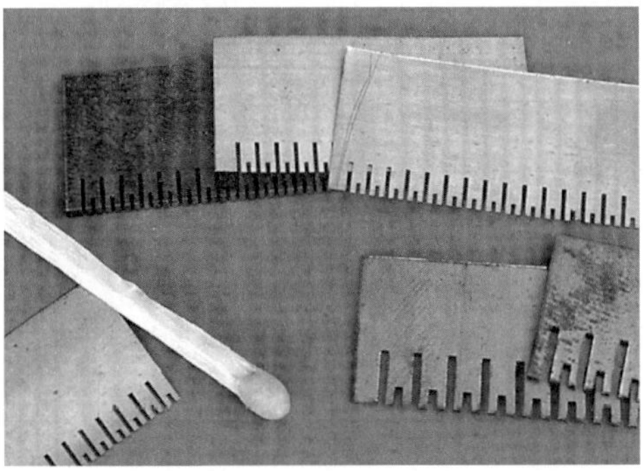

Foto 32: „Kammleisten“. Rastbleche für zwei verschiedene Maßstäbe. Links oben liegt die mitgesägte Pertinax-Unterlage.

12.16 Spannen mit Druckstücken

Wie dreht man grob ausgesägte Blech- oder Plexiglasscheiben rund? Ganz einfach: zwischen zwei Druckstücken. Ein Druckstück (1) wird ins Backenfutter gespannt. Es hat einen angedrehten Absatz, damit es nicht in die Backen hineingeschoben werden kann (**Abb. 187**). Seine vordere Planfläche (a) wird vor dem Anlegen des Werkstücks plan gedreht, sein Durchmesser kann sogar etwas größer sein als der Wunschdurchmesser des Werkstücks. Das

Abb. 187

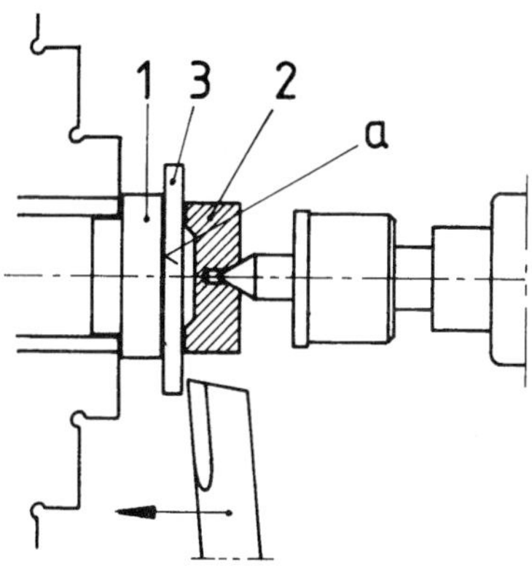

hintere Druckstück (2) muss ausreichend lang (dick) sein. Es wirkt am besten, wenn es im Zentrum einen großzügigen Freistich hat. Nur dann drückt es dort auf das Werkstück, wo es am wirksamsten ist, an seinem Rand. Wenn die Blechscheibe (3) sehr unsauber und eckig ausgesägt ist, muss man das Überdrehen gegebenenfalls mit vielen kleineren Spänen ausführen. Beim Fertigstellen des Durchmessers am ersten Werkstück kann man sogar ein Stück in das Druckstück (1) hineindrehen. Falls es möglich ist, in der Mitte der Blechscheibe eine kleine Zentrierbohrung einzubohren, kann man (1) oder (2) mit einen Zentrierzapfen ausrüsten. Das Gegenstück muss dann eine Freibohrung haben (**Abb. 188**). Wird der Zentrierzapfen

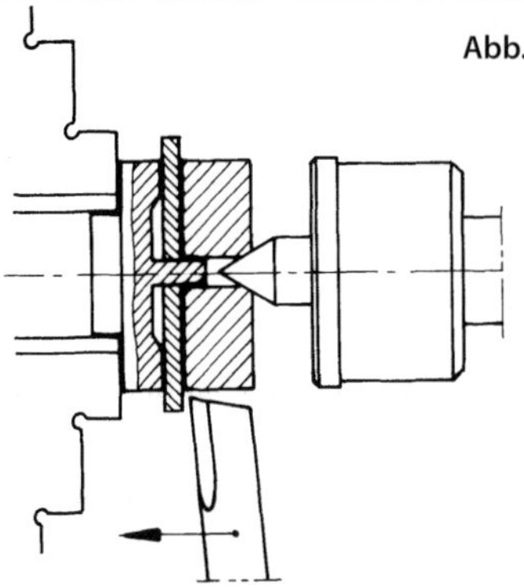

Abb. 188

lang genug gemacht, kann man sogar mehrere Blechscheiben „im Paket“ überdrehen.

Für das Überdrehen von Plexiglasscheiben legt man zwischen Druckstück (1) und Glasscheibe ein Stück doppelseitiges Klebeband, damit die Scheibe keinesfalls unter Druck vom Drehstahl verdreht wird. Passiert das, dann ist sie sicherlich unschön verkratzt. Mit einem Druckstück kann man auch Werkstücke auf einem „Fliegenden Dorn“ drehen. Man kann so auf das Festhalten mit Gewinden verzichten. Die Andruckkraft der Reitstockpinole muss natürlich sehr hoch sein, besonders wenn man schwere Späne abheben will.

12.17 Drücken auf der Drehmaschine

Metalldrücker war früher ein Ausbildungsberuf. Kochtöpfe, Auto-Radkappen, Teile von Kronleuchtern und andere dünnwandige Blechteile wurden gedrückt. Dazu drechselte der Drücker bei Kleinserien und Einzelstücken eine Holzform, die der gewünschten Teileform entsprach. Das geschah auf der Drückbank, die beinahe wie eine Drechselbank aussah. Gegen diese Holzform wurde mittels eines kleinen Druckstücks am Reitstock eine ausgeglühte Blechscheibe gedrückt, so die Mitnahme gewährleistet. Nun bewegte der Drücker bei relativ geruhsamen Drehbewegungen des Werkstücks mit langen, kräftigen, vorn gerundeten und polierten Drückeisen das Blech vom Zentrum her und immer wieder nach außen nachsetzend an die Holzform heran (**Abb. 189**). Dabei wurde die Fläche geölt. Die Drückarbeit erfordert erheblichen Körpereinsatz. Die langen Griffe der Drückeisen waren teils unter dem Arm geklemmt. Sie liegen auf einer verstellbaren Stütze nahe am Werkstück auf, die man so ähnlich von den Drechselbänken kennt. In der Stütze stekken kleine Stifte, damit das Drückeisen seitlich nicht abgleitet. Bei großen Drückstücken war der Arbeiter sogar an der Maschine festgegurtet.

Flache Teile (Blechteller) wurden in einem Gang fertig gedrückt. Tiefe Teile (Kochtöpfe zum Beispiel) wurden über mehrere Zwischen-Holzformen mit Zwischenglühen gedrückt. Abschließend wurde der bei diesem „Kraftakt“ stark verunstaltete äußere Rand mit einer Art Drechselstahl glatt gedreht, entgratet oder bei einigen Teilen (etwa Kochtöpfen) sogar nach außen umgebördelt.

Ich habe diese heute kaum noch bekannte Handwerkskunst deshalb so ausführlich ge-

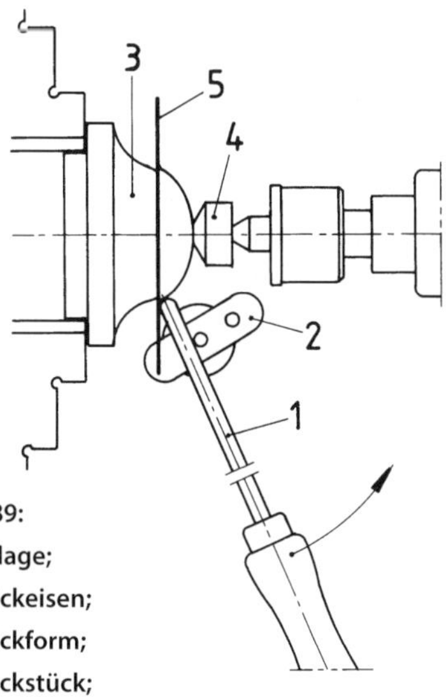

Abb. 189:
1 = Auflage;
2 = Drückeisen;
3 = Drückform;
4 = Druckstück;
5 = geglühte Blechscheibe.

schildert, damit man sich in bestimmten Fällen auch einmal über diese Metallbearbeitungsform und eine vereinfachte Verwendungsmöglichkeit beim Modellbau Gedanken macht. Zinkbleche und ausgeglühte Kupfer- und Messingbleche sollten mit Hilfe flacher Formen auch von einem ungeübten Modellbauer drückbar sein. Es muss ja nicht gleich ein formschöner Spinner für ein Motor-Modellflugzeug sein.

Ein weiterer Vorschlag, der in eine ähnliche Richtung zielt: Prägen (Formbiegen) von relativ flachen Rund-Blechteilen (runde, flache Deckel und Kappen) auf der Drehmaschine. Beide Teile, die Formbiegeplatte und den Formbiegestempel, kann man drehen.

Abb. 190 zeigt einen Anwendungsfall. Der Stempel, der zum Beispiel in das Reitstock-Bohrfutter gespannt wird, muss zuerst gedreht werden. Er und auch die Biegeplatte erhalten Spannzapfen, damit sie nicht in das Spannmittel hineingeschoben werden. Beim Eindrehen der Formen muss man unter Umständen die Blechdicke mit einrechnen. Selbstverständlich kann man auf einer kleinen Tischdrehmaschine nur sehr dünne, ausgeglühte Bleche und Folien prägen. Das Spindelgewinde der Reitstockpinole darf nicht überlastet werden. Denkbar ist auch folgende Variante: Nur eine Formhälfte wird gedreht (und gefräst – vielleicht für Sikken). Die andere Formhälfte wird in Gießharz als Negativ mit Trennmittelauftrag auf der ersten Formhälfte gegossen. Das ist von mir nur als Denkanstoß gedacht für das, was alles möglich ist.

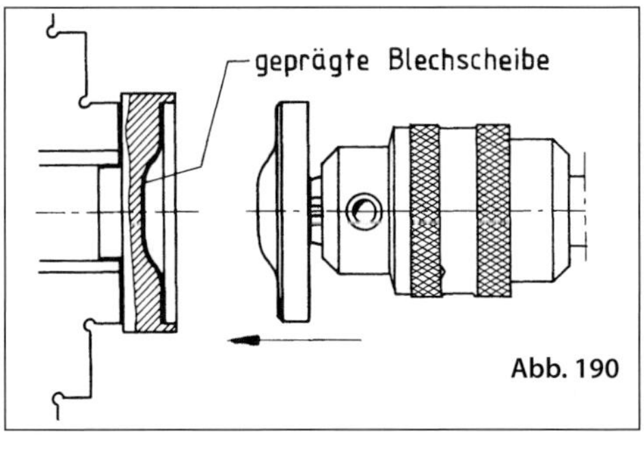

Abb. 190

12.18 Gefräste Drehstähle

Vor einiger Zeit war eine Innennut in einen Messingring zu stechen, recht tief sogar. Ein Hakendrehstahl nach DIN 4963 (Abb. 113 in Band 1) kam nicht in Frage, die Stechtiefe war zu gering. Ich hätte zwar einen größeren nehmen können, doch da blieben immer noch das schmaler-Schleifen, die Bestellzeit, der viel zu dicke Schaft – und die Kosten. Weil ich immer Silberstahl auch größeren Durchmessers für solche Zwecke im Hause habe, habe mich dazu entschlossen, einen Stechstahl zu fräsen und zu härten. **Foto 33** zeigt ihn nach dem Umschliff mit einer spitzen Abstechecke, **Abb. 191** seine Skizze. Zuerst wurde aus dem Silberstahlstück, Ø 15 × 65 lang, ein Schaftstück der Maße

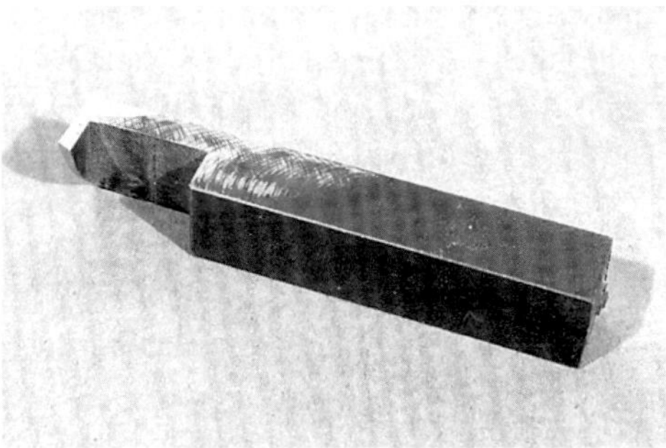

Foto 33: Innenstechstahl.

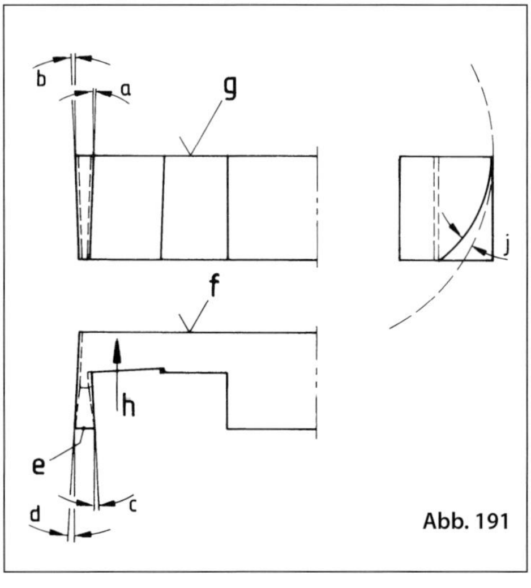

Abb. 191

10,5 × 11,4 mm gefräst. 11,4 ist die Spitzenhöhe meiner Drehmaschine. Somit komme ich beim Einspannen dieses Stahls ohne Beilagebleche aus! Danach wurde die Quernut eingefräst, und zum Schluss konnten die Freiwinkel an dem Schneidenteil gefräst werden. Die Freiwinkel „nach unten“, (a) und (b), wurden an der Drehplatte des Maschinenschraubstocks auf etwa 2° eingestellt. Die Freiwinkel in der Draufsicht, (c) und (d), wurden auf je 3°, aber mit dem Schwenkkopf durch Schrägstellung des Fräsers eingerichtet.

Bei dieser Einrichtung stellen die Umfangsschneiden des Fingerfräsers beide Freiflächen her. Das ist denkbar ungünstig. Beim Austritt der Fräserschneiden aus der Fläche besteht immer die Gefahr, dass der Fräser kaum sichtbar „nachgeschwenkt“ und dadurch an der wichtigsten Stelle der eingestellte Freiwinkel verfälscht wird. Dem kann man nur mit einem sehr scharfen, am besten neuen Fräser und dadurch entgegenwirken, dass man einen einmal eingestellten Wert mehrmals „leer“, ohne neue Zustellung abkurbelt. Das beste wäre, man könnte die Freiflächen mit den Stirnschneiden des Fingerfräsers herstellen. Das soll immer das Ziel sein. Doch das geht zumindest bei der innenliegenden Freifläche dieses Stechstahls nicht.

Nach dem Fräsen habe ich die Stirnansicht des Stahls entsprechend dem Innendurchmesser des Werkstücks gerundet nach unten weggeschliffen (Winkel „j“ in Abb. 191). Diese Rundung muss stets einen deutlich kleineren Radius haben als der Radius am Werkstück (gestrichelt eingezeichnet). Nur so entsteht auch an der Hauptschneide („e“ in Abb. 191) der besonders wichtige Freiwinkel nach unten. Der Stahl wurde nun gehärtet. Es dauert bei diesem mächtigen Schaft lange, bis das Schneidenteil richtig rot glüht. Härteprobe an einer nebensächlichen Stelle, danach Blankschleifen an der Rückseite des Stahls (f). Anlassen hellgelb am Schneidenteil. Zum Schluss habe ich die Oberseite des Stahls (g = Spanfläche) an der Scheibenstirn geschliffen (die Schleifrichtung ist dabei „h“ in Abb. 191) und damit den Stechstahl endgültig scharf geschliffen.

In ähnlicher Weise habe ich mir in jüngster Zeit gut stechende Abstechstähle aus Silberstahl angefertigt. Dabei hat man die Gelegenheit, die beiden seitlichen Freiflächen durch entsprechende Maschineneinrichtung mit den Stirnschneiden des Fingerfräsers anzufräsen (**Abb. 192**); den Freiwinkel nach unten natürlich auch, das war in Abb. 192 nicht richtig darstellbar. Ein so gefräster Stechstahl hat gegenüber einem angeschliffenen den Vorteil, dass der mehr oder weniger große Übergangsradius zum Schaftteil wegfällt (**Abb. 193**). Somit hat ein gefräster Stechstahl immer eine relativ große Stechtiefe. Die Winkel stimmen, weil an der Fräsmaschine eingestellt, sehr genau! Die Standzeit von aus Silberstahl gefertigten und richtig gehärteten Drehstählen ist bei Messing-, Kunststoff- und Aluminium-Bearbeitung recht hoch. Ungehärteten Stahl habe ich noch nicht damit gedreht, es käme auf einen Versuch an. Es müsste jedoch, sehr geringe Schnittgeschwindigkeiten vorausgesetzt, auch zu machen sein.

Abb. 192

Abb. 193

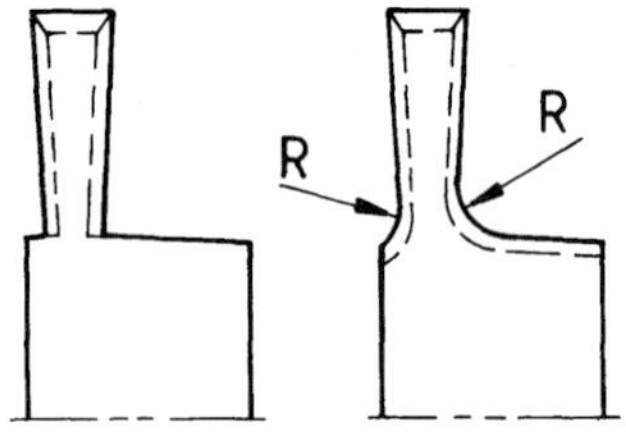

12.19 Die Fräsmaschine als Drehmaschine

Der Teilkopf meiner Fräsmaschine hat eine Zangenaufnahme. Für das Spannen größerer Werkstücke gibt es dazu ein Backenfutter mit dem entsprechenden Zangenschaft (**Foto 34**). In die Arbeitsspindel der Fräsmaschine ist die gleiche Zangenaufnahme eingearbeitet (vgl. Abb. 188 in Band 1). Das ist kein Zufall! So kann ich alles hier und dort spannen, auch das Backenfutter, und habe somit – konsequent zu Ende gedacht – die Möglichkeit, die Fräsmaschine auch zum Drehen zu verwenden (**Foto 35**). Das habe ich in Sondersituationen schon oft gemacht. Der Drehstahl wird dabei in den Maschinenschraubstock gespannt und mit dem Y-Support „auf Spitzenhöhe" eingerichtet. Mit dem X-Support wird plan und mit dem Höhensupport (Y-Achse) lang gedreht. Durch Schwenken des Fräskopfes kann man sogar Kegel drehen. Auch Bohren ist möglich. Dazu muss allerdings das Spannmittel für die Bohrwerkzeuge, vielleicht das Backenfutter eines Direkt-Teilgeräts, genau unter der Arbeitsspindelachse eingerichtet werden (**Foto 36**). Insgesamt eine interessante Sonderanwendung der Fräsmaschine, an die man sich gelegentlich erinnern sollte, zum Beispiel wenn der Drehdurchmesser an der Drehmaschine etwas zu gering ist. An das „hängende" Werkstück muss man sich indessen erst gewöhnen. Dem Arbeitsschutz ist bei diesen doch sehr unüblichen „Drehexperimenten" besondere Aufmerksamkeit zu widmen. Die Fräserspannfutter kann man als gut laufende Zangenspannung verwenden.

Foto 34: Ein Backenfutter mit Zangenschaft.

Foto 35: Drehen auf der Fräsmaschine = ein Beispiel. Links sieht man den in den Schraubstock eingespannten Seitendrehstahl. Schauen Sie das Foto einmal von der linken Seite her an.

Foto 36: Ausrichtung der Frässpindel über dem Backenfutter auf dem Frästisch. Hier richtet eine gehärtete 60°-Körnerspitze das halbgeöffnete Backenfutter genau unter die Frässpindelachse. Nach dem Festziehen der Klemmschrauben darf weder der X- noch der Y-Support verstellt werden! Man könnte dann das Backenfutter mit dem Werkstück wieder in die Spindel nehmen, Bohrwerkzeuge im Futter auf dem Tisch spannen und somit genau mittig bohren.

12.20 Eigenbau-Bohrstange

Eine Bohrstange ist schnell gefertigt. Man kann damit den aufwändigen Anschliff eines Bohrdreh- oder Innenstechstahls geschickt umgehen. Ein Vierkant-Stahlstück erhält vorn eine Querbohrung. Der Durchmesser dieser Bohrung entspricht dem Eckenmaß des Vierkant-Drehlings, aus dem der kurze Schneideinsatz angeschliffen wird. Es ist auch möglich, einen abgebrochenen Zentrierbohrer, Fingerfräser oder Ähnliches zu einem Schneideinsatz umzuschleifen. Für das Festklemmen wird noch ein nicht zu kurzes Axial-Innengewinde in die Stirnfläche eingebohrt. Will man größere Bohrungen durch Ausdrehen aufweiten, kann man die Bohrstange über die ganze Länge vierkantig lassen. Bei kleineren Bohrungen sollte man sie reichlich über die geplante Ausdrehtiefe rund andrehen („a" in **Abb. 194**). Der Schneideinsatz wird geschliffen. Weil dieser meist recht kurz ausfällt, soll man ihn vielleicht zuerst an einem längeren Drehling anschleifen und erst nach der Fertigstellung abkürzen. Die Klemmschraube, die den Schneideinsatz in der Querbohrung verklemmt, sollte am Gewindeende eine sauber angedrehte Planfläche haben (**Abb. 195**, Beispiel eines Innenstechstahls). Auf diese Weise richtet die Schrauben-Planfläche den Einsatz in der ungünstigen Rundbohrung gut aus.

Will man einen besseren, vierkantigen Durchbruch, muss man zuerst in den Bohrstangenkopf mit einem Fingerfräser einen Querkanal einfräsen (**Abb. 196**). Danach wird ein entsprechender Einsatz hart oder weich eingelötet („a" in **Abb. 197**). (D) kann danach noch einmal überdreht werden, dann wird das Gewinde eingebohrt. Auf diese Weise habe ich mir schon Bohrstangen zum Beispiel aus Messing gefertigt. Auf **Foto 37** ist eine Stoßstange für eine Sonderanwendung zu sehen.

Wird die Querbohrung rechtwinklig eingebohrt, kann man keinen Eckbohrstahl herstellen. Das geht nur, wenn man die Querbohrung ausreichend schräg und möglichst weit vorn einbringt (**Abb. 198**). Nur so kann die Drehstahlecke (gestrichelt) das vordere Ende

Abb. 195

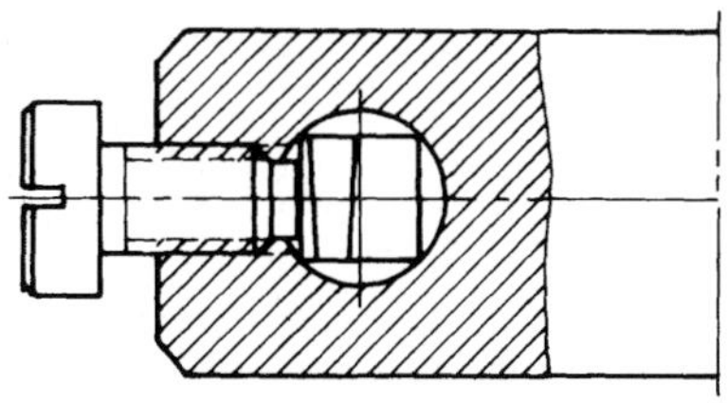

Abb. 196

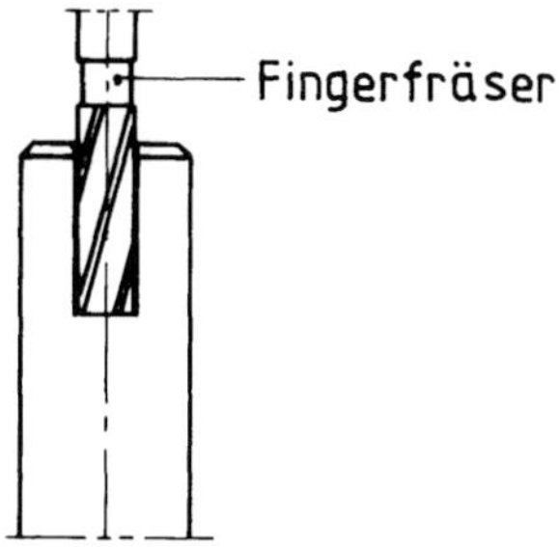

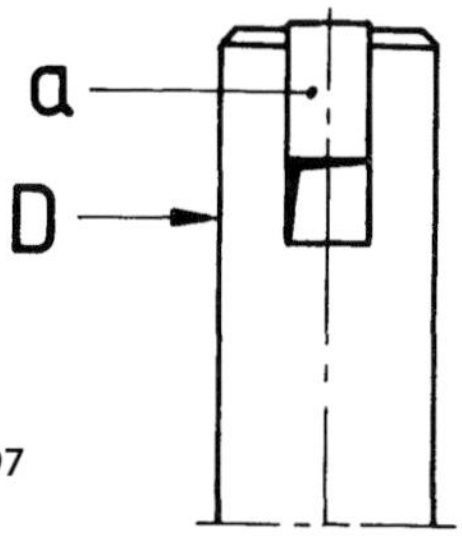

Abb. 197

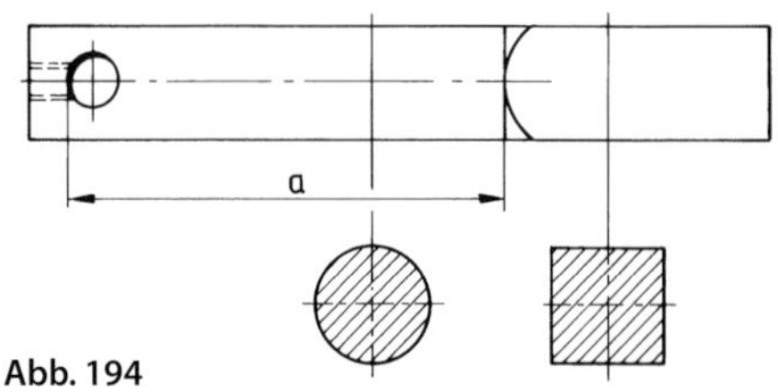

Abb. 194

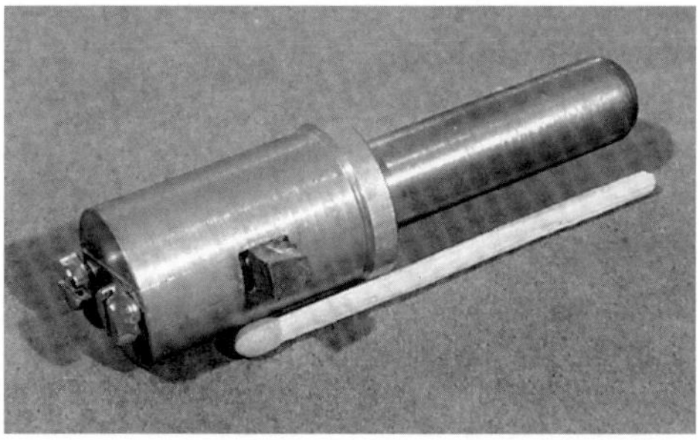

Foto 37: Stoßstange zum Stoßen der Torpedorohr-Verschlüsse (Bohrstange). Mit diesem Stoßwerkzeug wurden die Innen-Einkerbungen in die Bajonettringe der Torpedorohr-Verschlüsse (vgl. Foto 13) auf einem Teilgerät eingestoßen. Als die Einkerbungen eingestoßen wurden, war der Rand selbstverständlich noch nicht so dünn. Er wurde erst danach dünner gedreht! So wie auf diesem Foto sieht auch der Kopf einer Bohrstange nach Abb. 197 aus.

der Bohrstange weit genug überragen. Das Problem ist ein ausreichend langes Gewinde für die Klemmschraube. Es vorn einzubohren ist nicht sinnvoll, weil es zu kurz würde, selbst wenn man eine Madenschraube verwendet und somit keinen vorstehenden Schraubenkopf hätte. Mein Vorschlag: Durchbohren sie die Bohrstange von der Schaftseite her. Das Klemmgewinde liegt dann hinten (**Abb. 199**). Eine vorn in gleichen Winkeln (a) angeschrägte Druckstange (b) wird durch die Schaftbohrung vorgedrückt.

Eine Bohrstange für das Drehen von Innengewinden bekommt ein rundes Querloch, damit der Schneideinsatz dem Steigungswinkel des Gewindes gemäß (vgl. Abb. 13) schräg eingestellt werden kann (**Abb. 200**). Auf diese Weise lassen sich die richtigen Freiwinkel (a) einstellen.

Abb. 198

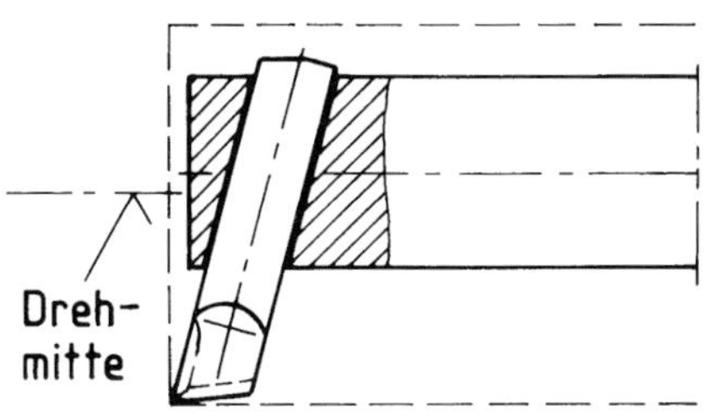

Abb. 200

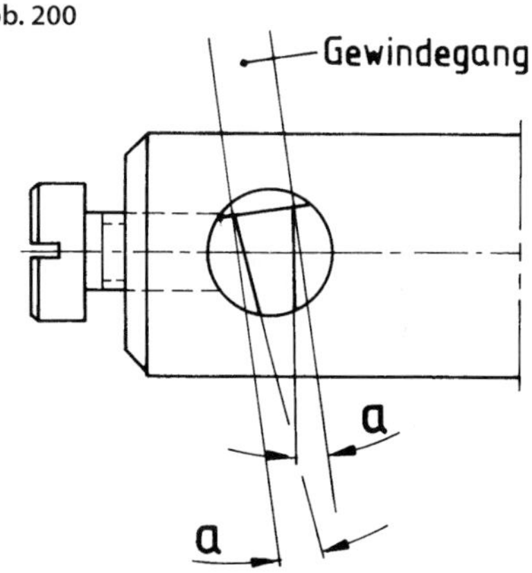

Abb. 199

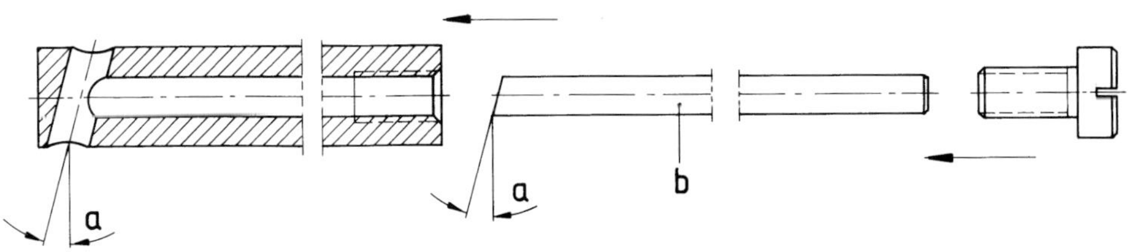

12.21 Feinbohrhilfe

Im Abschnitt 4.17 hatte ich den Selbstbau eines Handhebelgeräts für das Bohren mit kleinen Bohrern angeregt. Hier nun ein ähnlicher Vorschlag. Ich möchte in Anlehnung an ein ähnliches Gerät, das es für Fräsmaschinen gibt, von einer Feinbohrhilfe sprechen. Die Vorrichtung ist denkbar einfach, sie besteht nur aus drei selbst zu fertigenden Drehteilen (**Abb. 201**), die jedoch sehr genau hergestellt werden müssen. Es muss ein Morsekegelschaft (vgl. Abschnitt 9.9.1 und Abb. 222/223 in Band 1) entsprechend der Bohrung in der Reitstockpinole gedreht werden. Im Beispiel ist der MK2 angenommen. Es ist leicht, die Konstruktion für den MK3, der ebenfalls oft in Pinolen vorzufinden ist, zu ändern. Der Schaft (1) wird danach von der Morsekegel-Bohrung der Arbeitsspindel aufgenommen, auf Länge plan gedreht, zentriert, vorgebohrt und auf Ø 10H7 mit einer Maschinenreibahle ausgerieben. Für diese Feinbohrung wird die Schiebepinole (2) passend gedreht. Wie bei (3) in Abb. 67a (Band 1) müssen der 10-mm-Außendurchmesser, der 8-mm-Zapfen für das M8×0,75-Gewinde, das Gewinde selbst und die Planfläche am Gewindeende in einer Einspannung gedreht werden. Damit die Pinole (2) mit dem zerbrechlichen Bohrer nicht aus dem Schaft (1) fallen kann, wird vom hinteren Ende her eine Halteschraube (1) eingeschraubt. Beim Ausdrücken der Vorrichtung aus der Reitstockpinole drückt der Schraubenkopf gegen den Schaft (3). Aufgeschraubt wird wieder ein kleines Proxxon-Mini-Bohrfutter.

Mit der Feinbohrhilfe arbeitet man so: Die Schiebepinole mit dem eingespannten Bohrer wird vollständig in den Schaft geschoben. Dann schiebt man den gesamten Reitstock vorsichtig so weit vor das Werkstück, dass die Bohrerspitze nahe am Werkstück steht. Sicherer ist es jedoch, wenn man die Reitstockpinole nach vorn kurbelt. Dann kann die Schiebepinole mit den Fingern erfasst werden und der Bohrer in die kleine Zentrierbohrung, die natürlich vorher einge-

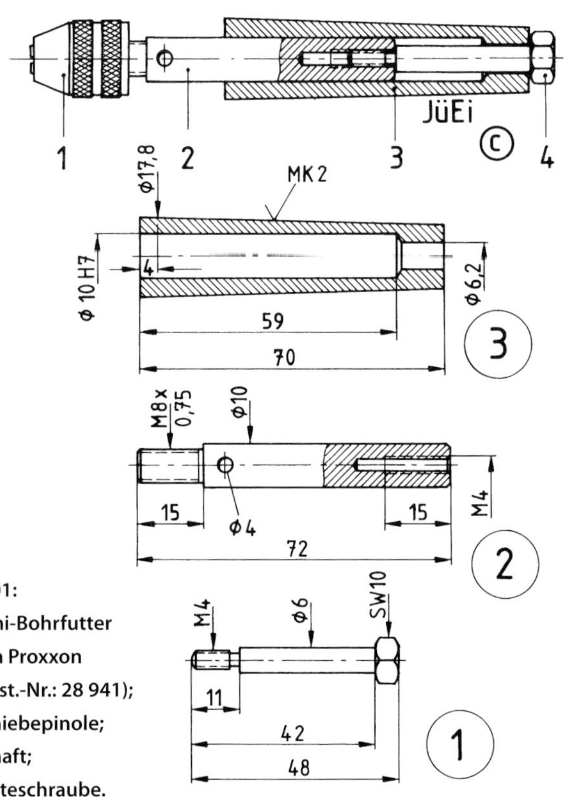

Abb. 201:
1 = Mini-Bohrfutter von Proxxon (Best.-Nr.: 28 941);
2 = Schiebepinole;
3 = Schaft;
4 = Halteschraube.

bohrt wurde, gesetzt werden. Für das Bohren mit kleinen Bohrern unter 1 mm Durchmesser, für das diese Vorrichtung bestimmt ist, genügt das Halten mit den Fingern an den Rändelringen des Bohrfutters. Der Vorteil ist auch hier wieder, dass der Bohrer für das Entfernen der Bohrspäne und den Auftrag von Schmiermitteln oft und schnell aus der Bohrung herausgezogen werden kann. Ich entferne die Späne mit einem ölgetränkten Pinsel. Mit der Vorrichtung gehen die kleinen Bohrer nicht so oft zu Bruch. Damit das Öffnen und Schließen des Bohrfutters leicht möglich wird, bekommt die Schiebepinole eine 4-mm-Querbohrung, in die ein Knebel gesteckt werden kann. Eine de-Lux-Ausführung wäre das Andrehen eines entsprechend großen Rändelbundes an der gleichen Stelle.

12.22 Die Drehmaschine als Kreissäge

Es liegt nahe, eine Drehmaschine zu einer Kreissäge-Maschine umrüstbar zu machen. Wir haben eine gut gelagerte Spindel mit hoher Drehzahl und ausreichend kräftigem Durchzug. Und wir haben mit dem Maschinenbett eine exakte Grundlage, auf der sich etwas aufbauen lässt.

Zuerst muss ein stabiler und gut rund laufender Sägedorn für die Aufnahme der Kreissäge hergestellt werden. Auch muss die richtige Kreissäge ausgewählt werden. Feingezahnte und nicht oder kaum frei geschliffene Metallkreissägen sind für das Sägen von Holz nur geeignet, wenn man lediglich flache Nuten einsägen will und die Sägen nicht zu schmal sind. Metallkreissägen sind für das Sägen von Metallen optimiert! Bessere Standzeiten haben schon Voll-Hartmetall-Kreissägen. Gut geeignet sind auch kleine, geschränkte Kreissägen. Proxxon bietet zwei solcher Sägen unter der Bestellnummer NO 28 014 mit 80 Zähnen bei einem Durchmesser von 58 mm bzw. der Bestellnummer NO 28 731 mit einem Durchmesser von 85 mm an. Beide haben 10-mm-Bohrungen. Viel besser, langlebiger, aber auch teurer sind mit Hartmetall bestückte Kreissägen. Auch hier drei Angebote von Proxxon:

- NO 28 733, Ø 80, Schnittbreite 1,6 mm, nur zwölf Zähne;
- NO 28 734, Ø 80, Schnittbreite 1,6 mm, 24 Zähne und
- NO 28 016, Ø 50, Schnittbreite nur 1,0 mm, zehn Zähne.

Alle drei Sägen haben ebenfalls 10-mm-Bohrungen und sind für unsere Zwecke bestens geeignet. Einen gut gestalteten Kreissägedorn für 10-mm-Bohrungen in der Kreissäge zeigt **Abb. 202**. Der Zapfendurchmesser (d) gibt die

Abb. 202

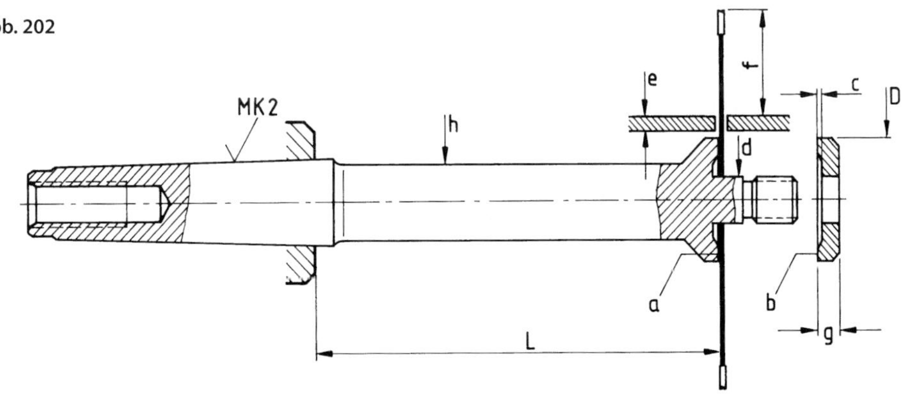

Zentrierung für die Kreissäge. Die Anlagefläche (a) am Dorn gibt den Planlauf. Sie hat wie auch die Anlagefläche an der Druckscheibe (b) im Zentrum einen recht großen Freistich (c). Somit wird die Säge dort geführt, wo es am wichtigsten ist, am Rand der Scheiben. Der Durchmesser beider Anlagescheiben (D) soll möglichst groß sein. Nach Abzug der Dicke für den Sägetisch (e) ergibt sich die maximale Sägetiefe (f). Die bewegliche Scheibe muss eine ausreichende Dicke (g) haben. Auch die Ausraglänge (L) kann man bei einem „freitragenden“ Sägedorn nicht beliebig groß machen. Das Verhältnis zum Durchmesser (h) soll schon in

Foto 38: Eine Sägevorrichtung für die Drehmaschine. Bei einer größeren Kreissäge habe ich die beiden Gewindespindeln mit einem Kettentrieb verbunden.

etwa wie in der Skizze sein. Der Dorn hat hier spindelstockseitig einen Morsekegelschaft mit Anzugsgewinde (!). Es ist aber auch ein Schaft mit der Kontur einer Spannzangenaufnahme („5“ in Foto 13, Band 1) oder ein zylindrischer Schaft zur Aufnahme in einem Backenfutter möglich (Körnermarkierung!). Am genauesten läuft die Kreissäge, wenn sowohl die Anlagefläche (a) als auch der Zentrierdurchmesser (d) vor dem Aufstecken der Säge gedreht werden.

Den Kreissägetisch kann man, wie gesagt, vom Bett aus durch Stützen oder Ähnliches aufbauen. Mein eigener Sägetisch wird von einem Schwalbenschwanz-Support nach Skala exakt gehoben. Somit ist die Sägetiefe kontrolliert bis auf „null“ einstellbar. Die Anschlagleiste zur Einstellung der Schnittbreite (etwa zum Schneiden von Holzleisten) wird von zwei synchron angetriebenen M6-Gewindespindeln verschoben (**Foto 38**). Ein M6-Gewinde hat eine 1-mm-Steigung. Somit entspricht ein Zehntel Spindeldrehung einem Vorschub der Anschlagleiste von 0,1 mm! Durch zwei Gewindespindeln ist ein stets paralleler Vorschub der Leiste gesichert.

Denkbar ist auch folgende Konstruktion: Der Sägetisch ist am Maschinenbett fest aufgebaut, die Anschlagleiste wird jedoch über eine entsprechende Halterung vom Stahlhalter aus verschoben. Somit ist die Verstellmöglichkeit des Obersupports zum Einstellen der Schnittbreite nutzbar!

Anhang

A. Die Dichte einiger Materialien (in kg/dm^3):

Aluminium 2,7
Alu-Bronze 7,7
Bronze 8,5
Flussstahl 7,8
Grauguss 7,25
Gummi 1,45

(alle Hölzer trocken!)
Ahorn 0,66
Birke 0,65
Buchsbaum 0,95
Eiche 0,69
Erle 0,53
Esche 0,69
Kiefer 0,52
Linde 0,53
Nussbaum 0,68
Pappel 0,45
Weißbuche 0,83
Kupfer 8,9
Messing 8,5
Neusilber 8,7
Polyesterharz 1,2 bis 1,4
Polystyrol 1,1
PVC 1,38
Silber 10,5
Stahl 7,85
Weißmetall 8,9
Zinn 7,3

B. Gewichte von gezogenen Halbzeugen

Rundstahl / Maße und Gewichte

D (mm)	A (mm²)	g/m	D (mm)	A (mm²)	kg/m
1,0	0,785	6	11	95,0	0,746
1,1	0,95	8	12	113,0	0,89
1,2	1,13	9	14	154,0	1,21
1,4	1,54	12	16	201,0	1,58
1,6	2,01	16	18	254,0	2,0
1,8	2,54	20	20	314,0	2,47
2,0	3,14	25	22	380,0	2,98
2,2	3,8	30	25	491,0	3,85
2,5	4,91	38	28	616,0	4,83
2,8	6,16	48	32	804,0	6,31
3,2	8,04	63	36	1020,0	7,99
3,6	10,2	80	40	1260,0	9,86
4,0	12,6	99	45	1590,0	12,5
4,5	15,9	125	50	1960,0	15,4
5,0	19,6	154	56	2460,0	19,3
5,6	24,6	193	63	3120,0	24,5
6,3	31,2	245	70	3850,0	30,2
7,0	38,5	302	80	5030,0	39,5
8,0	50,3	395	90	6360,0	49,9
9,0	63,6	499	100	7850,0	61,6
10,0	78,5	616	120	11300,0	88,8

A = Querschnitt
D = Nenndurchmesser

Sechskant-Stahl / Gewichte

SW (mm)	g/m	SW (mm)	kg/m	SW (mm)	kg/m
4	109	**11**	0,82	**24**	3,92
5	170	**12**	0,98	**27**	4,96
6	250	**13**	1,15	**30**	6,12
7	330	**14**	1,33	**32**	6,96
8	440	**17**	1,97	**36**	8,81
9	550	**19**	2,45	**41**	11,5
10	680	**22**	3,29	**46**	14,4

SW = Schlüsselweite

Rund-Messing /Gewichte

Ø (mm)	g/m	Ø (mm)	g/m	Ø (mm)	kg/m	Ø (mm)	kg/m
0,5	1	**4,5**	135	**14**	1,31	**24**	3,85
0,8	3	**5**	160	**15**	1,5	**25**	4,17
1	7	**6**	240	**16**	1,71	**26**	4,51
1,2	10	**7**	320	**17**	1,93	**27**	4,87
1,5	15	**8**	420	**18**	2,16	**28**	5,23
2	27	**9**	540	**19**	2,41	**30**	6,01
2,5	40	**10**	670	**20**	2,67	**32**	6,84
3	60	**11**	810	**21**	2,94	**33**	7,3
3,5	82	**12**	960	**22**	3,23	**34**	7,72
4	107	**13**	1130	**23**	3,53	**35**	8,81

Sechskant-Messing / Gewichte

SW (mm)	g/m	SW (mm)	kg/m	SW (mm)	kg/m	SW (mm)	kg/m
1	6	**8**	0,47	**18**	2,38	**35**	9,02
1,5	18	**9**	0,59	**19**	2,66	**36**	9,54
2	29	**10**	0,74	**20**	2,94	**38**	10,63
3	66	**11**	0,89	**22**	3,56	**40**	11,78
4	118	**12**	1,06	**24**	4,24	**41**	12,37
4,5	149	**13**	1,24	**26**	4,51	**42**	13,0
5	184	**14**	1,44	**27**	5,37	**46**	15,58
5,5	223	**15**	1,6	**28**	5,78	**50**	18,4
6	270	**16**	1,88	**30**	6,63	**55**	22,27
7	360	**17**	2,13	**32**	7,54	**60**	26,5

Rund-Aluminium / Gewichte

Ø (mm)	g/m	Ø (mm)	kg/m	Ø (mm)	kg/m	Ø (mm)	kg/m
5	60	**16**	0,58	**34**	2,59	**70**	10,7
6	90	**18**	0,73	**35**	2,68	**75**	12,6
7	110	**20**	0,84	**38**	3,23	**80**	13,98
8	150	**22**	1,03	**40**	3,5	**85**	16,2
9	177	**23**	1,19	**42**	3,95	**90**	17,7
10	220	**24**	1,29	**45**	4,53	**100**	21,85
11	280	**25**	1,37	**50**	5,46	**110**	27,1
12	330	**26**	1,51	**52**	6,06	**120**	31,5
13	380	**28**	1,76	**55**	6,49	**130**	37,13
14	440	**30**	1,97	**60**	7,86	**140**	41,9
15	500	**32**	2,29	**65**	9,46	**150**	49,1

Sechskant-Aluminium / Gewichte

SW (mm)	g/m	SW (mm)	kg/m	SW (mm)	kg/m
8	160	**14**	0,48	**30**	2,4
9	200	**17**	0,71	**32**	2,6
10	250	**19**	0,89	**36**	3,2
11	300	**22**	1,2	**41**	3,93
12	350	**24**	1,42	**46**	5,2
13	400	**27**	1,8		

C. Schnittgeschwindigkeiten bei HSS-Drehstählen

Schnittgeschwindigkeitewwrehstählen in m/min

Werkstoffe	Schuppbearbeitung	Schlichten
SM-Stahl bis 50 kg/mm²	30 – 40	50 – 70
SM-Stahl 50 – 60 kg/mm²	25 - 30	40 – 60
SM-Stahl 60 – 70 kg/mm²	20 - 25	40 – 50
SM-Stahl 70 – 85 kg/mm²	15 - 20	30 – 40
SM-Stahl 85 – 100 kg/mm²	12 - 16	25 – 30
Legierter Stahl bis 85 kg/mm²	15 - 18	30 – 40
Legierter Stahl 85 – 100 kg/mm²	12 - 15	25 – 30
Legierter Stahl über 100 kg/mm²	10 - 12	20 – 25
Stahlguß bis 60 kg/mm²	20 - 30	35 – 50
Stahlguß über 60 kg/mm²	18 - 25	22 – 35
Gußeisen	18 - 25	22 – 35
Temperguß	14 - 18	20 – 25
Kupfer	35 - 50	50 – 75
Automatenmessing	**75 - 100**	**100 – 150**
Messingguß	25 - 35	40 – 60
Bronze/Rotguß	35 - 45	50 – 70
Reinaluminium	300 - 500	400 – 800
Automaten-Aluminium	**200 - 300**	**300 – 500**
Ausgehärtete Alu-Legierungen	100 - 150	150 – 200
Hartpapier/-gewebe	50 – 75	80 – 125
Hartgummi	100 – 150	200 – 300

D. Drehzahlen bei der Bearbeitung mit HSS-Drehstählen

Drehzahltabelle für Drehbearbeitung in U/min

V	Ø1	Ø5	Ø10	Ø15	Ø20	Ø25	Ø30	Ø35	Ø40	Ø45	Material
2	650	130	65	42	32	25	22	18	16	14	
4	1250	250	130	85	65	50	42	35	32	28	
6	1875	375	200	125	95	75	65	55	48	42	
8	2500	500	250	175	130	100	85	75	65	55	
10	3250	650	325	200	150	130	105	90	80	70	100 kg
12	3750	750	375	250	200	150	125	110	95	85	85 kg
14	4500	900	450	300	225	175	150	130	110	100	
16	5000	1000	500	350	250	200	175	145	125	115	70 kg
18	6000	1125	600	375	300	225	200	175	140	125	Grauguß
20	6500	1250	650	425	325	250	225	200	175	140	Auto-St
25	8000	1500	800	550	400	325	275	250	200	175	50 kg
30		1875	950	650	475	375	325	275	250	225	Bronze
35		2125	1125	750	550	450	375	325	275	250	Kupfer
40		2500	1250	850	650	500	425	375	325	275	
45		3000	1500	1000	750	600	475	425	375	325	
50		3250	1625	1125	800	650	550	450	400	350	Hp/Hg
60		3750	1875	1250	950	750	650	550	475	425	
80		5000	2500	1750	1250	1000	850	750	650	550	Messing
100		6500	3250	2125	1625	1250	1000	900	800	700	
125		8000	4000	2750	200	1625	1375	1125	1000	900	Alu
150			4750	3250	2375	1875	1625	1375	1250	1125	
175			5500	3750	2750	2125	1875	1625	1375	1250	Alu 1
200			6500	4250	3250	2500	2125	1875	1625	1375	
300				6500	4750	3750	3250	2750	2375	2125	
400								3750	3250	2750	
500								4500	4000	3500	

50/70/85/100 kg = Stahl mit Zugfestigkeit von 50/70/85/100 kg/mm²
Alu 1 = Automaten-Aluminium
Alu = ausgehärtete Alu-Legierungen
Hp/Hg = Hartpapier/Hartgewebe
Auto-St = Automatenstahl

E. Tangens-Tabellen

Tangens-Tabelle 0 – 45°

Grad	,0	,1	,2	,3	,4	,5	,6	,7	,8	,9	1,0
0	0,0000	0017	0035	0052	0070	0087	0105	0122	0140	0157	0175
1	0175	0192	0209	0227	0244	0262	0279	0297	0314	0332	0349
2	0349	0367	0384	0402	0419	0437	0454	0472	0489	0507	0524
3	0524	0542	0559	0577	0594	0612	0629	0647	0664	0682	0699
4	0699	0717	0734	0752	0769	0787	0805	0822	0840	0857	0875
5	0,0875	0892	0910	0928	0945	0963	0981	0998	1016	1033	1051
6	1051	1069	1086	1104	1122	1139	1157	1175	1192	1210	1228
7	1228	1246	1236	1281	1299	1317	1334	1352	1370	1388	1405
8	1405	1423	1441	1459	1477	1495	1512	1530	1548	1566	1584
9	1584	1602	1620	1638	1655	1673	1691	1709	1727	1745	1763
10	0,1763	1781	1799	1817	1835	1853	1871	1890	1908	1926	1944
11	1944	1962	1980	1998	2016	2035	2053	2071	2089	2107	2126
12	2126	2144	2162	2180	2199	2217	2235	2254	2272	2290	2309
13	2309	2327	2345	2364	2382	2401	2419	2438	2456	2475	2493
14	2493	2512	2530	2549	2568	2586	2605	2623	2642	2661	2679
15	0,2679	2698	2717	2736	2754	2773	2792	2811	2830	2849	2867
16	2867	2886	2905	2924	2943	2962	2981	3000	3019	3038	3057
17	3057	3076	3096	3115	3134	3153	3172	3191	3211	3230	3249
18	3249	3269	3288	3307	3327	3346	3365	3385	3404	3424	3443
19	3443	3463	3482	3502	3522	3541	3561	3581	3600	3620	3640
20	0,3640	3659	3679	3699	3719	3739	3759	3779	3799	3819	3839
21	3839	3859	3879	3899	3819	3939	3959	3979	4000	4020	4040
22	4040	4061	4081	4101	4122	4142	4163	4183	4204	4224	4245
23	4245	4265	4286	4307	4327	4348	4369	4390	4411	4431	4452
24	4452	4473	4494	4515	4536	4557	4578	4599	4621	4642	4663
25	0,4663	4684	4706	4727	4748	4770	4791	4813	4834	4856	4877
26	4877	4899	4921	4942	4964	4986	5008	5029	5051	5073	5095
27	5095	5117	5139	5161	5184	5206	5228	5250	5272	5295	5317
28	5317	5340	5362	5384	5407	5430	5452	5475	5498	5520	5543
29	5543	5566	5589	5612	5635	5658	5681	5704	5727	5750	5774
30	0,5774	5797	5820	5844	5867	5890	5914	5938	5961	5985	6009
31	6009	6032	6056	6080	6104	6128	6152	6176	6200	6224	6249
32	6249	6273	6297	6322	6346	6371	6395	6420	6445	6469	6494
33	6494	6519	6544	6569	6594	6619	6644	6669	6694	6720	6745
34	6745	6771	6796	6822	6847	6873	6899	6924	6950	6976	7002
35	0,7002	7028	7054	7080	7107	7133	7159	7186	7212	7239	7265
36	7265	7292	7319	7346	7373	7400	7427	7454	7481	7508	7536
37	7536	7563	7590	7618	7646	7673	7701	7729	7757	7785	7813
38	7813	7841	7869	7898	7926	7954	7983	8012	8040	8069	8098
39	8098	8127	8156	8185	8214	8243	8273	8302	8332	8361	8391
40	0,8391	8421	8451	8481	8511	8541	8571	8601	8632	8662	8693
41	8693	8724	8754	8785	8816	8847	8878	8910	8941	8972	9004
42	9004	9036	9067	9099	9131	9163	9195	9228	9260	9293	9325
43	9325	9358	9391	9424	9457	9490	9523	9556	9590	9623	9657
44	9657	9691	9725	9759	9793	9827	9861	9896	9930	9965	1,00

Tangens-Tabelle 45 – 90°

Grad	,0	,1	,2	,3	,4	,5	,6	,7	,8	,9	1,0
45	1,000	003	007	011	014	018	021	025	028	032	036
46	036	039	043	046	050	054	057	061	065	069	072
47	072	076	080	084	087	091	095	099	103	107	111
48	111	115	118	122	126	130	134	138	142	146	150
49	150	154	159	163	167	171	175	179	183	188	192
50	1,192	196	200	205	209	213	217	222	226	230	235
51	235	239	244	248	253	257	262	266	271	275	280
52	280	285	289	294	299	303	308	313	317	322	327
53	327	332	337	342	347	351	356	361	366	371	376
54	376	381	387	392	397	402	407	412	418	423	428
55	1,428	433	439	444	450	455	460	466	471	477	483
56	483	488	494	499	505	511	517	522	528	534	540
57	540	546	552	558	564	570	576	582	588	594	600
58	600	607	613	619	625	632	638	645	651	658	664
59	664	671	678	684	691	698	704	711	718	725	732
60	1,732	739	746	753	760	767	775	782	789	797	804
61	804	811	819	827	834	842	849	857	865	873	881
62	881	889	897	905	913	921	929	937	946	954	963
63	963	971	980	988	997	*006	*014	*023	*032	*041	*050
64	2,050	059	069	078	087	097	106	116	125	135	145
65	2,145	154	164	174	184	194	204	215	225	235	246
66	246	257	267	278	289	300	311	322	333	244	356
67	356	367	379	391	402	414	426	438	450	463	475
68	475	488	500	513	526	539	552	565	578	592	605
69	605	619	633	646	660	675	689	703	718	733	747
70	2,747	762	778	793	808	824	840	856	872	888	904
71	904	921	937	954	971	989	*006	*024	*042	*060	*078
72	3,078	096	115	133	152	172	191	211	230	251	271
73	271	291	312	333	354	376	398	420	442	465	487
74	487	511	534	558	582	606	630	655	681	706	732
75	3,732	758	785	812	839	867	895	923	952	981	*011
76	4,011	041	071	102	134	165	198	230	264	297	331
77	331	366	402	437	474	511	548	586	625	665	705
78	705	745	787	829	872	915	959	*005	*050	*097	*145
79	5,145	193	242	292	343	396	449	503	558	614	671
80	671	730	789	850	912	976	*041	*107	*174	*243	*314
81	6,314	386	460	535	612	691	772	855	940	*026	*115
82	7,115	207	300	396	495	596	700	806	916	*028	*114
83	8,114	264	386	513	643	777	915	*058	*205	*357	*514
84	9,514	677	845	10,0	10,2	10,4	10,6	10,8	11,0	11,2	11,4
85	11,43	11,7	11,9	12,2	12,4	12,7	13,0	13,3	13,6	14,0	14,3
86	14,3	14,7	15,1	15,5	15,9	16,4	16,8	17,3	17,9	18,5	19,1
87	19,1	19,7	20,5	21,2	22,0	22,9	23,9	24,9	26,0	27,3	28,6
88	28,64	30,1	31,8	33,7	35,8	38,2	40,9	44,1	47,7	52,1	57,3
89	57,29	63,7	71,6	81,9	95,5	115,-	143,-	191,-	287,-	573,-	(∞)

* = Wert vor dem Komma hat sich geändert

F. Händlerverzeichnis

Normteile:
Fa. Schrauben-Jäger
Industriestraße 15
D-76189 Karlsruhe

Dreh- und Fräsmaschinen, Zubehör:
Fa. Technika
Spittelmattweg 1
D-77694 Kehl
Tel.: 0 78 51 / 14 92

Backenfutter und Spannmittel:
Zweifel-AG
Binzstraße 32
CH-8620 Wetzikon
Tel.: 01-930 11 07
Fax: 01-930 01 01

Spannmittel und Spannzangen:
Precima GmbH
August-Schanz-Straße 28
D-60433 Frankfurt/Main
Tel.: 0 69 / 95 43 26-0
Fax: 0 69 / 95 43 26 99

Werkzeuge, Messmittel, Maschinen:
Fa. Elmar Deuss
Lohnskotter Weg 14
D-51069 Köln-Dünnwald
Tel.: 02 21 / 60 64 01
Fax: 02 21 / 60 78 80

Halbzeuge:
Fa. Wilms Metallmarkt
Widdersdorfer Straße 125
D-50825 Köln-Ehrenfeld
Tel.: 02 21 / 5 46 68-0
Fax: 02 21 / 5 46 68 30
(Katalog anfordern)

**Werkzeuge, Material,
Normteile, Chemikalien:**
Fa. Fohrmann-Werkzeuge
Am Klinikum 7
D-02828 Görlitz
Tel.: 0 35 81 / 42 96 28

Halbzeuge:
Fa. Paul Schmitt
Hauptstraße 81
D-76889 Kapsweyer
Tel.: 0 63 40 / 91 85 47

**Normteile, Zahnräder,
Zerspanungswerkzeuge, Metalle:**
Versandhandel Gabriele Hüttl-Wagener
Gewerbering 29
D-41372 Niederkrüchten
Tel.: 0 21 63 / 8 17 67
Fax: 0 21 63 / 8 26 70
E-Mail: ghw@ghw-modellbau.de
www.ghw-modellbau.de

sämtliche Bastel-, Hobby- und Modellbaumaterialien:
Fa. Bauwerk creativ GmbH
Adlerstraße 30
D-76133 Karlsruhe
Tel.: 07 21 / 38 77 03
Fax: 07 21 / 35 77 18
(Katalog anfordern)

Werkzeugmaschinen und Zubehör, Werkzeuge:
Fa. WMS-Möller
Geschwindstraße 6
D-63323 Egelsbach
Tel.: 0 61 03 / 94 60 11
Fax: 0 61 03 / 94 60 10

Werkzeuge, Uhrmacher- und Juwelierwerkzeuge:
Fa. Bullnheimer & Co
Im Tal 12
D-86179 Augsburg
Tel.: 08 21 / 8 08 50-0
Fax: 08 21 / 8 08 50 90
(Uhrmacherdrehstühle auf Anfrage)

Antriebselemente, Normteile:
Fa. Mädler GmbH
(mehrere Zweigstellen in Deutschland und Europa, so in:)
D-70573 Stuttgart
Postfach 70 03 58
Tel.: 07 11 / 7 20 95-0
Fax: 07 11 / 7 20 95-33

Uhrmacherdrehstühle:
Fa. Huber & Co
Postfach 867
D-75108 Pforzheim
Tel.: 0 72 31 / 15 65-0
Fax: 0 72 31 / 15 65-25

G. Weiterführende Literatur

1. Fachbücher:

• „Vollständiger Unterricht der gemeinen und höheren Dreh-Kunst", Johann Martin Teuber, edition libri rari, Verlag Th. Schäfer, Hannover, Reprint der Ausgabe von 1756, ISBN 3-88746-035-9

• „Der Drechsler", C. A. Martin, edition libri rari, Verlag Th. Schäfer, Hannover, Reprint der Ausgabe von 1905, ISBN 3-88746-242-4

• „Dreher-Fachkunde", Heinrich Gerling, Verlagsbuchhandlung Julius Beltz, 1956

• „Tabellenbuch Metall", Stange, Volk und Wissen Volkseigener Verlag, Berlin, 1957

• „Tabellenbuch Metall", Dr. Gustav Beyrodt, VEB Verlag Technik, Berlin, 1965

• „Wörterbuch der Fertigungstechnik (deutsch/englisch/französisch)", Band 1–9, Prof. Dr.-Ing. G. Pahlitzsch, Verlag W. Girardet, Essen, 1972, ISBN 3-7736-5946-6

• „Vorrichtungen Gestalten-Bemessen-Bewerten", VEB Verlag Technik, Berlin, 1975

• „Technologie des Schiffsmodellbaus", Dieter Johansson, VEB transpress-Verlag, Berlin, 1976

• „Einführung in die feinmechanischen Konstruktionen", Prof. Dr.-Ing. Siegfried Hildebrand, VEB Verlag Technik, Berlin, 1976

• „Drehen", Ehrhart Kaulisch u. a., VEB Verlag Technik, Berlin, 1977

• „Fräsen", Fritz Naundorf, VEB Verlag Technik, Berlin, 1977

• „Metall", hrsg. von Ober-Ing. Adolf Teml, VEB Fachbuchverlag, Leipzig, 1977

• „Drehen und Gewindeschneiden", Ernst Widmer, Birkhäuser Verlag, Basel und Stuttgart, 1978, ISBN 3-7643-1013-8

• „Ein Schiffsmodell entsteht", Dieter Johansson, VEB transpress-Verlag, Berlin, 1979

• „Hobeln • Stoßen", Bührdel/Frömmer, VEB Verlag Technik, Berlin, 1980

• „Vorrichtungsbau", Ober-Ing. Paul Peter, VEB Verlag Technik, Berlin, 1981

• „Allgemeine Geschichte der Technik", 2 Bände, aus dem Russischen, VEB Fachbuchverlag, Leipzig, 1981

• „Der Drechsler", Steinert/Hegewald, VEB Fachbuchverlag, Leipzig, 1984

• „Technologie Metall • Grundstufe", Cornelsen Verlag, Düsseldorf, 1988, ISBN 3-590-81980-4

• „Drehen und Fräsen im Modellbau", Dipl.-Ing. Tilman Wallroth, Verlag für Technik und Handwerk, Baden-Baden, 1991, ISBN 3-88180-037-9

• „Besseres Drehen und Fräsen", Frank Arbeiter, Neckar-Verlag, Villingen-Schwenningen, 1994, ISBN 3-7883-1110-X

• „Drehmaschinenpraxis für Modellbauer", Tilman Wallroth, Verlag für Technik und Handwerk, Baden-Baden, 1995/97, ISBN 3-88180-070-0

• „Metalltechnik • Fachstufe Industrietechnik", Ernst Klett Verlag, Stuttgart/Dresden, 1997, ISBN 3-12-847300-5

• „Fertigungsverfahren Drehen, Fräsen, Bohren", Wilfried König/Fritz Klocke, Springer-Verlag, 1997, ISBN 3-540-63202-6

• „Fräsen mit der Drehmaschine", Jürgen Eichardt, Verlag für Technik und Handwerk, Baden-Baden, 1998, ISBN 3-88180-099-9

• „Werkstoff Holz", Albert Jackson/David Day, Urania-Ravensburger, 1998, ISBN 3-332-00684-3

• „Modellbauhandbuch", Tilman Wallroth, Proxxon-GmbH, Best-Nr. NO 28 999

2. Beiträge in Fachzeitschriften:

• „Drehmaschinen im Vergleich", Helmut Harhaus, in: „Modellwerft", Heft 1/82

• „Optimierung einer Drehmaschine" (Reitstock-Revolver), Dieter Miedek, in: „Der Schiffspropeller", Heft Sept./Okt. 1992

• „Werkstoffe im Modellbau", Dipl.-Ing. Volker Steiner, in: „Modellwerft", Heft 6/93

• „Marktübersicht Drehmaschinen", Philipp Gardemin, in: „Maschinen im Modellbau", Heft 2/95

• „Die hölzerne Planscheibe", Dr. Alfred Bachmann, in: „Maschinen im Modellbau", Heft 2/95

• „Jede Niete ein Gewinn", Jürgen Eichardt, in: „Modellwerft", Heft 11/1995

• „Technika-Drehmaschinen", Karl-Heinz Riedel, in: „schiffsPROPELLER", Heft Juli 1996

• „Mini-Rundzange", Jürgen Eichardt, in: „SchiffsModell", Heft 12/1996

• „Höhenverstellbare Bohrstahlhalter", Jürgen Eichardt, in: „Maschinen im Modellbau", Heft 1/98

• „Zahn um Zahn" (Sägen), Stefan E. Moog, in: „Maschinen im Modellbau", Heft 1/98

- „Extremmodellbau – am Beispiel einer Lüfterhutze", Jürgen Eichardt, in: „Schiffs-Modell", Heft 1/98

- „Schwenkauflage für die Schleifmaschine", Jürgen Eichardt, in: „Maschinen im Modellbau", Heft 1/99

- „Universal-Werkzeugmaschine" (Eigenbau), Alfred Moritz, in: „Maschinen im Modellbau", Heft 2/99

- „Alles gut gedreht?" (Drehmaschinentest), Stefan E. Moog, in: „Maschinen im Modellbau", Heft 4/99

- „Sägen auf der Drehmaschine", Alfred Moritz, in: „Maschinen im Modellbau", Heft 4/99

- „Modell-Drehbank im Maßstab 1:15" (vorbildgetreuer Nachbau einer alten Drehmaschine!), Stephan Kästner, in: „das dampfmodell", Heft 1/2000

- „Ein Uhrmacherdrehstuhl muss her" (Eigenbau einer Uhrmacherdrehmaschine), Ekkehard Schuhmann, in: „Maschinen im Modellbau", Heft 1/2000

- „Kleine Spiralbohrer fabrikneu anschleifen", Günter Bossong, in: „ModellWerft", Heft 1/2000

- „Marktübersicht Fräsmaschinen", Jürgen Eichardt, in: „Maschinen im Modellbau", Heft 3/2000

- „Tischdrehmaschine Profimat CSD 310 – ein Testbericht", Jürgen Eichardt, in: „Maschinen im Modellbau", Heft 4/2000

- „D210x320 von Optimum" (Drehmaschinentest), Jürgen Eichardt, in: „Maschinen im Modellbau", Heft 5/2000

- „Ein Späneschutz für das Drehbankbett", Ernst Hepfner, in: „Maschinen im Modellbau", Heft 5/2000

- „Ein Teilapparat – einfach gebaut", Alfred Moritz, in: „Maschinen im Modellbau", Heft 5/2000

- „Drücken im Modellbau", Detlef Schmall, in: „Maschinen im Modellbau", Heft 5/2000

- „Spillköpfe", Jürgen Eichardt, in: „Modell-Werft", Heft 6/2000

- „Maschinensupporte im Eigenbau", Jürgen Eichardt, in: „Maschinen im Modellbau", Heft 1/2001

- „Für den Modellbau: Drehmaschinen", Helmut Harhaus, in: „Dampfmaschine im Modellbau"

Darüber hinaus werden in zahlreichen hier nicht genannten Beiträgen der Zeitschriften „Maschinen im Modellbau" und „das dampfmodell" (jetzt vereint mit „Maschinen im Modellbau") vielfach kluge technische Beschreibungen gegeben.

H. Sachwortregister